极客学院
jikexueyuan.com

互联网 + 职业技能系列

职业入门 | **基础知识** | 系统进阶 | 专项提高

C#
程序开发教程

C# Programming

极客学院 出品

罗福强 李瑶 编著

U0230062

人民邮电出版社

北京

图书在版编目（CIP）数据

C#程序开发教程 / 罗福强，李瑶编著. -- 北京：
人民邮电出版社，2017.3
ISBN 978-7-115-44510-0

Ⅰ. ①C… Ⅱ. ①罗… ②李… Ⅲ. ①C语言－程序设
计－教材 Ⅳ. ①TP312.8

中国版本图书馆CIP数据核字(2016)第326797号

内 容 提 要

C#是微软公司推出的面向对象的程序设计语言。它能够提供更高的可靠性和安全性，不仅能用于开发传统的控制台应用程序和 Windows 应用程序，还能用于开发 Web 应用程序、WPF 应用程序、Silverlight 应用程序、Azure 云应用程序和 Windows 8 应用程序等，因此广受欢迎。

本书共 9 章，可分为 3 个部分。第 1 部分为 C#基础，共 4 章，重点介绍了 C#的开发环境、C#的基本语法、面向对象的程序设计方法以及程序的调试和异常处理方法。第 2 部分共 4 章，在第 1 部分的基础之上，比较全面地展示了 C#的各种应用技术，包括 Windows 程序设计技术、文件操作与编程技术、ADO.NET 数据访问技术和 LINQ 数据访问技术等。第 3 部分为第 9 章，使用一个完整的案例来展示 C#应用程序的开发过程。

本书可作为高等院校计算机相关专业学生的教材，也可作为初、中级读者和培训班学员学习的参考用书。

◆ 编　著　罗福强　李　瑶
　　责任编辑　刘　博
　　责任印制　沈　蓉　彭志环

◆ 人民邮电出版社出版发行　　北京市丰台区成寿寺路 11 号
　　邮编　100164　　电子邮件　315@ptpress.com.cn
　　网址　http://www.ptpress.com.cn
　　北京圣夫亚美印刷有限公司印刷

◆ 开本：787×1092　1/16
　　印张：16.75　　　　　　　　2017 年 3 月第 1 版
　　字数：438 千字　　　　　　 2017 年 3 月北京第 1 次印刷

定价：44.00 元
读者服务热线：(010)81055256　印装质量热线：(010)81055316
反盗版热线：(010)81055315
广告经营许可证：京东工商广字第 8052 号

前　言

C#是由微软公司推出的完全面向对象的计算机高级语言。它简单、安全、灵活、功能强大，能够快速地开发各种应用软件，解决了存在于许多程序设计语言中的问题，如安全问题、可靠性问题、与其他语言协调的能力、跨平台的兼容性等。相对于 C++，C#更容易理解、更容易使用，应用开发效率更高。经过 15 年的发展，C#如今已经发展为大数据时代的一种高效的程序设计语言。

本书出于能用、好用、够用的原则进行编写。所谓"能用"就是要让读者学完本书就能开发 C#应用程序；所谓"好用"就是遵循教学基本规律并按照实际教学需求进行内容组织，就是要方便教学；所谓"够用"就是从程序设计初学者的视角入手，同时根据实际项目开发中的最常用技术需求来设计教学内容，尽量避免面面俱到，对于那些不常用的技术只是点到为止。

本书以 Visual Studio .NET 2013 和 C# 5.0 为蓝本。全书共 9 章，分为 3 个部分。第 1 部分为 C#语法基础，包括第 1~4 章，重点介绍了 C#的开发环境、C#的基本语法、面向对象的程序设计方法以及程序的调试和异常处理方法。第 2 部分为 C#的应用技术，包括第 5~8 章，这部分在第 1 部分的基础之上比较全面地展示了 C#的各种应用技术，包括 Windows 程序设计技术、文件操作与编程技术、ADO.NET数据访问技术、LINQ 数据访问技术等。第 3 部分为 C#的应用案例（即第 9 章），使用一个完整的案例来展示 C#应用程序的开发过程。

本书是与极客学院 IT 在线教育平台合作共建的开放教学用书。本书配备丰富的、符合教学实际的、能真正培养学生动手能力的在线教学资源，包括习题、上机指导、教学 PPT 和教学视频。所有教学资源都发布到人邮教育社区（www.ryjiaoyu.com）和极客学院平台之上。为了方便使用，针对各章节的教学重点和难点，我们用二维码图片来链接在线教学视频。使用本书的师生只需扫一扫相应的二维码，即可打开相应教学视频。这样，一边阅读本书一边看视频，可有效提高学习效果。

本书内容精炼，可操作性强，文字叙述简洁流畅，没有晦涩的术语，简单易懂。本书还提供了大量的教学实例，所有实例都是通过 Visual Studio .NET 2013 编译的，并给出了运行效果。通过这些实例，读者能够轻松、愉快地掌握 C#的编程方法和应用技巧。

参与本书编写工作的有罗福强、李瑶老师。罗福强编写了第 1~5 章，李瑶编写了第 6~9 章。本书由罗福强负责全书统稿、修改和审校工作。本书在编写过程中得到四川大学锦城学院的领导和广大师生的支持，也得到了极客学院徐明华高级工程师的帮助，特别是在教学内容、教学方法方面提供大量的意见。在此，我们对每一个帮助过本书编写、出版和发行的朋友表示真挚的感谢。

由于时间仓促，书中难免有不妥之处，我们殷切地期望读者提出中肯的意见。

编　者
2016 年 10 月

本套丛书由极客学院精心打造，通过大数据分析，把握企业对职业技能的核心需求，结合极客学院线上课程学习，开启 O2O 学习新模式。

第 1 步：创建线上学习账号

使用微信扫描如下二维码，自动创建（登录）极客学院账号，并自动加入与本书配套的线上社群。

第 2 步：立体化学习

创建账号后，即可开始学习，除了学习图文内容外，还可以扫描书中二维码观看配套视频课程，下载对应资料，查看常见问题并提问，参与社群讨论。

资料　　　　　　　　视频　　　　　　　　问题

第 3 步：学习结果测评

完成学习后，可以扫描以上二维码，参加本书测评，成绩合格者可以申请课程结业证书，成绩优秀者将会获得额外大奖。

目　录

第1章
C#概述

本章要点:

- C#的发展历史及特点
- .NET Framework 框架
- Visual Studio 2013 的安装
- 如何创建第一个 C#程序
- 熟悉 Visual Studio 2013 开发环境
- 了解 Visual C#程序开发过程
- C#程序的基本结构

.NET 是微软面向互联网时代推出的一个软件技术平台。为了更好地推广.NET 平台,微软公司开发了一整套工具组件,并将这些组件集成到 Visual Studio 开发环境中。C#是.NET 平台的一部分,它是一种编程语言,可以通过 Visual Studio 开发环境编写在.NET 平台上运行的各种应用程序。本章将对 C#以及.NET 平台、Visual Studio 2013 集成开发环境的基本使用进行详细讲解。

1.1　C#简介

C#是由 Microsoft 公司推出的基于.Net Framework(.NET 框架)的面向对象的高级语言,它在微软的各个平台都有广泛的应用,是微软平台主流的编程语言。C#的语言体系都构建在.NET 框架上,.NET 平台保证 C#程序的正常运行。

1.1.1　C#的发展历史

C#,读作 C Sharp。最初它有个更酷的名字,叫做 COOL。微软从 1998 年 12 月开始了 COOL 项目,直到 2000 年 2 月,COOL 被正式更名为 C#。2000 年 9 月,ECMA(国际信息和通信系统司标准化组织)为 C#语言定义了一个 Microsoft 公司建议的标准。据称,其设计目标是制定"一个简单、现代、通用、面向对象的编程语言",于是出台了 ECMA-334 标准,这是一种令人满意的简洁的语言,它有类似 JAVA 的语法,但显然又借鉴了 C++和 C 的风格。最终 C#语言在 2001 年发布了第一个预览版。C#语言的正式发布是从 2002 年伴随着 Visual Studio 开发环境一起开始的,其一经推出,就受到众多程序员的青睐。

本书以 C# 5.0、.NET Framework 4.5 和 Visual Studio .NET 2013 为范本,所有案例均在 Visual

Studio .NET 2013 中经过调试运行。

1.1.2　C#的特点

C#是从 C 和 C++派生来的一种简单、现代、面向对象和类型安全的编程语言。相对于 C/C++来说，C#具有以下突出的特点。

（1）简单、现代、通用。C#中淘汰了 C/C++的指针操作，不允许不安全的操作，例如不允许直接操作内存。依托.NET CLR（即 Common Language Runtime，公共语言运行时），提供自动的内存管理和垃圾回收功能。

（2）完全面向对象设计。C#把程序中的任何数据都看作对象，并使用根类型（Object）来统一数据类型的描述，即使 bool、byte、char、int、float 和 double 等简单数据类型都封装为 Boolean、Byte、Char、Int32、Single 和 Double 等结构型。

（3）类型安全。C#通过装箱和拆箱机制来保障对象操作或数据类型转换的安全性。在数组操作中，C#提供越界检查机制，以防止数组下标越界。

（4）兼容性。因为 C#遵循.NET 的公共语言规范（CLS），从而保证能够与其他语言开发的组件兼容。

（5）完善的错误、异常处理机制。C#提供了完善的错误和异常处理机制，使程序在运行时能够更加健壮。

（6）完整的反射支持。这是.Net 中获取运行时类型信息的方式，通过反射可以获取类型、遍历对象属性、根据类型动态创建对象。

C#语言简介和开发前的准备

1.2　.NET 开发平台

1.2.1　.NET Framework 概述

.NET Framework 又称.NET 框架，它是微软公司推出的完全面向对象的软件开发与运行平台，它有两个主要组件，分别是：公共语言运行时（Common Language Runtime，CLR）和统一的类库集，如图 1-1 所示。

下面分别对.NET Framework 的两个主要组成部分进行介绍。

（1）公共语言运行时：公共语言运行时（CLR）是管理用户代码执行的现代运行时环境，它提供 JIT 编译、内存管理、异常管理和调试等方面的服务（.NET 程序执行原理如图 1-2 所示）。在公共语言运行时中包含两部分内容，分别为 CLS 和 CTS。其中，CLS 表示公共语言规范，它规定所用.NET 语言都应遵循的规则，是一组最低标准，以确保语言的互操作性；而 CTS 表示公共类型系统，它定义了可以在中间语言中使用的预定义数据类型，所有面向.NET Framework 的语言都可以生成最终基于这些类型的编译代码。

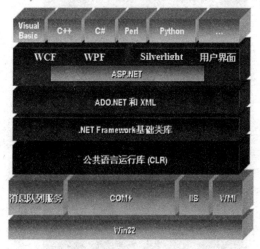

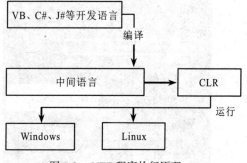

图 1-1　.NET Framework 的组成　　　　图 1-2　.NET 程序执行原理

 说明　　中间语言（Microsoft Intermediate Language，IL 或 MSIL）是使用 C#或者 VB.NET 编写的软件，只有在软件运行时，.NET 编译器才将中间代码编译成计算机可以直接读取的数据。

（2）统一的类库集：类库里有很多编译好的类，可以拿来直接使用。例如，进行多线程操作时，可以直接使用类库集里的 Thread 类；进行文件操作时，可以直接使用类库集中的 IO 类等。类库集实际上相当于一个仓库，这个仓库里面装满了各种工具，可以供开发人员直接使用。

1.2.2　VS 2013 的集成开发环境

Visual Studio 2013（后面简称 VS 2013）是微软为了配合.NET 战略推出的 IDE 集成开发环境，本节以 VS 2013 社区版的安装为例讲解具体的安装步骤。

 说明　　VS 2013 社区版是完全免费的，其下载地址为：https://www.visualstudio.com/downloads/download-visual-studio-vs。

安装 VS 2013 社区版的步骤如下。

（1）使用虚拟光驱软件加载下载的 vs2013.5_ce_enu.iso 文件，然后双击 vs_community.exe 文件开始安装（也可直接单击 Web 安装程序）。

（2）应用程序会自动跳转到图 1-3 所示的 VS 2013 安装程序界面。该界面中，单击"…"按钮设置 VS 2013 的安装路径，产品默认路径为"C:\Program Files\Microsoft Visual Studio 12.0"。这里根据本地计算机的实际情况，将安装路径设置成了"D:\Program Files\Microsoft Visual Studio 13.5"；然后同意安装协议，单击"Next"按钮，进入可选特性安装，全选，单击"INSTALL"按钮，即可进入到 VS 2013 的安装进度界面，如图 1-4 所示。

（3）安装完成后，进入 VS 2013 的安装完成页，如图 1-5 所示。在该页中，单击"Restart Now"按钮，重新启动计算机。开机后启动 VS 2013 开发环境，如图 1-6 所示。

图 1-3　VS 2013 安装程序界面

图 1-4　VS 2013 安装进度界面

图 1-5　VS 2013 的安装完成页

图 1-6　启动 VS 2013

（4）在第一次启动 VS 2013 开发环境时，会提示使用微软的 Outlook 账号进行登录，也可以不进行登录，直接单击"Not now,mayb e later"链接，打开 VS 2013 的启动界面。

（5）在启动界面用户可以根据自己的实际情况，选择适合自己的开发语言，这里选择的是"General"选项，然后单击"Start Visual Studio"按钮，即可进入 VS 2013 的主界面，如图 1-7 所示。

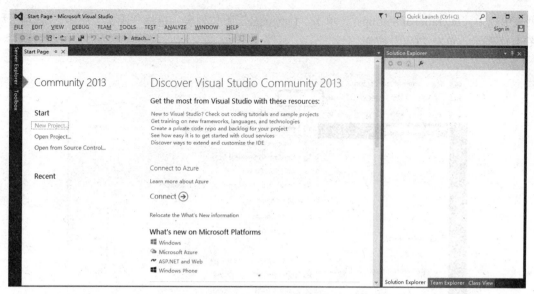

图 1-7　VS 2013 主界面

1.2.3　Visual Studio 2013 汉化

在下载 VS2013 的页面下载 Visual Studio 2013 语言包，选择语言为：简体中文。

安装语言包的步骤如下。

（1）双击下载的 vs_langpack.exe 文件开始安装。

（2）程序会自动跳转到图 1-8 所示的语言包安装界面，然后选择同意安装协议，单击"安装"按钮，即可进入语言包安装进度界面，如图 1-9 所示。

图 1-8　语言包安装界面

图 1-9　语言包安装进度界面

（3）安装完成后，重新启动计算机。开机后启动 VS 2013 开发环境。单击菜单栏的"TOOLS"按钮，选择下拉列表中最下方的"Options"，弹出 Options 显示界面，如图 1-10 所示。在左侧的列表中选中"Interational Settings",单击"Language"下拉列表,选择"中文(简体)"选项,如图 1-11 所示,单击"OK"按钮。

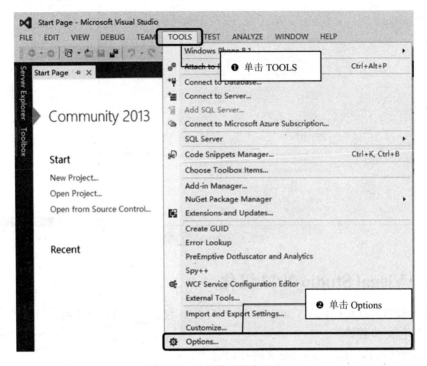

图 1-10　选择修改语言界面

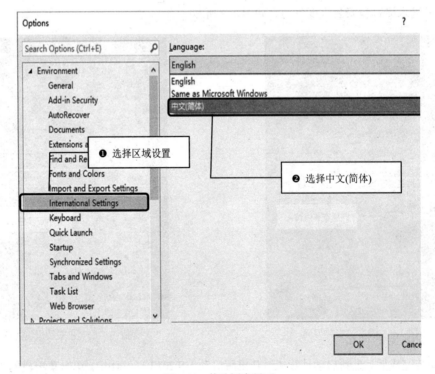

图 1-11　修改语言界面

（4）重启 VS2013 即配置成功，如图 1-12 所示。

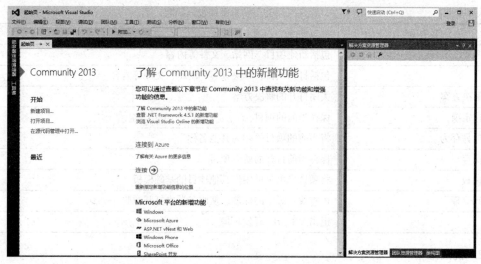

图 1-12　VS2013 汉化后主界面

1.3　Visual C#开发环境

1.3.1　菜单栏

VS 2013 的菜单栏是开发环境的重要组成部分，开发者要完成的主要功能都可以通过菜单或者与菜单对应的工具栏按钮和快捷键实现。菜单栏效果如图 1-13 所示。

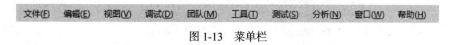

图 1-13　菜单栏

1. 文件菜单

文件菜单用于对文件进行操作，比如新建项目和网站、打开项目，以及保存、退出等，文件菜单如图 1-14 所示。

图 1-14　文件菜单

文件菜单的主要菜单项及其功能如表 1-1 所示。

表 1-1　　　　　　　　　　　文件菜单的主要菜单项及其功能

菜单项	功能
新建	包括新建项目、网站、文件等内容
打开	包括打开项目、解决方案、网站、文件等内容
关闭解决方案	关闭打开的解决方案
保存选定项	保存当前的项目
将选项另存为	将当前的项目另存为其他名称
全部保存	保存当前打开的所有项目
导出模板	将项目导出为可用作其他项目的基础模板
源代码管理	可查找代码中的标签，从服务器中打开源码
退出	退出 VS 2013 开发环境

2. 视图菜单

视图菜单主要用于显示或者隐藏各个功能窗口或对话框，如果不小心关闭了某个窗口，可以通过视图菜单中的菜单项进行打开。视图菜单如图 1-15 所示。

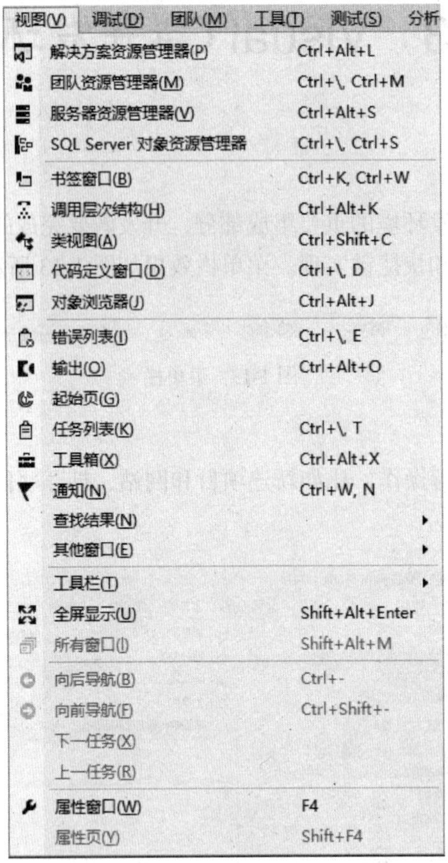

图 1-15　视图菜单

视图菜单的主要菜单项及其功能如表 1-2 所示。

表 1-2 视图菜单的主要菜单项及其功能

菜单项	功能
解决方案资源管理器	打开解决方案资源管理器窗口
服务器资源管理器	打开服务器资源管理器窗口
类视图	打开类视图窗口
起始页	打开起始页
工具箱	打开工具箱窗口
其他窗口	打开命令窗口、Web 浏览器、历史记录等窗口
工具栏	打开或关闭各种快捷工具栏
全屏显示	使 VS 2013 开发环境全屏显示
属性窗口	打开属性窗口
属性页	打开项目的属性页

3. 工具菜单

工具菜单主要提供了在开发程序时的一些工具选择命令，比如选择工具箱、连接到数据库、连接到服务器、导入和导出设置、自定义和选项等。工具菜单如图 1-16 所示。

图 1-16　工具菜单

工具菜单的主要菜单项及其功能如表 1-3 所示。

表 1-3 工具菜单的主要菜单项及其功能

菜单项	功能
连接到数据库	新建数据库连接
导入和导出设置	重新对开发环境的默认设置进行设置
选项	打开选项对话框，以便对 VS 2013 开发环境进行设置，比如代码的字体、字体大小、代码行号的显示等

4．帮助菜单

帮助菜单主要帮助用户学习和掌握 C#相关内容，比如，用户可以通过内容、索引、搜索、MSDN 论坛等方式寻求帮助。帮助菜单如图 1-17 所示。

图 1-17　帮助菜单

帮助菜单的主要菜单项及其功能如表 1-4 所示。

表 1-4　　　　　　　　　　　　　　　帮助菜单的主要菜单项及其功能

菜单项	功能
查看帮助	打开本地安装的帮助文档
添加和移除帮助内容	安装和卸载本地的帮助文档

1.3.2　工具栏

为了操作更方便、快捷，菜单项中常用的命令按功能分组分别放入相应的工具栏中。通过工具栏，可以快速地访问常用的菜单命令。常用的工具栏有标准工具栏和调试工具栏，下面分别介绍。

（1）标准工具栏包括大多数常用的命令按钮，如新建项目、添加新项、打开文件、保存、全部保存等。

（2）调试工具栏包括对应用程序进行调试的快捷按钮。

在调试程序或运行程序的过程中，通常可用以下 4 种快捷键来操作。

（1）按〈F5〉快捷键实现调试运行程序；

（2）按〈Ctrl+F5〉组合键实现不调试运行程序；

（3）按〈F11〉快捷键实现逐语句调试程序；

（4）按〈F10〉快捷键实现逐过程调试程序。

Visual Studio 的版本选择和下载

1.3.3　工具箱

　　工具箱是 VS 2013 的重要工具，每一个开发人员都必须对这个工具非常熟悉。工具箱提供了进行 C#程序开发所必需的控件。通过工具箱，开发人员可以方便地进行可视化的窗体设计，简化了程序设计的工作量，提高了工作效率。根据控件功能的不同，将工具箱划分为 12 个栏目，如图 1-18 所示。

　　单击某个栏目，显示该栏目下的所有控件，如图 1-19 所示。当需要某个控件时，可以通过双击所需要的控件直接将控件加载到 Windows 窗体中，也可以先单击选择需要的控件，再将其拖动到 Windows 窗体上。"工具箱"窗口中的控件可以通过工具箱右键菜单（如图 1-20 所示）来控制，例如，实现控件的排序、删除和显示方式等。

图 1-18　工具箱

图 1-19　展开后的工具箱

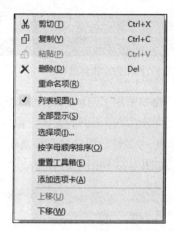

图 1-20　工具箱右键菜单

1.3.4　窗口

VS 2013 开发环境中包含很多的窗口，本节将对常用的 3 个窗口进行介绍。

1. 窗体设计器窗口

　　窗体设计器是一个可视化窗口，开发人员可以使用 VS 2013 工具箱中提供的各种控件来对该窗口进行设计，以适用于不同的需求。窗体设计器如图 1-21 所示。

　　当使用 VS 2013 工具箱中提供的各种控件来对窗体设计窗口进行设计时，可以使用鼠标将控件直接拖放到窗体设计窗口中。

2. 解决方案资源管理器窗口

　　解决方案资源管理器（如图 1-22 所示）提供了项目及文件的视图，并且提供对项目和文件相关命令的便捷访问。与此窗口关联的工具栏提供了适用于列表中突出显示项的常用命令。若要访问解决方案资源管理器，可以选择"视图"|"解决方案资源管理器"命令。

3. 属性窗口

　　"属性"窗口是 VS 2013 中一个重要的工具，该窗口为 Windows 窗体应用程序的开发提供了简单的属性修改方式。对窗体应用程序开发中的各个控件属性都可以由"属性"窗口设置完成。"属性"窗口不仅提供了属性的设置及修改功能，还提供了事件的管理功能。"属性"窗口可以管理控件的事件，方便编程时对事件的处理。

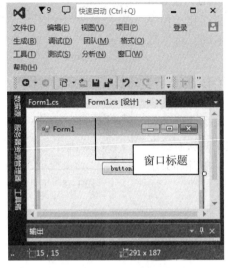

图 1-21　窗体设计器

图 1-22　解决方案资源管理器

"属性"窗口采用了两种方式管理属性和事件，分别为按分类方式和按字母顺序方式。读者可以根据自己的习惯采用不同的方式。窗口的下方还有简单的帮助，方便开发人员对控件的属性进行操作和修改，"属性"窗口的左侧是属性名称，相对应的右侧是属性值。"属性"窗口的两种显示方式分别如图 1-23 和图 1-24 所示。

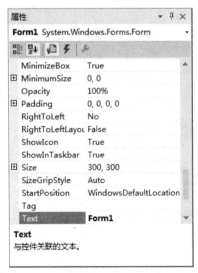

图 1-23　属性窗口（按字母排序）

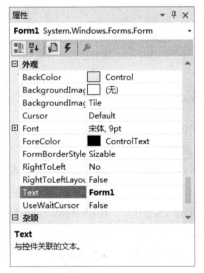

图 1-24　属性窗口（按分类排序）

4. 代码设计器窗口

在 VS 2013 开发环境中，双击窗体设计器可以进入代码设计器窗口。代码设计器是一个可视化窗口，开发人员可以在该设计窗口中编写 C#代码。代码设计器如图 1-25 所示。

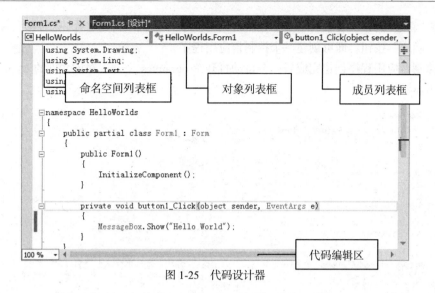

图 1-25　代码设计器

1.4　C#程序举例

1.4.1　一个控制台程序

下面从经典的 "Hello World" 程序开始 C#之旅。在控制台中输出 "Hello World" 字样。

【例 1-1】　使用 VS 2013 在控制台中创建 "Hello World" 程序并运行，具体开发步骤如下。

（1）在开始菜单中打开 VS 2013 开发环境，选择 VS 2013 菜单栏中的"文件"|"新建"|"项目"命令，打开"新建项目"对话框，如图 1-26 所示。

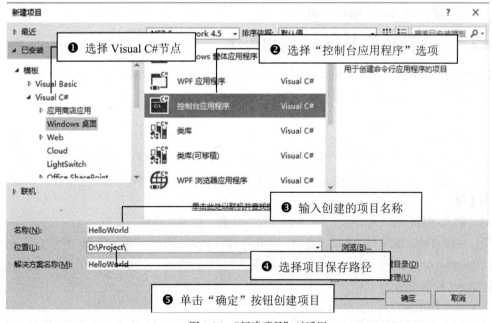

图 1-26　"新建项目"对话框

（2）在"新建项目"对话框中选择"控制台应用程序"，输入项目的名称，选择项目保存路径，然后单击"确定"按钮，即可创建一个控制台应用程序。

（3）控制台应用程序创建完成后，会自动打开 Program.cs 文件。在该文件的 Main 方法中输入如下加粗显示的代码。

```csharp
using System;
using System.Collections.Generic;
using System.Linq;
using System.Text;
using System.Threading.Tasks;

namespace HelloWorld
{
    class Program
    {
        static void Main(string[] args) //Main 方法，程序的主入口方法
        {
            System.Console.Write("Hello World"); //输出"Hello World"
            System.Console.ReadLine();            //通过等待输入而暂停程序运行
        }
    }
}
```

单击 VS 2013 开发环境工具栏中 ▶ 启动图标按钮，或者直接按<F5>快捷键，运行该程序，效果如图 1-27 所示。

图 1-27 输出"Hello World"

C#的 Hello World

1.4.2 一个简单的 Win 32 应用程序

【实例 1-2】 设计一个 C# Windows 窗体应用程序，实现图 1-28 所示的效果。

【操作步骤】 详细操作步骤如下。

（1）启动 VS 2013。

（2）新建项目。

首先，选择"文件"|"新建"|"项目"菜单命令；弹出"新建项目"对话框后，在左侧列表框中选择"已安装"|"模板"|"Visual C#"|"Windows"，同时在中间列表框中选择"Windows 窗体应用程序"。

然后，输入项目名称（如 Test1_2）并设置保存位置，单击"确定"按钮。

之后，系统自动完成项目的配置（包括：完成对.NET Framework 类库的引用、生成包含 Main 方法的 Program.cs 文件、生成 Windows 窗体文件 Form1.cs、生成项目有关的属性文件 AsemblyInfo.cs 和 Resources.resx 等）。

（3）修改源程序文件名并编辑源程序。

首先，在解决方案资源管理器中右击"Form1.cs"，选择"重命名"快捷菜单命令，将 Form1.cs

修改为 Test1_2.cs。

　　然后，在 VS 2013 的设计区中右击鼠标，选择"属性"快捷菜单命令，以打开窗体的"属性"窗口；在属性窗口中单击"事件" ⚡ 按钮，以显示窗体的所有事件列表；双击事件列表中的"Load"事件，由系统自动创建事件方法 Test1_2_Load（如图 1-29 所示），并且自动切换到 Test1_2.cs 的源代码编辑视图。

图 1-28　一个简单的 Windows 应用程序的运行效果　　　　　图 1-29　添加 Load 事件

最后，在 Test1_2.cs 文件的源代码编辑窗口中添加以下源程序代码。

```csharp
using System;
using System.Drawing;
using System.Text;
using System.Windows.Forms;

namespace Test1_2
{
    public partial class Test1_2 : Form
    {
        public Test1_2()
        {
            InitializeComponent();
        }

        private void Test1_2_Load(object sender, EventArgs e)
        {
            //设置本窗体的标题文字
            this.Text = "我的第一个Windows程序";

            //先创建标签控件，再设置其显示文本和位置等属性
            Label lblShow = new Label();
            lblShow.Location = new Point(50, 60);
            lblShow.AutoSize = true;
            lblShow.Text = "本程序由罗福强设计，欢迎您使用! ";
            //将标签控件添加到本窗体之中
            this.Controls.Add(lblShow);
        }
    }
}
```

（4）调试并运行程序。

选择"调试"|"启动调试"菜单命令或"调试"|"开始执行（不调试）"菜单命令，之后 VS

2013 将自动启动 C#语言编译器编译源程序，并执行程序，最后弹出一个如图 1-28 所示的运行窗口。

【分析】

（1）在设计 C# Windows 窗体应用程序时，既要考虑窗体类的名字（如 Test1_2），也要必须考虑对 .NET Framework 类库的适当引用。Windows 窗体应用程序的基础是命名空间 System.Windows.Forms 和 System.Drawing，在代表程序窗口的源代码文件中必须包含这些命名空间，否则将出现编译错误。为了简化源代码编写，VS 2013 会自动完成这些必不可少的命名空间的引用。

（2）Windows 窗体应用程序的主程序文件仍然是 Program.cs，该文件具有 Main 主方法。因为 C#的 Windows 应用程序同样是从 Main 方法开始执行的。由于 VS 2013 会自动根据程序员的操作来更新 Main 方法中的语句，因此不需要在 Main 方法中添加任何代码。

（3）对于 Windows 窗体应用程序来说，其主要代码包含在代表程序窗口的文件（例如 Form1.cs，改名之后为 Test1_2.cs）中。Windows 应用程序采用事件驱动编程，只有当事件发生时系统才可能调用相应的事件方法。例如，如果希望在窗体的 Load（即加载）事件发生时应用程序能够调用事件方法 Test1_2_Load，那么就必须把窗体的 Load 属性与 Test1_2_Load_Load 方法链接起来。只是，这个链接操作通常由 VS 2013 自动完成。因此，我们只需要集中精力编写事件方法中的语句即可。有关事件的概念，在本书后续章节会详细讲解，读者只需对事件有一个感性认识就可以了。

（4）Test1_2_Load 事件方法

第一条语句用来设置窗口标题。其中，"this"代表本窗体。

第二条语句的作用是创建一个用来显示提示信息或程序运行结果的标签对象。其中，Label 就是标签控件的类名，"new Label()" 创建标签对象，"lblShow"就是标签对象的名字。

第三条语句用来设置标签在窗体中的显示位置。"new Point(40, 50)"表示在窗口中的像素点（50,40）起显示。

第四条语句用来指示系统是否自动改变标签的大小，"=true"就是确保把所有的文字显示出来。

第五条语句用来设置最终窗口中显示的文字。

第六条语句表示将标签对象 lblShow 添加到窗体中，实现显示输出。

1.4.3　一个具有输入功能的 Win 32 应用程序

【实例 1-3】　设计一个 C# Windows 应用程序，实现如图 1-30 所示的效果。

【操作步骤】详细操作步骤如下。

（1）启动 VS 2013。

（2）新建项目

首先，选择"文件"|"新建"|"项目"菜单命令；弹出"新建项目"对话框后，在左侧列表框中选择"已安装"|"模板"|"Visual C#"|"Windows"，同时在中间列表框中选择"Windows 窗体应用程序"。

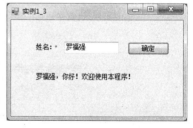

图 1-30　一个具有输入功能的 Win32 应用程序

然后，输入项目的名称（如 Test1_3），设置项目的保存位置（如 d:\Demo）。

单击"确定"按钮之后，系统自动完成项目的配置、自动生成有关文件（详细情况见上一小节）。

（3）修改源程序文件名

在解决方案资源管理器中右击"Form1.cs"，选择"重命名"命令，将 Form1.cs 修改为 Test1_3.cs。

（4）添加用户控件并设置控件属性

首先，从 VS 2013 的工具箱把下列控件添加到设计区：2 个 Label 控件、1 个 TextBox 控件和 1 个 Button 控件，各控件在窗体中的位置见图 1-31 所示（提示，在工具箱中展开"所有 Windows 控件"或"公共控件"即可找到相应的控件）。在工具箱中，Label 控件的图标为" **A** Label"，TextBox 控件的图标为" abl TextBox"，Button 控件的图标为" ab Button"。

然后，在设计区右击窗体或所添加的每一个控件，选择"属性"命令，打开"属性"窗口（如图 1-32 所示），根据表 1-5 设置相应属性项。

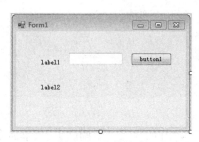

图 1-31　窗体设计

图 1-32　"属性"窗口

表 1-5　　　　　　　　　　　　　　　　需要修改的属性项

控件	属性	属性设置
Form1	Name	Test1_3
	Text	实例 1-3
Label1	Name	Label1
	Text	姓名：
TextBox1	Name	txtName
	Text	""
Button1	Name	btnOk
	Text	确定
Label2	Name	lblResult
	Text	""

（5）为控件添加事件方法

首先，在窗体设计区中双击新添加"btnOk"按钮控件，系统自动为该按钮添加"Click"事件，对应的事件方法"private void btnOk_Click(object sender, EventArgs e)"，并切换到 HelloFrm.cs 的源代码编辑视图。也可以在该按钮的属性窗口的事件列表中双击"Click"事件，添加 btnOk_Click 事件方法。

然后，在 Test1_3.cs 文件的源代码编辑窗口中添加以下源程序代码。

```
using System;
using System.Drawing;
using System.Text;
using System.Windows.Forms;
```

```
namespace Test1_3
{
    public partial class Test1_3 : Form
    {
        public Test1_3 ()
        {
            InitializeComponent();
        }

        private void btnOk_Click(object sender, EventArgs e)
        {
            //定义字符串变量
            string strResult;
            //提取在文本框中录入的文字
            strResult = txtName.Text + ", 你好! 欢迎使用本程序! ";
            //显示结果
            lblResult.Text = strResult;
        }
    }
}
```

（6）调试并运行程序

选择"调试"｜"启动调试"菜单命令或"调试"｜"开始执行（不调试）"菜单命令，之后VS 2013 将自动启动 C#语言编译器编译源程序，并执行程序，当弹出运行窗口后在文本框中输入姓名后即可得如图 1-30 所示的运行效果。

【分析】

（1）对于 Windows 窗体应用程序来说，窗体控件组成了程序运行时的操作界面。窗体中的控件可以在程序运行时才添加到窗口中（如实例 1-2 所示），也可以在运行前完成所有设计（如本例所示）。

（2）Windows 窗体最常用的控件有：Label 控件、TextBox 控件和 Button 控件。其中，Label控件（即标签控件），一般用来显示提示信息或程序的运行结果；TextBox 控件（即文本框控件），用来接收用户的键盘输入；Button 控件（即按钮控件），用于响应鼠标单击操作，触发单击事件并通知系统调用特定的方法（如本例的 btnOk_Click 事件方法）。

（3）事件方法 btnOk_Click

第 1 条语句定义了一个字符串型的变量 strResult，用来保存程序最终要显示的字符串。

第 2 条语句用来生成最终要显示的字符串。其中，txtName.Text 表示引用在文本框中所输入的文本内容；"+"表示连接两个字符串。

第 3 条语句表示把变量 strResult 的字符串内容赋值给 lblResult 标签控件的 Text 属性，实现显示输出。

有关字符串、赋值等内容的详细介绍请读者阅读本书后续章节。

1.4.4 C#程序的基本结构

上面讲解了如何创建第一个 C#程序。一个 C#程序总体可以分为命名空间、类、关键字、标识符、Main 方法、语句和注释等。本节将分别对 C#程序的各个组成部分进行讲解。

1. 命名空间

在 Visual Studio 开发环境中创建项目时，系统会自动生成一个与项目名称相同的命名空间，例如，创建"HelloWorld"项目时，系统会自动生成一个名称为"HelloWorld"的命名空间。代码如下。

```
namespace HelloWorld
```

命名空间在 C#中起到组成程序的作用，在 C#中定义命名空间时，需要使用 namespace 关键字，其语法如下。

```
namespace 命名空间名
```

命名空间既用作程序的"内部"组织系统，也用作向"外部"公开的组织系统（即一种向其他程序公开自己拥有的程序元素的方法）。如果要调用某个命名空间中的类或者方法，首先需要使用 using 指令引入命名空间，这样，就可以直接使用该命名空间中所包含的成员（包括类及类中的属性、方法等）。

using 指令的基本形式为：

```
using 命名空间名；
```

2. 类

C#程序的主要功能代码都是在类中实现的，类是一种数据结构，它可以封装数据成员、方法成员和其他的类。因此，类是 C#语言的核心和基本构成模块。C#支持自定义类，使用 C#编程就是编写自己的类来描述实际需要解决的问题。

使用类之前都必须首先进行声明，一个类一旦被声明，就可以当作一种新的类型来使用，在 C#中通过使用 class 关键字来声明类，声明语法如下。

```
class [类名]
{
    [类中的代码]
}
```

3. 关键字

关键字是 C#语言中已经被赋予特定意义的一些单词，开发程序时，不可以把这些关键字作为命名空间、类、方法或者属性等来使用。大家在 Hello World 程序中看到的 using、namespace、class、static 和 void 等都是关键字。C#语言中的常用关键字如表 1-6 所示。

表 1-6　　　　　　　　　　　　　　　C#常用关键字

int	public	this	finally	boolean	abstract
continue	float	long	short	throw	return
break	for	foreach	static	new	interface
if	goto	default	byte	do	case
void	try	switch	else	catch	private
double	protected	while	char	class	using

4. 标识符

标识符可以简单地理解为一个名字，主要用来标识类名、变量名、方法名、属性名和数组名等各种成员。

C#语言规定标识符由任意顺序的字母、下划线（_）和数字组成，并且第一个字符不能是数字。另外，标识符不能是 C#中的保留关键字。

下面是合法标识符。

```
_ID
name
user_age
```

下面是非法标识符。

```
4k                          //以数字开头
string                      //C#中的关键字
```

 C#是一种大小写敏感的语言，例如，"Name"和"name"表示的意义是不一样的。

5. Main 方法

每一个 C#程序中都必须包含一个 Main 方法，它是类体中的主方法，也叫入口方法，可以说是激活整个程序的开关。Main 方法从"{"号开始，至"}"号结束。static 和 void 分别是 Main 方法的静态修饰符和返回值修饰符，C#程序中的 Main 方法必须声明为 static，并且区分大小写。

Main 方法一般都是创建项目时自动生成的，不用开发人员手动编写或者修改，如果需要修改，则需要注意以下 3 个方面。

- Main 方法在类或结构内声明，它必须是静态（static）的，而且不应该是公用（public）的。
- Main 的返回类型有两种：void 或 int。
- Main 方法可以包含命令行参数 string[] args，也可以不包括。

6. C#语句

语句是构造所有 C#程序的基本单位，使用 C#语句可以声明变量、常量、调用方法、创建对象或执行任何逻辑操作，C#语句以分号终止。

例如，在 HelloWorld 程序中输出"Hello World"字符串和定位控制台的代码就是 C#语句。

```
Console.WriteLine("Hello World");
Console.ReadLine();
```

 C#代码中所有的字母、数字、括号以及标点符号均为英文输入法状态下的半角符号，而不能是中文输入法或者英文输入法状态下的全角符号。

7. 注释

注释是在编译程序时不执行的代码或文字，其主要功能是对某行或某段代码进行说明，方便代码的理解与维护，或者在调试程序时，将某行或某段代码设置为无效代码。常用的注释主要有行注释和块注释两种，下面分别进行简单介绍。

（1）行注释

行注释都以"//"开头，后面跟注释的内容。例如，在 Hello World 程序中使用行注释，解释每一行代码的作用。代码如下。

```
static void Main(string[] args)                         //程序主入口方法
{
    Console.WriteLine("Hello World");                   //输出"Hello World"
    Console.ReadLine();
}
```

（2）块注释

如果注释的行数较少，一般使用行注释。对于连续多行的大段注释，则使用块注释，块注释通常以"/*"开始，以"*/"结束，注释的内容放在它们之间。

例如，在 HelloWorld 程序中使用块注释将输出 Hello World 字符串和定位控制台窗体的 C#语句注释为无效代码。代码如下。

```
static void Main(string[] args)                    //主入口方法
{
    /*      块注释开始
    Console.WriteLine("Hello World");              //输出"Hello World"字符串
    Console.ReadLine();
    */
}
```

小　结

本章首先对 C#语言的发展历史、特点及.NET Framework 进行了介绍；然后讲解了 Visual Studio 2013 开发环境的安装、汉化，对 Visual Studio 2013 开发环境的菜单栏、工具栏进行了介绍。最后着重介绍了如何使用 Visual Studio 2013 开发环境创建应用程序，及一个 C#程序的基本组成结构、工具箱和窗口。本章是学习 C#编程的基础，学习本章内容时，应该重点掌握 Visual Studio 2013 的安装过程及常用窗口的使用，并熟悉 C#程序的基本结构。

上机指导

创建一个 C#程序，实现在控制台中显示"C#编程（珍藏版）"的功能。程序运行结果如图 1-33 所示。

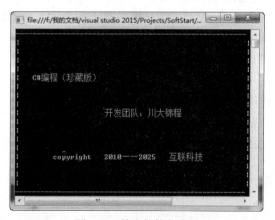

图 1-33　输出软件启动页

开发步骤如下。

（1）打开 VS 2013 开发环境，创建一个控制台应用程序，命名为 SoftStart。

（2）打开创建的项目的 Program.cs 文件，在 Main 方法中使用 Console.WriteLine 方法输出软件启动页的内容。代码如下。

```
static void Main(string[] args)
{
    Console.WriteLine("------------------------------------------------------------");
    Console.WriteLine("|                                              |");
    Console.WriteLine("|                                              |");
    Console.WriteLine("|                                              |");
    Console.WriteLine("|                                              |");
    Console.WriteLine("|        C#编程（珍藏版）                        |");
    Console.WriteLine("|                                              |");
    Console.WriteLine("|                                              |");
    Console.WriteLine("|                                              |");
    Console.WriteLine("|                      开发团队：川大锦程          |");
    Console.WriteLine("|                                              |");
    Console.WriteLine("|                                              |");
    Console.WriteLine("|                                              |");
    Console.WriteLine("|                                              |");
    Console.WriteLine("|          copyright  2010——2025  互联科技      |");
    Console.WriteLine("|                                              |");
    Console.WriteLine("|                                              |");
    Console.WriteLine("|                                              |");
    Console.WriteLine("------------------------------------------------------------");
    Console.ReadLine();
}
```

完成以上操作后，按 F5 快捷键运行程序。

习　　题

1. C#语言的主要特点有哪些？
2. 指出 VS 2013 的以下组成部分的作用：
   解决方案资源管理器、属性窗口、工具箱、设计视图窗口、源代码编辑窗口
3. 简述一个 C#应用程序在 VS 2013 上的基本操作过程。
4. 指出以下关键字在 C#程序中的作用。
   using、namespace、class、this。
5. 指出以下控件的作用。
   Label、TextBox、Button。
6. 在 C#源程序中，为何要添加注释？如何添加注释？

第2章
C#程序设计基础

本章要点:

- C#中的基本数据类型
- 常量和变量
- 表达式与运算符
- 流程控制语句
- 数组的使用

设计 C#程序的主要目的是完成数据运算。为了实现数据运算，C#支持丰富的数据类型、运算符以及流程控制语句。在 C#程序中，不同类型的数据都必须遵守"先定义，后使用"的原则，即任何一个变量和数据都必须先定义其数据类型，然后才能使用。运算符用来指示计算机执行某些数学或逻辑操作，它们经常是数学或逻辑表达式的一个组成部分。流程控制语句表示数据的运算过程，决定了数据的运算结果。本节将详细介绍 C#语言有关变量、常量、数据类型、运算符、表达式和数组的概念，介绍 C#程序流程控制语句（包括分支和循环控制等）。

2.1　常量和变量

常量就是其值固定不变的量，而且常量的值在编译时就已经确定了；变量用来表示一个数值、一个字符串值或者一个类的对象，变量存储的值可能会发生更改，但变量名称保持不变。

2.1.1　常量的声明和使用

常量又叫常数，它主要用来存储在程序运行过程中值不改变的量，它通常可以分为字面常量和符号常量两种。

1. 字面常量

字面常量就是每种基本数据类型所对应的常量表示形式，例如以下 5 种。

（1）整数常量

```
32              //十进制常量
0x2F            //十六进制常量，必须使用"0x"打头
```

（2）浮点常量

```
3.14            //默认为双精度浮点数,最终转换为 64 位二进制代码进行存储
3.14F           //单精度浮点数,最终转换为 32 位二进制代码进行存储
```

```
3.14D               //双精度浮点数,最终转换为 64 位二进制代码进行存储
3.14M               //高精度浮点数,通常用来表示财务数据,最终转换为 128 位二进制代码进行存储
```

（3）字符常量

```
'A'
'\X0056'            //十六进制编码形式的字符常量,相当于'V'
```

（4）字符串常量

```
"Hello World"
"C#"
```

（5）布尔常量

```
true
false
```

2. 符号常量

符号常量在 C#中使用关键字 const 来声明，并且在声明符号常量时，必须对其进行初始化，例如：

```
const int month = 12;
```

上面代码中，常量 month 将始终为 12，不能更改。

const 关键字可以防止开发程序时错误的产生。例如，对于一些不需要改变的数据值，使用 const 关键字将其定义为常量，这可以防止开发人员不小心修改值，产生意想不到的结果。

2.1.2 变量的声明和使用

变量是指在程序运行过程中其值可以不断变化的量。变量通常用来保存在程序运行过程中的输入数据、计算获得的中间结果和最终结果等。在 C#中，声明一个变量是由一个类型和跟在后面的一个或多个变量名组成，多个变量之间用逗号分开，声明变量以分号结束，语法如下。

```
变量类型 变量名;                         //声明一个变量
变量类型 变量名1,变量名2,…变量名n;         //同时声明多个变量
```

例如，声明一个整型变量 m，同时声明 3 个字符串型变量 a、b 和 c。代码如下。

```
int m;                                  //声明一个整型变量
string a, b, c;                         //同时声明 3 个字符串型变量
```

上面的第一行代码中，声明了一个名称为 m 的整型变量；第二行代码中，声明了 3 个字符串型的变量，分别为 a、b 和 c。

另外，声明变量时，还可以初始化变量，即在每个变量名后面加上给变量赋初始值的指令。

例如，声明一个整型变量 degree，并且赋值为 360，然后，再同时声明 3 个字符串型变量，并初始化。代码如下。

```
int degree = 360;                //初始化整型变量 degree
string x = "未来科技", y = "C#经典图书", z = "C#";//初始化字符串型变量 x、y 和 z
```

声明变量时，要注意变量名的命名规则。C#中的变量名是一种标识符，因此应该符合标识符

的如下命名规则。

（1）变量名只能由数字、字母和下划线组成。

（2）变量名的第一个符号只能是字母和下划线，不能是数字。

（3）不能使用关键字作为变量名。

（4）变量名区别大小写。例如，变量 age 和 Age 是不同的变量。

一旦在一个语句块中定义了一个变量名，那么在变量的作用域内都不能再定义同名的变量。

2.2　基本数据类型

C#中的数据类型根据其定义可以分为两种：一种是值类型，一种是引用类型。从概念上看，值类型是直接将值存储在内存的栈之中；引用类型是在内存的栈中存储对数据值的引用，而值本身存储在内存的堆之中。C#中的基本数据类型如图 2-1 所示。

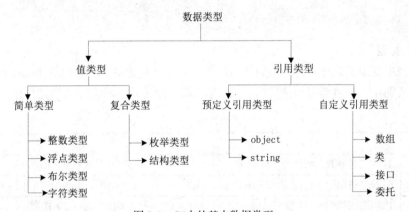

图 2-1　C#中的基本数据类型

2.2.1　值类型

值类型直接存储数据值，所有值类型均隐式派生自 System.ValueType。值类型主要包括简单类型和复合类型两种，其中，简单类型是程序中使用的最基本类型，主要包括整数类型、浮点类型、布尔类型和字符类型 4 种。值类型通常被分配在栈上，使用效率比较高，可以提高程序的性能。值类型具有如下特性。

（1）值类型都存储在栈上。

（2）访问值类型时，一般都是直接访问其实例。

（3）值类型的默认初始值为 0。

下面分别对值类型包含的 4 种简单类型进行讲解。

说明

关于结构类型和枚举类型，将会在后面章节中详细讲解。

1. 整数类型

整数类型的数据值只能是整数。数学上的整数可以是负无穷大到正无穷大，但计算机的存储单元有限，因此数据类型都有一定的范围。在 C#中内置的整数类型及其取值范围如表 2-1 所示。

表 2-1　　　　　　　　　　　　　　　C#内置的整数类型

类型	说明	范围
sbyte	8 位有符号整数	$-128 \sim 127$
short	16 位有符号整数	$-32768 \sim 32767$
int	32 位有符号整数	$-2147483648 \sim 2147483647$
long	64 位有符号整数	$-9223372036854775808 \sim 9223372036854775807$
byte	8 位无符号整数	$0 \sim 255$
ushort	16 位无符号整数	$0 \sim 65535$
unit	32 位无符号整数	$0 \sim 4294967295$
ulong	64 位无符号整数	$0 \sim 18446744073709551615$

例如，分别声明一个 int 类型和 long 类型的变量。代码如下。

```
int i;              //定义一个 int 类型的变量
long n;             //定义一个 long 类型的变量
```

2. 浮点类型

浮点类型主要用于处理含有小数的数值数据，它主要包含 float、double 和 decimal 等 3 种类型，它们的区别在于取值范围和精度的不同。表 2-2 列出了这 3 种类型的描述信息。

表 2-2　　　　　　　　　　　　　　　浮点类型及描述

类型	说明	范围
float	32 位二进制数，精度为 7 位数	$-3.4 \times 10^{38} \sim -1.5 \times 10^{-45}$ 或 $+1.5 \times 10^{-45} \sim +3.4 \times 10^{38}$
double	64 位二进制数，精度为 15～16 位数	$-1.7 \times 10^{308} \sim -5.0 \times 10^{-324}$ 或 $+5.0 \times 10^{-324} \sim +1.7 \times 10^{308}$
decimal	128 位二进制数，28 位有效位	$-7.9 \times 10^{28} \sim -1.0 \times 10^{-28}$ 或 $+1.0 \times 10^{-28} \sim +7.9 \times 10^{28}$

如果不做任何标识，包含小数点的数值都默认为 double 类型，例如 3.14，如果没有特别指定，这个数值的类型是 double 类型。如果要将数值以 float 类型来处理，就应该通过强制使用 f 或 F 将其指定为 float 类型。

例如，下面的代码用来将数值强制指定为 float 类型。代码如下。

```
float m = 3.14f;        //使用 f 强制指定为 float 类型
float n = 1.12F;        //使用 F 强制指定为 float 类型
```

如果要将数值强制指定为 double 类型，则需要使用 d 或 D 进行设置。

例如，下面的代码用来将数值强制指定为 double 类型。代码如下。

```
double m = 3.14d;       //使用 d 强制指定为 double 类型
double n = 1.12D;       //使用 D 强制指定为 double 类型
```

如果要将数值强制指定为 decimal 类型，则需要使用 m 或 M 进行设置。

3. 布尔类型

布尔类型主要用来表示逻辑真和逻辑假，即 true/false 值。一个布尔类型的数值只能是 true 或者 false，不能将其他的值指定给布尔类型变量，布尔类型不能与其他类型进行转换。

4. 字符类型

字符类型在 C#中使用 char 类来表示，该类主要用来存储单个字符，它占用 16 位（两字节）的内存空间。C#的字符类型规定以单引号（' '）表示。如'a'表示一个字符，而"a"则表示一个字符串，虽然其只有一个字符，但由于使用双引号，所以它仍然表示字符串，而不是字符。字符类型变量的定义非常简单。代码如下。

```
char ch1='L';
char ch2='1';
```

C#的值类型

5. 结构

结构是一种值类型，其本质是将多个相关的变量包装成为一个整体来使用，因此又称结构体。结构体是对若干个数据项的整体型描述，每个数据项称为结构体成员。结构体成员的数据类型可以是相同、部分相同，或完全不同的。

C#中使用 struct 关键字来声明结构，语法格式如下。

```
结构修饰符 struct 结构名
{
}
```

结构通常用于较小的数据类型，下面通过一个实例说明如何在程序中使用结构。

例如，定义一个结构，结构中存储职工的信息；然后在结构中定义一个构造函数，用来初始化职工信息；最后定义一个 Information 方法，输出职工的信息。代码如下。

```
public struct Employee                  //定义一个结构，用来存储职工信息
{
    public string name;                 //职工的姓名
    public string sex;                  //职工的性别
    public int age;                     //职工的年龄
    public string duty;                 //职工的职务
    public Employee(string n, string s, string a, string d)//职工信息
    {
        name = n;                       //设置职工的姓名
        sex = s;                        //设置职工的性别
        age =Convert .ToInt16 ( a);     //设置职工的年龄
        duty = d;                       //设置职工的职务
    }
    public void Information()           //输出职工的信息
    {
        Console.WriteLine("{0} {1} {2} {3}", name, sex, age, duty);
    }
}
```

6. 枚举

枚举是一种独特的值类型数据，主要用于声明一组具有相同性质的常量，编写与日期相关的应用程序时，经常需要使用年、月、日、星期等日期数据，可以将这些数据组织成多个不同名称的枚举类型。使用枚举可以增加程序的可读性和可维护性。同时，枚举类型可以避免类型错误。

说明

在定义枚举类型时，如果不对其进行赋值，默认情况下，第一个枚举数的值为 0，后面每个枚举数的值依次递增1。

在 C#中使用关键字 enum 类声明枚举，其形式如下。

```
enum 枚举名
{
   data1=value1,
   data2=value2,
   data3=value3,
   …
   dataN=valueN,
}
```

其中，大括号{}中的内容为枚举值列表，每个枚举值均对应一个枚举值名称，value1～valueN 为整数数据类型，data1～ dataN 则为数据数的标识名称。下面通过一个实例来演示如何使用枚举类型。

例如，声明一个表示用户权限的枚举。代码如下。

```
enum Role                 //用户角色
{
   Admin,                 //管理员权限
   User,                  //普通用户权限
   SUSer,                 //高级用户权限
}
```

2.2.2　引用类型

引用类型是构建 C#应用程序的主要类型，引用类型又称为对象型，可存储对某个对象的引用。C#最常用的引用类型是 Object 和 string，其说明如表 2-3 所示。

表 2-3　　　　　　　　　　　　　　C#的引用类型说明

类型	说明
Object	在 C#的统一类型系统中，所有类型（预定义类型、用户定义类型、引用类型和值类型）都是直接或间接从 Object 派
string	string 类型，俗称字符串类型，表示零个或更多 Unicode 字符组成的序列

说明

尽管 string 是引用类型，但 C#支持对字符串直接进行相等或不等比较（==和!=），例如，"张三"!="李四"。

在应用程序执行的过程中，引用类型使用 new 关键字创建对象实例，并存储在堆中。堆是一种由系统弹性配置的内存空间，没有特定大小及存活时间，因此可以被弹性地运用于对象的访问。

引用类型具有如下特征。

（1）必须在托管堆中为引用类型变量分配内存。

（2）在托管堆中分配的每个对象都有与之相关联的附加成员，这些成员必须被初始化。

（3）引用类型变量是由垃圾回收机制来管理的。

（4）多个引用类型变量可以引用同一对象，这种情形下，对一个变量的操作会影响另一个变量所引用的同一对象。

（5）引用类型被赋值前的值都是 null。

1. object 类型

object 是系统提供的基类型，是所有类型的基类(System.Object)，C#中所有的类型都直接或间接派生于对象类型。生成一个 object 的对象代码如下。

```
object o = new object();
```

2. string 类型

一个字符串是被双引号包含的一系列字符，string 类型是专门用于对字符串进行操作的。字符串在实际应用中非常广泛，字符串之间的运算也非常方便。

声明字符串，获得某一位置的字符，字符的长度，查找一个字符首次在字符串中出现的位置。代码如下。

```
string s = "jikexueyuan";
string s2 = "jike";
s2 += "xueyuan";              //s2="jikexueyuan"
char c = s[2];                //c='k'
int a = s.length;            //a=11
int b = s.IndexOf("ji");     //b=0
```

C#的内置引用类型

所有被称为"类"的都是引用类型，主要包括类、接口、数组和委托等。例如：

```
Student student1=new Student();
Student student2=student1;
```

其示意图如图 2-2 所示。

```
Student student1=new Student();
Student student2=student1;
```

图 2-2　引用类型示意图

2.2.3　值类型与引用类型的区别

从概念上看，值类型直接存储其值，而引用类型存储对其值的引用，这两种类型存储在内存的不同地方。从内存空间上看，值类型是在栈中操作，而引用类型则在堆中分配存储单元。栈在编译的时候就分配好内存空间，在代码中有栈的明确定义；而堆是程序运行中动态分配的内存空间，可以根据程序的运行情况动态地分配内存的大小。因此，值类型总是在内存中占用一个预定义的字节数，而引用类型的变量则在堆中分配一个内存空间，这个内存空间包含的是对另一个内存位置的引用，这个位置是托管堆中的一个地址，即存放此变量实际值的地方。

图 2-3 是值类型与引用类型的对比效果图。

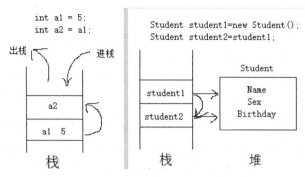

图 2-3　值类型与引用类型的对比效果图

下面通过一个实例演示值类型与引用类型的区别。

【例 2-1】　创建一个控制台应用程序，首先在程序中创建一个类 Stamp，该类中定义两个属性 Name 和 Age，其中 Name 属性为 string 引用类型，Age 属性为 int 值类型；然后定义一个 ReferenceAndValue 类，该类中定义一个静态的 Demonstration 方法，该方法主要演示值类型和引用类型使用时，其中一个值变化，另外的值是否变化；最后在 Main 方法中调用 ReferenceAndValue 类中的 Demonstration 方法输出结果。

```csharp
class Program
{
    static void Main(string[] args)
    {
        //调用 ReferenceAndValue 类中的 Demonstration 方法
        ReferenceAndValue.Demonstration();
        Console.ReadLine();
    }
}
public class Stamp                                  //定义一个类
{
    public string Name { get; set; }               //定义引用类型
    public int Age { get; set; }                   //定义值类型
}
public static class ReferenceAndValue              //定义一个静态类
{
    public static void Demonstration()            //定义一个静态方法
    {
        Stamp stamp_1 = new Stamp { Name = "Premiere", Age = 25 };
        Stamp stamp_2 = new Stamp { Name = "Again", Age = 47 };
        int age = stamp_1.Age;                     //获取值类型 Age 的值
        stamp_1.Age = 22;                          //修改值类型的值
        Stamp stamp_3 = Stamp_2;                   //获取 Stamp_2 中的值
        stamp_2.Name = "Again Amend";              //修改引用的 Name 值
        Console.WriteLine("stamp_1's age:{0}", stamp_1.Age);//显示 Stamp_1 中的 Age 值
        Console.WriteLine("age's value:{0}", age);          //显示 age 值
        Console.WriteLine("Sstamp_2's name:{0}", stamp_2.Name);//显示 Stamp_2 中的 Name 值
        Console.WriteLine("stamp_3's name:{0}", stamp_3.Name);//显示 Stamp_3 中的 Name 值
    }
}
```

运行结果如图 2-4 所示。

从图 2-4 中可以看出，当改变了 stamp_1.Age 的值时，age 没跟着变，而在改变了 stamp_2.Name 的值后，stamp_3.Name 却跟着变了，这就是值类型和引用类型的区别。在声明 age 值类型变量时，将 stamp_1.Age 的值赋给它，这时，编译器

图 2-4　值类型与引用类型的使用区别

在栈上分配了一块空间，然后把 stamp_1.Age 的值填进去，二者没有任何关联，就像在计算机中复制文件一样，只是把 stamp_1.Age 的值复制给 age 了。而引用类型则不同，在声明 stamp_3 时把 stamp_2 赋给它。前面说过，引用类型包含的只是堆上数据区域地址的引用，其实就是把 stamp_2 的引用也赋给 stamp_3，因此它们指向了同一块内存区域。既然是指向同一块区域，不管修改谁，另一个的值都会跟着改变。

2.3　表达式与运算符

表达式是由运算符和操作数组成的。运算符决定对操作数进行什么样的运算。例如，+、-、*和/都是运算符，操作数可以是常量，也可以是变量。

例如，下面几行代码就是使用简单的表达式组成的 C#语句。代码如下。

```
int i = 927;                    //声明一个 int 类型的变量 i 并初始化为 927
i = i * i + 112;                //改变变量 i 的值
int j = 2016;                   //声明一个 int 类型的变量 j 并初始化为 2016
j = j / 2;                      //改变变量 j 的值
```

在 C#中，提供了多种运算符，运算符是具有运算功能的符号，根据使用运算符的个数，可以将运算符分为单目运算符、双目运算符和三目运算符，其中，单目运算符是作用在一个操作数上的运算符，如负号（-）等；双目运算符是作用在两个操作数上的运算符，如加法（+）、乘法（*）等；三目运算符是作用在 3 个操作数上的运算符，C#中唯一的三目运算符是条件运算符（?:）。下面分别对常用的运算符进行讲解。

2.3.1　算术运算符

C#中的算术运算符是双目运算符，主要包括+、-、*、/和%5 种，它们分别用于进行加、减、乘、除和模（求余数）运算。C#中算术运算符的功能及使用方式如表 2-4 所示。

表 2-4　　　　　　　　　　　　　　C#算术运算符

运算符	说明	实例	结果
+	加	12.45f+15	27.45
-	减	4.56-0.16	4.4
*	乘	5L*12.45f	62.25
/	除	7/2	3
%	求余	12%10	2

例如，定义两个 int 变量 m 和 n，并分别初始化，使用算术运算符分别对它们执行加、减、乘、除、求余运算。代码如下。

```
int m = 8;              //定义变量m，并初始化为8
int n = 4;;             //定义变量m，并初始化为4
int r1 = m + n;         //结果为12
int r1 = m - n;         //结果为4
int r1 = m * n;         //结果为32
int r1 = m / n;         //结果为2
int r1 = m % n;         //结果为0
```

使用除法（/）运算符和求余运算符(%)时，除数不能为0，否则将会出现异常。

2.3.2　自增自减运算符

C#中提供了两种特殊的算数运算符：自增、自减运算符，它们分别用++和--表示。

1．自增运算符

++是自增运算符，它是单目运算符。++在使用时有两种形式，分别是++expr 和 expr++，其中，++expr 是前置形式，它表示 expr 自身先加 1，其运算结果是自身修改后的值，再参与其他运算；而 expr++是后置形式，它也表示自身加 1，但其运算结果是自身未修改的值，也就是说，expr++是先参加完其他运算，然后再进行自身加1操作；++自增运算符放在不同位置时的运算示意图如图 2-5 所示。

例如，下面代码展示了自增运算符放在变量的不同位置时的运算结果。

```
int i = 0, j = 0;        // 定义 int 类型的 i、j
int a, b;                // a表示后置形式运算的返回结果，b表示前置形式运算的返回结果
a = i++;                 // 后置形式的自增，a是 0
Console.WriteLine(a);    // 输出结果是 0
b = ++j;                 // 前置形式的自增，b是 1
Console.WriteLine(b);    // 输出结果是 1
```

2．自减运算符

--是自减运算符，它是单目运算符。--在使用时有两种形式，分别是--expr 和 expr--，其中，--expr 是前置形式，它表示 expr 自身先减 1，其运算结果是自身修改后的值，再参与其他运算；而 expr--是后置形式，它也表示自身减1，但其运算结果是自身未修改的值，也就是说，expr--是先参加完其他运算，然后再进行自身减1操作，--自减运算符放在不同位置时的运算示意图如图 2-6 所示。

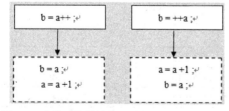
图 2-5　自增运算符放在不同位置时的运算示意图

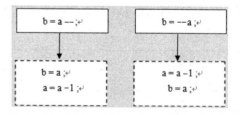
图 2-6　自减运算符放在不同位置时的运算示意图

自增、自减运算符只能作用于变量，因此，下面的形式是不合法的。

```
3++;                     // 不合法，因为3是一个常量
(i+j)++;                 // 不合法，因为i+j是一个表达式
```

2.3.3　赋值运算符

赋值运算符为变量、属性、事件等元素赋新值。赋值运算符主要有=、+=、−=、*=、/=、%=、&=、|=、^=、<<=和>>=运算符。赋值运算符的左操作数必须是变量，如果赋值运算符两边的操作数的类型不一致，就需要首先进行类型转换，然后再赋值。

在使用赋值运算符时，右操作数表达式所属的类型必须可隐式转换为左操作数所属的类型，运算将右操作数的值赋给左操作数指定的变量。所有赋值运算符及其运算规则如表 2-5 所示。

表 2-5　　　　　　　　　　　　　　　　赋值运算符

名称	运算符	运算规则	意义
赋值	=	将表达式赋值给变量	将右边的值给左边
加赋值	+=	x+=y	x=x+y
减赋值	−=	x−=y	x=x−y
除赋值	/=	x/=y	x=x/y
乘赋值	*=	x*=y	x=x*y
模赋值	%=	x%=y	x=x%y
位与赋值	&=	x&=y	x=x&y
位或赋值	|=	x|=y	x=x|y
右移赋值	>>=	x>>=y	x=x>>y
左移赋值	<<=	x<<=y	x=x<<y
异或赋值	^=	x^=y	x=x^y

下面以加赋值（+=）运算符为例，举例说明赋值运算符的用法。例如，声明一个 int 类型的变量 i，并初始化为 6，然后通过加赋值运算符改变 i 的值，使其在原有的基础上增加 100。代码如下。

```
int i = 6;                   //声明一个 int 类型的变量 i 并初始化为 6
i += 100;                    //使用加赋值运算符
Console.WriteLine(i);        //输出最后变量 i 的值为 106
```

2.3.4　关系运算符

关系运算符可以实现对两个值的比较运算，关系运算符在完成两个操作数的比较运算之后会返回一个代表运算结果的布尔值。常见的关系运算符如表 2-6 所示。

表 2-6　　　　　　　　　　　　　　　　关系运算符

关系运算符	说明	关系运算符	说明
==	等于	!=	不等于
>	大于	>=	大于等于
<	小于	<=	小于等于

下面通过一个实例演示关系运算符的使用。

【例 2-2】　创建一个控制台应用程序，声明 3 个 int 类型的变量，并分别对它们进行初始化，然后分别使用 C#中的各种关系运算符对它们的大小关系进行比较。代码如下。

```
static void Main(string[] args)
{
    int num1 = 4, num2 = 7, num3 = 7;          //定义3个int变量，并初始化
    Console.WriteLine("num1=" + num1 + " , num2=" + num2 + " , num3=" + num3);
    Console.WriteLine();                                      //换行
    Console.WriteLine("num1<num2 的结果: " + (num1 < num2));    //小于操作
    Console.WriteLine("num1>num2 的结果: " + (num1 > num2));    //大于操作
    Console.WriteLine("num1==num2 的结果: " + (num1 == num2));  //等于操作
    Console.WriteLine("num1!=num2 的结果: " + (num1 != num2));  //不等于操作
    Console.WriteLine("num1<=num2 的结果: " + (num1 <= num2));  //小于等于操作
    Console.WriteLine("num2>=num3 的结果: " + (num2 >= num3));  //大于等于操作
    Console.ReadLine();
}
```

程序运行结果如图 2-7 所示。

图 2-7 使用关系运算符比较变量的大小关系

  关系运算符一般常用于分支或循环语句中。

2.3.5 逻辑运算符

逻辑运算符是对真和假这两种布尔值进行运算，运算后的结果仍是一个布尔值，C#中的逻辑运算符主要包括逻辑与&（&&）、逻辑或|（||）、逻辑非!。在逻辑运算符中，除了"!"是单目运算符之外，其他都是双目运算符。表 2-7 列出了逻辑运算符的用法和说明。

表 2-7 逻辑运算符

运算符	含义	用法	结合方向
&&、&	逻辑与	op1&&op2	左到右
||、|	逻辑或	op1||op2	左到右
!	逻辑非	! op	右到左

使用逻辑运算符进行逻辑运算时，其运算结果如表 2-8 所示。

表 2-8 使用逻辑运算符进行逻辑运算

表达式 1	表达式 2	表达式 1&&表达式 2	表达式 1||表达式 2	! 表达式 1
true	true	true	true	false
true	false	false	true	false
false	false	false	false	true
false	true	false	true	true

逻辑运算符"&&"与"&"都表示"逻辑与",那么它们之间的区别在哪里呢?从表2-8可以看出,当两个表达式都为 true 时,逻辑与的结果才会是 true。使用"&"会判断两个表达式;而"&&"则是针对布尔类型的数据进行判断,当第一个表达式为 false 时则不去判断第二个表达式,直接输出结果从而节省计算机判断的次数。

【例 2-3】 　创建一个控制台应用程序,定义两个 int 类型变量,首先使用关系运算符比较它们的大小关系,然后使用逻辑运算符判断它们的结果是否为 true 或者 false。代码如下。

```csharp
static void Main(string[] args)
{
    int a = 2;                              //声明 int 型变量 a
    int b = 5;                              //声明 int 型变量 b
    //声明 bool 型变量,用于保存应用逻辑运算符"&&"后的返回值
    bool result = ((a > b) && (a != b));
    //声明 bool 型变量,用于保存应用逻辑运算符"||"后的返回值
    bool result2 = ((a > b) || (a != b));
    Console.WriteLine(result);             //将变量 result 输出
    Console.WriteLine(result2);            //将变量 result2 输出
    Console.ReadLine();
}
```

程序运行结果为:

```
false
true
```

2.3.6　条件运算符

条件运算符用"?:"表示,它是 C#中仅有的一个三目运算符,该运算符需要 3 个操作数,形式如下。

```
<表达式1> ? <表达式2> : <表达式3>
```

其中,表达式 1 是一个布尔值,可以为真或假,如果表达式 1 为真,则返回表达式 2 的运算结果,如果表达式 1 为假,则返回表达式 3 的运算结果。例如:

```
int x=5, y=6, max;
max=x<y? y : x ;
```

上面代码的返回值为 6,因为 x<y 这个条件是成立的,所以返回 y 的值。

2.3.7　运算符的优先级与结合性

C#中的表达式是使用运算符连接起来的符合 C#规范的式子,运算符的优先级决定了表达式中运算执行的先后顺序。运算符优先级其实相当于进销存的业务流程,如进货、入库、销售和出库,只能按这个步骤进行操作。运算符的优先级也是这样的,它是按照一定的先后顺序进行计算的,C#中的运算符优先级由高到低的顺序依次是:自增、自减运算符→算术运算符→移位运算符→关系运算符→逻辑运算符→条件运算符→赋值运算符。

如果两个运算符具有相同的优先级,则会根据其结合性确定是从左至右运算,还是从右至左运算。表 2-9 列出了运算符从高到低的优先级顺序及结合性。

表2-9 运算符的优先级顺序

运算符类别	运算符	数目	结合性
单目运算符	++,——, !	单目	←
算术运算符	*, /, %	双目	→
	+,-	双目	→
移位运算符	<<, >>	双目	→
关系运算符	>, >=, <, <=	双目	→
	==, !=	双目	→
逻辑运算符	&&	双目	→
	||	双目	→
条件运算符	? :	三目	←
赋值运算符	=,+=,-=,*=,/=,%=	双目	←

表2-9中的"←"表示从右至左,"→"表示从左至右,从表2-9中可以看出,C#中的运算符中,只有单目、条件和赋值运算符的结合性为从右至左,其他运算符的结合性都是从左至右。

2.3.8　表达式中的类型转换

C#中程序中对一些不同类型的数据进行操作时,必须进行类型转换,把它们都转换为相同的数据类型进行运算,类型转换主要分为隐式类型转换和显式类型转换,下面分别进行讲解。

1. 隐式类型转换

隐式类型转换就是不需要声明就能进行的转换。进行隐式类型转换时,编译器不需要进行检查就能安全地进行转换,表2-10列出了可以进行隐式类型转换的数据类型。

表2-10 隐式类型转换表

源类型	目标类型
sbyte	short、int、long、float、double、decimal
byte	short、ushort、int、uint、long、ulong、float、double 或 decimal
short	int、long、float、double 或 decimal
ushort	int、uint、long、ulong、float、double 或 decimal
int	long、float、double 或 decimal
uint	long、ulong、float、double 或 decimal
char	ushort、int、uint、long、ulong、float、double 或 decimal
float	double
ulong	float、double 或 decimal
long	float、double 或 decimal

从 int、uint、long 或 ulong 到 float，以及从 long 或 ulong 到 double 的转换可能导致精度损失，但不会影响它的数量级。其他的隐式转换不会丢失任何信息。

例如，将 int 类型的值隐式转换成 long 类型。代码如下。

```
int i =10;                    //声明一个整型变量 i 并初始化为10
long l = i;                   //隐式转换成 long 类型
```

2. 显式类型转换

显式类型转换又称为强制类型转换，它需要在代码中明确地声明要转换的类型。如果在不存在隐式转换的类型之间进行转换，就需要使用显式类型转换。表 2-11 列出了需要进行显式类型转换的数据类型。

表 2-11　　　　　　　　　　　　　显式类型转换表

源类型	目标类型
sbyte	byte、ushort、uint、ulong 或 char
byte	sbyte 和 char
short	sbyte、byte、ushort、uint、ulong 或 char
ushort	sbyte、byte、short 或 char
int	sbyte、byte、short、ushort、uint、ulong 或 char
uint	sbyte、byte、short、ushort、int 或 char
char	sbyte、byte 或 short
float	sbyte、byte、short、ushort、int、uint、long、ulong、char 或 decimal
ulong	sbyte、byte、short、ushort、int、uint、long 或 char
long	sbyte、byte、short、ushort、int、uint、ulong 或 char
double	sbyte、byte、short、ushort、int、uint、long、char 或 decimal
decimal	sbyte、byte、short、ushort、int、uint、ulong、long、char 或 double

（1）由于显式类型转换包括所有隐式类型转换和显式类型转换，因此总是可以使用强制转换表达式从任何数值类型转换为任何其他的数值类型；

（2）在进行显式类型转换时，可能会导致溢出错误。

例如，将 double 类型的变量 m 进行显式类型转换，转换为 int 类型变量。代码如下。

```
double d = 10.05;                          //声明 double 类型变量
int x = (int)d;                            //显式转换成整型变量
```

另外，也可以通过 Convert 工具进行显式类型转换，上面的例子还可以通过下面代码实现。

例如，通过 Convert 工具实现将 double 类型的变量转换为 int 类型的变量。代码如下。

```
double m = 5.83;                           //声明 double 类型变量
Console.WriteLine("原double 类型数据: " + m);   //输出原数据
int n = Convert.ToInt32(m);                //通过 Convert 关键字转换
Console.WriteLine("转换成的 int 类型数据: " + n); //输出整型变量
Console.ReadLine();
```

C#通过 Method 进行类型转换

C#的类型转换

3. 装箱

装箱是将值类型隐式转换成 object 引用类型，例如，下面的代码用来实现装箱操作。

```
int i = 100;              //声明一个 int 类型变量 i，并初始化为 100
object obj = i;           //声明一个 object 类型 obj，其初始化值为 i
```

装箱示意图如图 2-8 所示。

从程序运行结果可以看出，值类型变量的值复制到装箱得到的对象中，装箱后改变值类型变量的值，并不会影响装箱对象的值。

4. 拆箱

拆箱是装箱的逆过程，它将 object 引用类型显式转换为值类型，例如，下面的代码用来实现拆箱操作。

```
int i = 100;              //声明一个 int 类型的变量 i，并初始化为 100
object obj = i;           //执行装箱操作
int j = (int)obj;         //执行拆箱操作
```

拆箱示意图如图 2-9 所示。

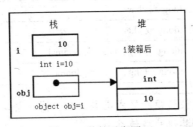

图 2-8　装箱示意图

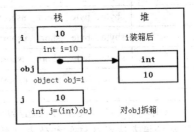

图 2-9　拆箱示意图

查看程序运行结果，不难看出，拆箱后得到的值类型数据的值与装箱对象相等。需要读者注意的是在执行拆箱操作时，要符合类型一致的原则，否则会出现异常。

注意

装箱是将一个值类型转换为一个对象类型（object），而拆箱则是将一个对象类型显式转换为一个值类型。对于装箱而言，它是将被装箱的值类型复制一个副本来转换，而拆箱时，需要注意类型的兼容性，例如，不能将一个 long 类型的装箱对象拆箱为 int 类型。

C#的装箱拆箱和 Nullable 类型

2.4　分支结构

顺序结构的程序虽然能解决计算、输出等问题，但不能做判断再选择。对于要先做判断再选择的问题就要使用分支结构。C#中的分支语句主要包括 if 语句和 switch 语句两种，本节将分别进行介绍。

2.4.1　if 语句

if 语句是最基础的一种选择结构语句，它主要有 3 种形式，分别为 if 语句、if…else 语句和 if…else if…else 多分支语句，本节将分别对它们进行详细讲解。

1. 最简单的 if 语句

C#语言中使用 if 关键字来组成选择语句，其最简单的语法形式如下。

```
if(表达式)
{
    语句块
}
```

其中，表达式部分必须用()括起来，它可以是一个单纯的布尔变量或常量，也可以是关系表达式或逻辑表达。如果表达式为真，则执行"语句块"，之后继续执行"下一条语句"；如果表达式的值为假，就跳过"语句块"，执行"下一条语句"，这种形式的 if 语句相当于汉语里的"如果……那么……"，其流程图如图 2-10 所示。

例如，通过 if 语句实现只有年龄大于等于 56 岁，才可以申请退休。代码如下。

```
int Age=50;
if(Age>=56)
{
    允许退休;
}
```

2. if…else 语句

如果遇到只能二选一的条件，C#中提供了 if…else 语句解决类似问题，其语法如下。

```
if(表达式)
{
    语句块;
}
else
{
    语句块;
}
```

使用 if…else 语句时，表达式可以是一个单纯的布尔变量或常量，也可以是关系表达式或逻辑表达式，如果满足条件，则执行 if 后面的语句块，否则，执行 else 后面的语句块，这种形式的选择语句相当于汉语里的"如果……否则……"，其流程图如图 2-11 所示。

例如，使用 if…else 语句判断用户输入的分数是不是足够优秀，如果大于 90，则表示优秀，否则，输出"继续努力"。代码如下。

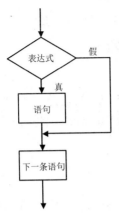

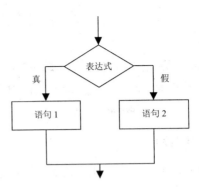

图 2-10　if 语句流程图　　　　图 2-11　if…else 语句流程图

```
int score = Convert.ToInt32(Console.ReadLine());
if (score > 90)    //判断输入是否大于 90
    Console.WriteLine("你非常优秀! ");
else               //不大于 90 的情况
    Console.WriteLine("希望你继续努力! ");
```

　　　建议总是在 if 后面使用大括号 {} 将要执行的语句括起来，这样可以避免程序代码混乱。

3. if…else if…else 语句

在开发程序时，如果需要针对某一事件的多种情况进行处理，则可以使用 if…else if…else 语句，该语句是一个多分支选择语句，通常表现为"如果满足某种条件，进行某种处理，否则，如果满足另一种条件，则执行另一种处理……"。if…else if…else 语句的语法格式如下。

```
if(表达式 1)
{
    语句 1;
}
else if(表达式 2)
{
    语句 2;
}
else if(表达式 3)
{
    语句 3
}
    …
else if(表达式 m)
{
    语句 m
}
else
{
    语句 n
}
```

使用 if…else if…else 语句时，表达式部分必须用()括起来，它可以是一个单纯的布尔变量或常量，也可以是关系表达式或逻辑表达式，如果表达式为真，执行语句；而如果表达式为假，则跳过该语句，进行下一个 else if 的判断，只有在所有表达式都为假的情况下，才会执行 else 中的语句。if…else if…else 语句的流程图如图 2-12 所示。

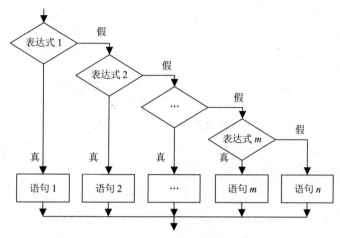

图 2-12　if…else if…else 语句的流程图

例如，使用 if…else if…else 多分支语句实现根据用户输入的年龄输出相应信息提示的功能。代码如下。

```
int YouAge = 0int.Parse(Console.ReadLine());//声明一个 int 类型的变量 YouAge
if (YouAge <= 18)                          //调用 if 语句判断输入的数据是否小于等于 18
    Console.WriteLine("您的年龄还小，要努力奋斗哦！");
else if (YouAge > 18 && YouAge <= 30)      //判断是否大于 18 岁小于等于 30 岁
    Console.WriteLine("您现在的阶段正是努力奋斗的黄金阶段！");
else if (YouAge > 30 && YouAge <= 50)      //判断输入的年龄是否大于 30 岁小于等于 50 岁
    Console.WriteLine("您现在的阶段正是人生的黄金阶段！");
else
    Console.WriteLine("最美不过夕阳红！");
```

4．if 语句的嵌套

前面讲过 3 种形式的 if 选择语句，这 3 种形式的选择语句之间都可以进行互相嵌套。例如，在最简单的 if 语句中嵌套 if…else 语句，形式如下。

```
if(表达式 1)
{
    if(表达式 2)
            语句 1；
    else
            语句 2；
}
```

例如，在 if…else 语句中嵌套 if…else 语句，形式如下。

```
if(表达式 1)
{
```

```
        if(表达式 2)
            语句 1;
        else
            语句 2;
}
else
{
        if(表达式 2)
            语句 1;
        else
            语句 2;
}
```

【例 2-4】 通过使用嵌套的 if 语句实现判断用户输入的年份是不是闰年的功能。代码如下。

```
static void Main(string[] args)
{
    Console.WriteLine("请输入一个年份: ");
    int iYear = Convert.ToInt32(Console.ReadLine()); //记录用户输入的年份
    if (iYear % 4 == 0)                              //四年一闰
    {
        if (iYear % 100 == 0)
        {
            if (iYear % 400 == 0)                    //四百年再闰
            {
                Console.WriteLine("这是闰年");
            }
            else                                     //百年不闰
            {
                Console.WriteLine("这不是闰年");
            }
        }
        else
        {
            Console.WriteLine("这是闰年");
        }
    }
    else
    {
        Console.WriteLine("这不是闰年");
    }
    Console.ReadLine();
}
```

运行程序,当输入一个闰年年份时(比如 2000),效果如图 2-13 所示;当输入一个非闰年年份时(比如 2015),效果如图 2-14 所示。

图 2-13 输入闰年年份的结果

图 2-14 输入非闰年年份的结果

（1）使用 if 语句嵌套时，要注意 else 关键字要和 if 关键字成对出现，并且遵守临近原则，即：else 关键字总是和自己最近的 if 语句相匹配。

（2）在进行条件判断时，应该尽量使用复合语句，以免产生二义性，导致运行结果和预想的不一致。

2.4.2　switch 语句

switch 语句是多分支条件判断语句，它根据参数的值使程序从多个分支中选择一个用于执行的分支，其基本语法如下。

```
switch(判断参数)
{
case 常量值1:
    语句块1
    break;
case 常量值2:
    语句块2
    break;
    …
case 常量值n:
    语句块n
    break;
default:
    语句块n+1
    break;
}
```

switch 关键字后面的括号()中是要判断的参数，参数必须是 sbyte、byte、short、ushort、int、uint、long、ulong、char、string、bool 或者枚举类型中的一种，大括号{ }中的代码是由多个 case 子句组成的，每个 case 关键字后面都有相应的语句块，这些语句块都是 switch 语句可能执行的语句块。如果符合常量值，则 case 下的语句块就会被执行，语句块执行完毕后，执行 break 语句，使程序跳出 switch 语句；如果条件都不满足，则执行 default 中的语句块。

（1）case 后的各常量值不可以相同，否则会出现错误。

（2）case 后面的语句块可以有多条语句，不必使用大括号{}括起来。

（3）case 语句和 default 语句的顺序可以改变，但不会影响程序执行结果。

（4）一个 switch 语句中只能有一个 default 语句，而且 default 语句可以省略。

switch 语句的执行流程图如图 2-15 所示。

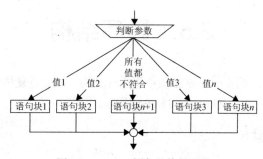

图 2-15　switch 语句的执行过程

【例2-5】 使用switch语句判断用户的操作权限。代码如下。

```csharp
static void Main(string[] args)
{
    Console.WriteLine("请您输入身份: ");
    string strPop =Console.ReadLine();        //获取用户输入的数据
    switch (strPop)                           //判断用户输入的权限
    {
        case "管理员":
            Console.WriteLine("您拥有进销存管理系统的所有操作权限! ");
            break;
        case "高级用户":
            Console.WriteLine("您可以编辑进货和退货信息! ");
            break;
        case "用户":
            Console.WriteLine("您可以添加商品信息! ");
            break;
        case "游客":
            Console.WriteLine("您只能浏览商品信息! ");
            break;
        default:
            Console.WriteLine("您输入的身份信息有误! ");
            break;
    }
    Console.ReadLine();
}
```

运行程序，输入一个权限，按回车键，效果如图2-16所示。

使用switch语句时，常量表达式的值绝不可以是浮点类型。

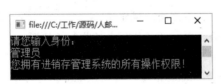

图2-16　判断用户的操作权限

C#的逻辑语句

2.5　循环结构

当程序要反复执行某一操作时，就必须使用循环结构，比如重复执行 i++操作。C#中的循环语句主要包括while语句、do…while语句和for语句。

2.5.1　while循环

while语句用来实现"当型"循环结构，它的语法格式如下。

```
while(表达式)
{
语句
}
```

表达式一般是一个关系表达式或一个逻辑表达式，其表达式的值应该是一个逻辑值真或假（ true 和 false ），当表达式的值为真时，开始循环执行语句；而当表达式的值为假时，退出循环，执行循环外的下一条语句。循环每次都是执行完语句后回到表达式处重新开始判断，重新计算表达式的值。

while 语句的执行流程如图 2-17 所示。

【例 2-6】　使用 while 循环编写程序实现 1～100 的累加。代码如下。

```
static void Main(string[] args)
{
    int iNum = 1;            //iNum 从 1 到 100 递增
    int iSum = 0;            //记录每次累加后的结果
    while (iNum <= 100)       //iNum <= 100 是循环条件
    {
        iSum += iNum;        //把每次的 iNum 的值累加到上次累加的结果中
        iNum++;              //每次循环 iNum 的值加 1
    }
    Console.WriteLine("1 到 100 的累加结果是: "+ iSum);
    Console.ReadLine();
}
```

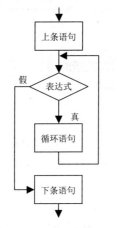

图 2-17　while 循环流程图

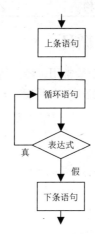

图 2-18　do-while 循环流程图

2.5.2　do…while 循环

有些情况下无论循环条件是否成立，循环体的内容都要被执行一次，这种时候可以使用 do-while 循环。do-while 循环的特点是先执行循环体，再判断循环条件，其语法格式如下。

```
do
{
语句
}
while(表达式);
```

do 为关键字，必须与 while 配对使用。do 与 while 之间的语句称为循环体，该语句是用大括号{}括起来的复合语句。循环语句中的表达式与 while 语句中的相同，也为关系表达式或逻辑表达式，但特别值得注意的是：do...while 语句后一定要有分号 ";"。

do...while 语句的执行流程如图 2-18 所示。

【例 2-7】 使用 do-while 循环编写程序实现 1～100 的累加。代码如下。

```
static void Main(string[] args)
{
    int iNum = 1;                  //iNum 从 1 到 100 递增
    int iSum = 0;                  //记录每次累加后的结果
    do
    {
        iSum += iNum;              //把每次的 iNum 的值累加到上次累加的结果中
        iNum++;                    //每次循环 iNum 的值加 1
    } while (iNum <= 100);         //iNum <= 100 是循环条件
    Console.WriteLine("1 到 100 的累加结果是: " + iSum);
    Console.ReadLine();
}
```

while 语句和 do…while 语句都用来控制代码的循环，但 while 语句使用于先条件判断，再执行循环结构的场合；而 do…while 语句则适合于先执行循环结构，再进行条件判断的场合。具体来说，使用 while 语句时，如果条件不成立，则循环结构一次都不会执行，而如果使用 do…while 语句时，即使条件不成立，程序也至少会执行一次循环结构。

2.5.3 for 循环

for 循环是 C#中最常用、最灵活的一种循环结构，for 循环既能够用于循环次数已知的情况，又能够用于循环次数未知的情况。for 循环的常用语法格式如下。

```
for(表达式 1; 表达式 2; 表达式 3)
{
语句组
}
```

for 循环的执行过程如下。

（1）求解表达式 1；

（2）求解表达式 2，若表达式 2 的值为 "真"，则执行循环体内的语句组，然后执行下面（3），若值为 "假"，转到下面（5）；

（3）求解表达式 3；

（4）转回到（2）执行；

（5）循环结束，执行 for 循环接下来的语句。

for 语句的执行流程如图 2-19 所示。

【例 2-8】 使用 for 循环编写程序实现 1～100 的累加。代码如下。

```
static void Main(string[] args)
{
    int iSum = 0;                  //记录每次累加后的结果
```

```
for (int iNum = 1; iNum <= 100; iNum++)
{
    iSum += iNum;                    //把每次的 iNum 的值累加到上次累加的结果中
}
Console.WriteLine("1 到 100 的累加结果是: " + iSum); //输出结果
Console.ReadLine();
}
```

 for 语句的 3 个参数都是可选的，理论上并不一定完全具备。但是如果不设置循环条件，程序就会产生死循环，此时需要通过跳转语句才能退出。

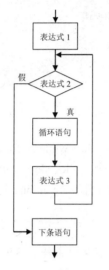

图 2-19　for 循环流程图

C#的循环语句

2.6　跳转语句

跳转语句主要用于无条件地转移控制，它会将控制转到某个位置，这个位置就成为跳转语句的目标。如果跳转语句出现在一个语句块内，而跳转语句的目标却在该语句块之外，则称该跳转语句退出该语句块。跳转语句主要包括 break 语句、continue 语句和 goto 语句，本节将对这 3 种跳转语句分别进行介绍。

2.6.1　break 语句

使用 break 语句可以使流程跳出 switch 多分支结构，实际上，break 语句还可以用来跳出循环体，执行循环体之外的语句。break 语句通常应用在 switch、while、do…while 或 for 语句中，当多个 switch、while、do…while 或 for 语句互相嵌套时，break 语句只应用于最里层的语句。break 语句的语法格式如下。

```
break;
```

 break 一般会结合 if 语句进行搭配使用，表示在某种条件下，循环结束。

【例2-9】 修改【例2-6】，在 iNum 的值为 50 时，退出循环。代码如下。

```
static void Main(string[] args)
{
    int iNum = 1;                           //iNum 从 1 到 100 递增
    int iSum = 0;                           //记录每次累加后的结果
    while (iNum <= 100)                     //iNum <= 100 是循环条件
    {
        iSum += iNum;                       //把每次的 iNum 的值累加到上次累加的结果中
        iNum++;                             //每次循环 iNum 的值加 1
        if (iNum == 50)                     //判断 iNum 的值是否为 50
            break;                          //退出循环
    }
    Console.WriteLine("1 到 49 的累加结果是: " + iSum);
    Console.ReadLine();
}
```

2.6.2　continue 语句

continue 语句的作用是结束本次循环，它通常应用于 while、do…while 或 for 语句中，用来忽略循环语句内位于它后面的代码而直接开始一次的循环。当多个 while、do…while 或 for 语句互相嵌套时，continue 语句只能使直接包含它的循环开始一次新的循环。continue 的语法格式如下。

```
continue;
```

说明　continue 一般会结合 if 语句进行搭配使用，表示在某种条件下不执行后面的语句，直接开始下一次的循环。

【例2-10】 通过在 for 循环中使用 continue 语句实现 1～100 的偶数和。代码如下。

```
static void Main(string[] args)
{
    int iSum = 0;
    int iNum = 1;
    for (; iNum <= 100; iNum++)
    {
        if (iNum % 2 == 1)                  //判断是否为奇数
            continue;                       //继续下一次循环
        iSum += iNum;
    }
    Console.WriteLine("1 到 100 之间的偶数的和: " + iSum);
    Console.ReadLine();
}
```

注意　continue 和 break 语句的区别是：continue 语句只结束本次循环，而不是终止整个循环。而 break 是结束整个循环过程，开始执行循环之后的语句。

2.6.3　goto 语句

goto 语句是无条件跳转语句，使用 goto 语句可以无条件地使程序跳转到方法内部的任何一条语句。goto 语句后面带一个标识符，这个标识符是同一个方法内某条语句的标号，标号可以出现在任何可执行语句的前面，并且以一个冒号 ":" 作为后缀。goto 语句的一般语法格式如下。

```
goto 标识符;
```

【例 2-11】　修改【例 2-6】，通过 goto 语句实现 1～100 的累加。代码如下。

```
static void Main(string[] args)
{
    int iNum = 0;                                    //定义一个整型变量, 初始化为 0
    int iSum = 0;                                    //定义一个整型变量, 初始化为 0
label:                                               //定义一个标签
    iNum++;                                          //iNum 自加 1
    iSum += iNum;                                    //累加求和
    if (iNum < 100)                                  //判断 iNum 是否小于 100
    {
        goto label;                                  //转向标签
    }
    Console.WriteLine("1 到 100 的累加结果是: " + iSum);
    Console.ReadLine();
}
```

2.7　数组

　　数组是大部分编程语言中都支持的一种数据结构，无论是 C、C++还是 C#，都支持数组。数组是包含若干相同类型的变量的集合。这些变量都可以通过索引进行访问。数组中的变量称为数组的元素，数组能够容纳元素的数量称为数组的长度。数组中的每个元素都具有唯一的索引与其相对应，数组的索引从零开始。

　　数组是通过指定数组的元素类型、数组的秩（维数）及数组每个维度的上限和下限来定义的，即一个数组的定义需要包含以下 3 个要素。

　　（1）元素类型；

　　（2）数组的维数；

　　（3）每个维数的上下限。

　　数组的组成要素如图 2-20 所示。

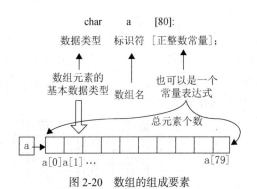

图 2-20　数组的组成要素

数组可以分为一维数组、多维数组和不规则数组等，下面分别讲解。

2.7.1　一维数组

一维数组是具有相同数据类型的一组数据的线性集合，在程序中可以通过一维数组来完成一组相同数据类型数据的线性处理。一维数组的声明语法如下。

```
type[] arrayName;
```

- type：数组存储数据的数据类型。
- arrayName：数组名称。

例如，声明一个字符串类型的静态一维数组。代码如下。

```
string[] ArryStr;                        //声明一个字符串类型的一维数组
```

数组声明完之后，需要对其进行初始化，初始化数组有很多形式。

例如，通过 new 运算符创建数组并将数组元素初始化为它们的默认值。代码如下。

```
int[] number = new int[5];                //使用 new 运算符创建数组并初始化
```

以上数组中的每个元素都初始化为 0。

另外，也可以在声明数组时将其初始化，并且初始化的值为用户自定义的值。

例如，声明一个 int 类型的一维数组，在声明时，直接将数组的值初始化为用户自定义的值。代码如下。

```
int[] number = new int[5]{1,2,3,4,5};  //声明一个 int 类型的一维数组，并对其初始化
```

数组大小必须与大括号中的元素个数相匹配，否则会产生编辑错误。

另外，在初始化数组时可以省略 new 运算符和数组的长度，编译器将根据初始值的数量来自动计算数组长度，并创建数组。例如：

```
string[] arrStr={"Sun", "Mon", "Tue", "Wed", "Thu", "Fri", "Sat"};
```

2.7.2　多维数组

多维数组是指可以用多个下标访问的数组，声明时，方括号内加逗号，就表明是多维数组，有 n 个逗号，就是 $n+1$ 维数组。下面以最常用的二维数组为例讲解多维数组的声明及初始化。

二维数组即数组的维数为 2，二维数组类似于矩形网格和非矩形网格。在程序中通常使用二维数组来存储二维表中的数据，而二维数组其实就是一个基本的多维数组。例如，如图 2-21 举例说明了一个 4 行 3 列的二维数组的存储结构。

数组索引	[0,0]	[0,1]	[0,2]
	[1,0]	[1,1]	[1,2]
	[2,0]	[2,1]	[2,2]
	[3,0]	[3,1]	[3,2]

图 2-21　二维数组的存储结构

二维数组的声明语法如下。

```
type[,] arrayName;
```

- type：数组存储数据的数据类型。
- arrayName：数组名称。

例如，声明一个 3 行 2 列的整型二维数组。代码如下。

```
int[,] arr=new int[3,2];                //声明一个 int 类型的二维数组
```

数组声明完之后，需要对其进行初始化，初始化数组有很多形式。

例如，通过 new 运算符创建二维数组并将数组元素初始化为它们的默认值。代码如下。

```
int[,] arr =new int[3,2];               //声明一个二维数组，并对其进行初始化
```

　　　以上二维数组中的每个元素都初始化为 0。在这里要说明一点，定义数值型的数组时，其默认值为 0（这里包括整型、单精度型和双精度型），布尔型数组的默认值为 false，字符型数组的默认值为 "\0"，字符串型数组的默认值为 null。

另外，也可以在声明数组时将其初始化，并且初始化的值为用户自定义的值。

例如，声明一个 int 类型的二维数组，在声明时，直接将二维数组的值初始化为用户自定义的值。代码如下。

```
int[,] arr=new int[3,2]{{1,2},{3,4},{5,6}}; //声明一个数组，并初始化为用户自定义值
```

　　　数组大小必须与大括号中的元素个数相匹配，否则会产生编辑错误。

2.7.3　数组型数组

数组型的数组是一种由若干个数组构成的数组。为了便于理解，我们把包含在数组中的数组称子数组。例如：

```
int[][] a = new int[3][];    // 创建数组型数组，指定行数，不指定列数
a[0] = new int[5];           // 第一行分配 5 个元素
a[1] = new int[3];           // 第二行分配 3 个元素
a[2] = new int[4];           // 第三行分配 4 个元素
```

这个数组型数组所占的空间就如图 2-22 所示。

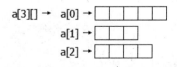

图 2-22　不规则二维数组的空间占用

C#的数组

2.7.4　System.Array

C#中的数组是由 System.Array 类派生而来的引用对象，因此可以使用 Array 类中的各种属性

或者方法对数组进行各种操作。例如，可以使用 Array 类的 Length 属性获取数组元素的长度，可以使用 Rand 属性获取数组的维数。

Array 类的常用方法如表 2-12 所示。

表 2-12   Array 类的常用方法及说明

方法	说明
Copy	将数组中的指定元素复制到另一个 Array 中
CopyTo	从指定的目标数组索引处开始，将当前一维数组中的所有元素复制到另一个一维数组中
Exists	判断数组中是否包含指定的元素
GetLength	获取 Array 的指定维中的元素数
GetValue	获取 Array 中指定位置的值
Reverse	反转一维 Array 中元素的顺序
SetValue	设置 Array 中指定位置的元素
Sort	对一维 Array 数组元素进行排序

【例 2-12】 使用数组打印杨辉三角，杨辉三角是一个由数字排列成的三角形数表，其最本质的特征是它的两条边都是由数字 1 组成的，而其余的数则等于它上方的两个数之和。代码如下。

```
static void Main(string[] args)
{
    int[][] Array_int = new int[10][];                    //定义一个10行的二维数组
    //向数组中记录杨辉三角形的值
    for (int i = 0; i < Array_int.Length; i++)            //遍历行数
    {
        Array_int[i] = new int[i + 1];                    //定义二维数组的列数
        for (int j = 0; j < Array_int[i].Length; j++)     //遍历二维数组的列数
        {
            if (i <= 1)                                   //如果是数组的前两行
            {
                Array_int[i][j] = 1;                      //将其设置为1
                continue;
            }
            else
            {
                if (j == 0 || j == Array_int[i].Length - 1) //如果是行首或行尾
                    Array_int[i][j] = 1;                  //将其设置为1
                else                                      //根据杨辉算法进行计算
                    Array_int[i][j] = Array_int[i - 1][j - 1] + Array_int[i - 1][j];
            }
        }
    }
    for (int i = 0; i < Array_int.Length; i++)            //输出杨辉三角
    {
        for (int j = 0; j < Array_int[i].Length; j++)
            Console.Write("{0}\t", Array_int[i][j]);
        Console.WriteLine();
    }
    Console.ReadLine();
}
```

程序运行效果如图 2-23 所示。

图 2-23　杨辉三角

2.7.5　数组的应用举例

1．数组的输入与输出

数组的输入与输出指的是对不同维数的数组进行输入和输出的操作。数组的输入和输出可以用 for 语句来实现，下面将分别讲解一维数组、二维数组的输入与输出。

一维数组的输入输出一般用单层循环来实现。

【例 2-13】　创建一个控制台应用程序，首先定义一个 int 类型的一维数组，然后使用 for 循环将数组元素值读取出来。代码如下。

```csharp
static void Main(string[] args)
{
    //定义一个 int 类型的一维数组
    int[] arr = new int[10] { 0, 1, 2, 3, 4, 5, 6, 7, 8, 9 };
    for(int i=0;i<arr.Length;i++)
    {
        Console.Write(arr[i] + " ");          //输出一维数组元素
    }
    Console.ReadLine();
}
```

2．二维数组的输入与输出

二维数组的输入输出是用双层循环语句实现的。多维数组的输入输出与二维数组的输入输出相同，只是根据维数来指定循环的层数。

【例 2-14】　创建一个控制台应用程序，在其中定义两个 3 行 3 列的矩阵，根据矩阵乘法规则对它们执行乘法运算，得到一个新的矩阵，最后输出这个矩阵的元素。代码如下。

```csharp
static void Main(string[] args)
{
    //定义 3 个 int 类型的二维数组，作为矩阵
    int[,] MatrixEin = new int[3, 3] { { 2,2,1}, { 1,1,1}, {1,0,1 } };
    int[,] MatrixZwei = new int[3, 3] { { 0,1,2 }, { 0, 1, 1 }, { 0,1,2 } };
    int[,] MatrixResult = new int[3, 3];
    for (int i = 0; i < 3; i++)
    {
        for (int j = 0; j < 3; j++)
        {
            for (int k = 0; k < 3; k++)
            {
                //计算矩阵的乘积
```

```
                    MatrixResult[i, j] += MatrixEin[i, k] * MatrixZwei[k, j];
        }
    }
}
Console.WriteLine("两个矩阵的乘积: ");
//循环遍历新得到的矩阵并输出
for (int i = 0; i < 3; i++)                                  //遍历行
{
    for (int j = 0; j < 3; j++)                              //遍历列
    {
        Console.Write(MatrixResult[i, j] + " ");            //输出遍历到的元素
    }
    Console.WriteLine();                                    //换行
}
Console.ReadLine();
}
```

程序运行结果如图 2-24 所示。

图 2-24　计算矩阵的乘积

3. 数组的排序

排序是编程中最常用的算法之一，排序的方法有很多种，实际开发程序时，可以使用算法对数组进行排序，也可以使用 Array 类的 Sort 方法和 Reverse 方法对数组进行排序。下面介绍最常用的冒泡排序算法的实现过程。

冒泡排序是一种最常用的排序算法，就像气泡一样越往上走越大，因此被人们形象地称为冒泡排序法。冒泡排序的过程很简单，首先将第一个记录的关键字和第二个记录的关键字进行比较，若为逆序，则将两个记录交换，然后比较第二个记录和第 3 个记录的关键字，依次类推，直至第 $n-1$ 个记录和第 n 个记录的关键字进行过比较为止，上述过程称为第一趟冒泡排序，执行 $n-1$ 次上述过程后，排序即可完成。

【例 2-15】　创建一个控制台应用程序，使用冒泡排序算法对一维数组中的元素从小到大进行排序。代码如下。

```
static void Main(string[] args)
{
    int[] arr = new int[] {87, 85, 89, 84, 76, 82, 90, 79, 78, 68};//定义一个一维数组
    Console.Write("初始数组: ");
    for (int m = 0; m < arr.Length; m++)
    {
        Console.Write(arr[m] + " ");                        //输出一维数组元素
    }
    Console.WriteLine();
    //定义两个 int 类型的变量，分别用来表示数组下标和存储新的数组元素
    int i, j;
    int temp = 0;
    bool done = false;
    j = 1;
    while ((j < arr.Length) && (!done))                     //判断长度
    {
        done = true;
        for (i = 0; i < arr.Length - j; i++)                //遍历数组中的数值
```

```
    {
        //如果前一个值大于后一个值
        if (Convert.ToInt32(arr[i]) > Convert.ToInt32(arr[i + 1]))
        {
            done = false;
            temp = arr[i];
            arr[i] = arr[i + 1];                    //交换数据
            arr[i + 1] = temp;
        }
    }
    j++;
}
Console.Write("排序后的数组: ");
for (int m = 0; m < arr.Length; m++)
{
    Console.Write(arr[m] + " ");                    //输出排序后的数组元素
}
Console.ReadLine();
}
```

程序运行结果如图 2-25 所示。

上面实例的冒泡排序过程如图 2-26 所示。

图 2-25　使用冒泡排序法对数组进行排序

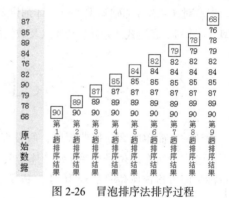

图 2-26　冒泡排序法排序过程

4. 数组的迭代

所谓数组的迭代就是从数组的第一个元素开始，逐个访问数组的每一个元素，直到最后一个元素为止，迭代操作又称遍历操作。在 C#中，我们可以使用前面介绍的循环语句来迭代数组，也可以使用 foreach 语句来迭代。foreach 语句语法格式如下。

```
foreach(【类型】 【迭代变量名】 in 【集合表达式】)
{
    语句
}
```

【例 2-16】　创建一个控制台应用程序，定义一个字符串数组，存储进销存管理系统的主要功能模块，然后使用 foreach 语句遍历字符串数组中的每个元素，并进行输出。代码如下。

```
static void Main(string[] args)
{
    string[] strNames = { "进货管理", "销售管理", "库存管理", "系统设置", "常用工具" };
    foreach (string str in strNames)                //使用 foreach 语句遍历数组
```

```
    {
        Console.Write(str + " ");                    //输出遍历到的数组元素
    }
    Console.ReadLine();
}
```

程序运行结果如图 2-27 所示。

图 2-27　使用 foreach 语句遍历数组

　foreach 语句通常用来遍历集合，而数组也是一种简单的集合。

小　　结

本章对 C#语言基础知识进行了详细讲解，学习本章时，读者应该重点掌握常量、变量、数据类型、运算符、表达式、分支、循环以及数组的基本概念，重点掌握它们的基本使用规则（即语法）。

上机指导

设计一个简单的客车售票程序，假设客车的坐位数是 9 行 4 列，使用一个二维数组记录客车售票系统中的所有座位号，并在每个座位号上都显示"【有票】"，然后用户输入一个坐标位置，按回车键，即可将该座位号显示为"【已售】"。程序运行效果如图 2-28 所示。

图 2-28　客车售票程序运行效果

开发步骤如下。

（1）打开 VS 2013 开发环境，创建一个控制台应用程序，命名为 Ticket。

（2）打开创建的项目的 Program.cs 文件，使用一个二维数组记录客车的座位号，并在控制台中输出初始的座位号，每个座位号的初始值为"【有票】"；然后使用一个字符串记录用户输入的行号和列号，根据记录的行号和列号，将客车相应的座位号设置为"【已售】"。代码如下。

```
static void Main()
{
    Console.Title = "简单客车售票系统";
    string[,] zuo = new string[9, 4];
    for (int i = 0; i < 9; i++)
    {
        for (int j = 0; j < 4; j++)
        {
            zuo[i, j] = "【有票】";
        }
    }
    string s = string.Empty;
    while (true)
    {
        System.Console.Clear();
        Console.WriteLine("\n          简单客车售票系统" + "\n");
        for (int i = 0; i < 9; i++)
        {
            for (int j = 0; j < 4; j++)
            {
                System.Console.Write(zuo[i, j]);
            }
            System.Console.WriteLine();
        }
        System.Console.Write("请输入坐位行号和列号(如：0,2)输入 q 键退出：");
        s = System.Console.ReadLine();
        if (s == "q") break;
        string[] ss = s.Split(',');
        int one = int.Parse(ss[0]);
        int two = int.Parse(ss[1]);
        zuo[one, two] = "【已售】";
    }
}
```

完成以上操作后，按 F5 快捷键运行程序。

习　　题

1. 请指出以下常量分别表示哪一种常量。

```
0x10  10U  10L   10.0   10F   10D   1.0E-10  'a'  "true"  false
```

2. 在以下常量中，请问哪些是错误的，哪些是正确的？

```
25%  '中'   '\t'   "lfq@baidu.com"   TRUE
```

3. 请指出以下变量的定义语句是否正确。如果错误，请说明错误原因。

```
int x;
int 邮编 = 610100;
int 2nd = 2;
int no.1;
```

```
int _id = 1001;
int x1 = 123;
int x_2
int 年 龄 = 18;
```

4. 请比较值类型与引用类型的区别。

5. 在进行数据类型转换时，隐式转换遵循哪些规则？如何实现显示转换？

6. 比较算术运算符、赋值运算符、关系运算符和逻辑运算符的优先级。

7. 假设 float 型变量 a 代表应付款，如果希望应付款按 8.5 折计算实付款 b，则请写出计算实付款 b 的表达式。

8. 假设 i 为 int 型变量，若希望判定 i 是否满足以下条件时，请写出相对应的表达式。

i 的值必须介于 100～1000 且必须能被 3 整除。

9. 编写程序输入年利率 k（例如 2.52%），存款总额 total（例如 100000 元），计算一年后的本息并输出。

10. 针对一维数组，分别计算所有数组元素的总和、平均值、最大值和最小值。要求：写出对应的 C#程序。

第3章
面向对象编程基础

本章要点:

- 对象、类与实例化的关系
- 类的基本概念与声明
- 类的成员
- 对象的创建与使用
- this 关键字的用法
- 方法的使用

面向对象程序设计是在面向过程程序设计的基础上发展而来的,它将数据和对数据的操作看作是一个不可分割的整体,力求将现实问题简单化,因为这样不仅符合人们的思维习惯,同时也可以提高软件的开发效率,并方便后期的维护。本章将对面向对象程序设计中的基础进行详细讲解。

3.1　面向对象概念

在程序开发初期人们使用结构化开发语言,但随着软件的规模越来越庞大,结构化语言的弊端也逐渐暴露出来,开发周期被无休止地拖延,产品的质量也不尽如人意,结构化语言已经不再适合当前的软件开发。这时人们开始将另一种开发思想引入程序中,即面向对象的开发思想。面向对象思想是人类最自然的一种思考方式,它将所有预处理的问题抽象为对象,同时了解这些对象具有哪些相应的属性以及展示这些对象的行为,以解决这些对象面临的一些实际问题,这样就在程序开发中引入了面向对象设计的概念,面向对象设计实质上就是对现实世界的对象进行建模操作。

3.1.1　对象、类、实例化

面向对象编程(Object-Oriented Programming)简称 OOP 技术,是开发应用程序的一种新方法、新思想。在面向对象编程中,最常见的概念是对象、类和实例化,下面分别进行介绍。

在面向对象中,算法与数据结构被看作一个整体,称为对象。现实世界中任何类的对象都具有一定的属性和操作,也总能用数据结构与算法两者合二为一来描述,所以可以用下面的等式来定义对象和程序。

对象=(算法+数据结构)
程序=(对象+对象+……)

从上面的等式可以看出，程序就是许多对象在计算机中相继表现自己，而对象则是组成程序实体。

现实世界中，随处可见的一种事物就是对象，对象是事物存在的实体，如人类、书桌、计算机、高楼大厦等。人类解决问题的方式总是将复杂的事物简单化，于是就会思考这些对象都是由哪些部分组成的。通常都会将对象划分为两个部分，即静态部分与动态部分。静态部分是对象静态信息的描述，与行为无关，其中每一项信息被称为对象的"属性"，任何对象都会具备若干属性，如一个人，它包括高矮、胖瘦、性别和出生日期等属性。确定对象的属性并进行描述是面向对象分析与设计的重要工作，但这远远不够，还需要进一步探讨对象信息的加工与处理问题，以保证对象对信息的采集（输入），保证能响应外部世界的信息处理要求（运算）并返回准确的处理结果（输出）。例如，一个人除了可以具有哭泣、微笑、说话、行走等自然行为之外，可以向他人回答自己的年龄和联系方式、甚至接受他人的工作安排等，这些行为或动态被称为对象的动态部分，有时又称为操作或服务。面向对象的思想就是通过探讨对象的属性和观察对象的行为了解对象。

在计算机的世界中，面向对象程序设计的思想要以对象来思考问题，首先要将现实世界的事物抽象为对象，然后考察这个对象具备的属性和行为。例如，现在面临一头大熊猫要从竹林中走出来这样一个实际问题，试着以面向对象的思想来解决这一实际问题。步骤如下。

（1）首先可以从问题所描述的事物中抽象出对象，这里抽象出的对象为大熊猫。

（2）然后识别这个对象的属性。对象具备的属性都是静态属性，如大熊猫有圆圆的脸颊、大大的黑眼圈、胖嘟嘟的身体和黑白分明的体毛等。这些属性如图3-1所示。

大熊猫
圆圆的脸颊
大大的黑眼圈
胖嘟嘟的身体
黑白分明的体毛

图3-1　识别对象的属性

（3）接着识别这个对象的动态行为，即这头大熊猫可以进行的动作，如爬树、吃竹子和嬉戏等，这些行为都是因为这个对象基于其属性而具有的动作。这些行为如图3-2所示。

（4）识别出这些对象的属性和行为后，这个对象就被定义完成，然后可以根据这头大熊猫具有的特性制定这头大熊猫要从竹林中走出来的具体方案以解决问题。

实质上究其本质，所有的大熊猫都具有以上的属性和行为，可以将这些属性和行为封装起来以描述大雁这类动物。由此可见，类实质上就是封装对象属性和行为的载体，而对象则是类抽象出来的一个实例，而根据类创建对象的过程，就是一个实例化的过程。

大熊猫
圆圆的脸颊
大大的黑眼圈
胖嘟嘟的身体
黑白分明的体毛
爬树
吃竹子
嬉戏
……

图3-2　识别对象的行为

3.1.2　面向对象的特性

面向对象程序设计具有4种特性，包括抽象性、封装性、继承性和多态性，分别如下。

1. 抽象性

抽象（abstraction）是处理事物复杂性的方法，只关注与当前目标有关的方面，而忽略与当前目标无关的那些方面，例如在学生成绩管理中，张三、李四、王五作为学生，我们只关心他们和成绩管理有关的属性和行为，如学号、姓名、成绩、专业等特性。抽象的过程是将有关事物的共性归纳、集中的过程，例如凡是有轮子、能滚动并前进的陆地交通工具统称为"车"，把其中用汽油发动机驱动的抽象为"汽车"，把用马拉的抽象为"马车"。

抽象表达了同一类事物的本质，如果你会使用自己家里的电视机，在别人家里看到即便是不同的牌子的电视机，你也能对它进行操作，因为它具有所有电视机所共有的特征。C#中的数据类型就是对一系列具体的数据的抽象，例如：int 是对所有整数的抽象，double 是对所有双精度浮点型数的抽象。

2. 封装性

封装是面向对象编程的核心思想，将对象的属性和行为封装起来，而将对象的属性和行为封装起来的载体就是类，类通常对客户隐藏其实现细节，这就是封装的思想。例如，用户使用计算机，只需要使用手指敲击键盘就可以实现一些功能，用户无须知道计算机内部是如何工作的，即使用户可能知道计算机的工作原理，但在使用计算机时并不完全依赖于计算机工作原理这些细节。

采用封装的思想保证了类内部数据结构的完整性，应用该类的用户不能轻易直接操作此数据结构，而只能执行类允许公开的数据。这样就避免了外部对内部数据的影响，提高了程序的可维护性。使用类实现封装特性如图 3-3 所示。

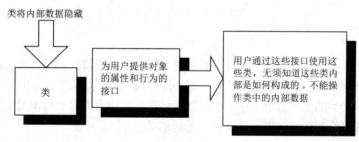

图 3-3　封装特性示意图

C#的封装和 internal、protected

C#的封装和 public、private

3. 继承性

类与类之间同样具有关系，如一个百货公司类与销售员类相联系，类之间的这种关系被称为关联。关联是描述两个类之间的一般二元关系，例如，一个百货公司类与销售员类就是一个关联，学生类与教师类也是一个关联。两个类之间的关系有很多种，继承是关联中的一种。

当处理一个问题时，可以将一些有用的类保留下来，当遇到同样问题时拿来复用，这就是继承的基本思想。

继承性主要利用特定对象之间的共有属性。例如，平行四边形是四边形（正方形、矩形也都是四边形），平行四边形与四边形具有共同特性，就是拥有 4 个边，可以将平行四边形类看作四边形的延伸，平行四边形复用了四边形的属性和行为，同时添加了平行四边形独有的属性和行为，如平行四边形的对边平行且相等。这里可以将平行四边形类看作是从四边形类中继承的。在 C# 语言中将类似于平行四边形的类称为子类，将类似于四边形的类称为父类。值得注意的是，可以说平行四边形是特殊的四边形，但不能说四边形是平行四边形，也就是说子类的实例都是父类的实例，但不能说父类的实例是子类的实例。图 3-4 阐明了图形类之间的继承关系。

从图 3-4 中可以看出，继承关系可以使用树形关系来表示，父类与子类存在一种层次关系。一个类处于继承体系中，它既可以是其他类的父类，为其他类提供属性和行为，也可以是其他类的子类，继承父类的属性和方法，如三角形既是图形类的子类同时也是等边三角形的父类。

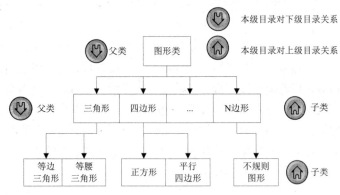

图 3-4　图形类层次结构示意图

4．多态性

继承中提到了父类和子类，其实将父类对象应用于子类的特征就是多态。依然以图形类来说明多态，每个图形都拥有绘制自己的能力，这个能力可以看作是该类具有的行为，如果将子类的对象统一看作是父类的实例对象，这样当绘制任何图形时，可以简单地调用父类也就是图形类绘制图形的方法即可绘制任何图形，这就是多态最基本的思想。

在提到多态的同时，不得不提到抽象类和接口，因为多态的实现并不依赖具体类，而是依赖于抽象类和接口。

再回到绘制图形的实例上来。作为所有图形的父类图形类，它具有绘制图形的能力，这个方法可以称为"绘制图形"，但如果要执行这个"绘制图形"的命令，没有人知道应该画什么样的图形，并且如果要在图形类中抽象出一个图形对象，没有人能说清这个图形究竟是什么图形，所以使用"抽象"这个词汇来描述图形类比较恰当。在 C#语言中称这样的类为抽象类，抽象类不能实例化对象。在多态的机制中，父类通常会被定义为抽象类，在抽象类中给出一个方法的标准，而不给出实现的具体流程。实质上这个方法也是抽象的，如图形类中的"绘制图形"方法只提供一个可以绘制图形的标准，并没有提供具体绘制图形的流程，因为没有人知道究竟需要绘制什么形状的图形。

在多态机制中，比抽象类更为方便的方式是将抽象类定义为接口。由抽象方法组成的集合就是接口。接口的概念在现实中极为常见，如从不同的五金商店买来螺丝帽和螺丝钉，螺丝帽很轻松地就可以拧在螺丝钉上，可能螺丝帽和螺丝钉的厂家不同，但这两个物品可以很轻易地组合在一起，这是因为生产螺丝帽和螺丝钉的厂家都遵循着一个标准，这个标准在 C#中就是接口。依然拿"绘制图形"来说明，可以将"绘制图形"作为一个接口的抽象方法，然后使图形类实现这个接口，同时实现"绘制图形"这个抽象方法，当三角形类需要绘制时，就可以继承图形类，重写其中的"绘制图形"方法，并改写这个方法为"绘制三角形"，这样就可以通过这个标准绘制不同的图形。

C#的静态多态

3.2　类

类是一种数据结构，它可以包含数据成员（常量和域）、函数成员（方法、属性、事件、索引器、运算符、构造函数和析构函数）和嵌套类型。

类（class）实际上是对某种类型的对象定义变量和方法的原型，它表示对现实生活中一类具有共同特征的事物的抽象，是面向对象编程的基础。在 C#之中，除了内置的基本类（即数据类型），如 int、float、double、string 之外，其他类都必须由程序员自己定义。本节将详细讲解类的定义与使用。

3.2.1　类的声明

C#中，类是使用 class 关键字来声明的，语法如下。

```
类修饰符 class 类名
{
}
```

例如，下面以汽车为例声明一个类。代码如下。

```
public class Car
{
    public int number;        //编号
    public string color;      //颜色
    private string brand;     //厂家
}
```

其中，public 是类的修饰符，下面介绍常用的 7 个类修饰符。

● new：仅允许在嵌套类声明时使用，表明类中隐藏了由基类中继承而来的、与基类中同名的成员。

● public：不限制对该类的访问。

● protected：只能从其所在类和所在类的子类（派生类）进行访问。

● internal：只有其所在类才能访问。

● private：只有.NET 中的应用程序或库才能访问。

● abstract：抽象类，不允许建立类的实例。

● sealed：密封类，不允许被继承。

说明　　　类定义可在不同的源文件之间进行拆分。

3.2.2　类的成员

类的定义包括类头和类体两部分，其中，类头就是使用 class 关键字定义的类名，而类体是用一对大括号{}括起来的，在类体中主要定义类的成员，类的成员包括：字段、属性、方法、构造函数、事件、索引器等，本节将对类的成员：字段和属性进行讲解。

1. 字段

字段就是程序开发中常见的常量或者变量，它是类的一个构成部分，它使得类和结构可以封装数据。

例如，在控制台应用程序中定义一个字段，并在构造函数中为其赋值并将其输出。代码如下。

```
class Program
{
    string sentence;                          //定义字符串
    public Program(string strsentence)        //定义构造函数
    {
        sentence = strsentence;               //为变量赋初值
        Console.WriteLine(sentence);          //输出字段
    }
    static void Main(string[] args)
    {
        //实例化类的实例
        Program english = new Program("English people speak:\"My name is U.K\"");
        Program chinese = new Program("中国人说："我的名字叫"+"中国!" ");
    }
}
```

如果在定义字段时，在字段的类型前面使用了 readonly 关键字，那么该字段就被定义为只读字段。如果程序中定义了一个只读字段，那么它只能在以下两个位置被赋值或者传递到方法中改变。
- 在定义字段时赋值；
- 在类的构造函数内被赋值或传递到方法中被改变，而且在构造函数中可以被多次赋值。

例如，在类中定义一个只读字段，并在定义时为其赋值。代码如下。

```
class TestClass
{
    readonly string strName = "大熊猫";
}
```

从上面的介绍可以看到只读字段的值除了在构造函数中，在程序中的其他位置都是不可以改变的，那么它与常量有何区别呢？只读字段与常量的区别如下。
- 只读字段可以在定义或构造函数内赋值，它的值不能在编译时确定，而只能是在运行时确定；常量只能在定义时赋值，而且常量的值在编译时已经确定；
- 只读字段的类型可以是任何类型，而常量的类型只能是下列类型之一：sbyte、byte、short、ushort、int、uint、long、ulong、char、float、double、decimal、bool、string 或者枚举类型。

> 字段属于类级别的变量，未初始化时，C#将其初始化为默认值，而不会为局部变量初始化为默认值。

2. 属性

属性是对现实实体特征的抽象，提供对类或对象的访问。类的属性描述的是状态信息，在类的实例中，属性的值表示对象的状态值。属性不表示具体的存储位置，属性有访问器，这些访问器指定在它们的值被读取或写入时需要执行的语句。所以属性提供了一种机制，把读取和写入对象的某些特性与一些操作关联起来，程序员可以像使用公共数据成员一样使用属性，属性的声明格式如下。

```
【修饰符】【类型】【属性名】
{
    get  {get 访问器体}
    set  {set 访问器体 }
}
```

- 【修饰符】：指定属性的访问级别。
- 【类型】：指定属性的类型，可以是任何的预定义或自定义类型。
- 【属性名】：一种标识符，命名规则与字段相同，但是，属性名的第一个字母通常都大写。
- get 访问器：相当于一个具有属性类型返回值的无参数方法，它除了作为赋值的目标外，当在表达式中引用属性时，将调用该属性的 get 访问器计算属性的值。get 访问器必须用 return 语句来返回，并且所有的 return 语句都必须返回一个可隐式转换为属性类型的表达式。
- set 访问器：相当于一个具有单个属性类型值参数和 void 返回类型的方法。set 访问器的隐式参数始终命名为 value。当一个属性作为赋值的目标被引用时就会调用 set 访问器，所传递的参数将提供新值。不允许 set 访问器中的 return 语句指定表达式。由于 set 访问器存在隐式的参数 value，所以 set 访问器中不能自定义使用名称为 value 的局部变量或常量。

根据是否存在 get 和 set 访问器，属性可以分为以下 3 种。

- 可读可写属性：包含 get 和 set 访问器；
- 只读属性：只包含 get 访问器；
- 只写属性：只包含 set 访问器。

属性的主要用途是限制外部类对类中成员的访问权限，定义在类级别上。

例如，自定义一个 TradeCode 属性，表示商品编号，要求该属性为可读可写属性，并设置其访问级别为 public。代码如下。

```
private string tradecode = "";
public string TradeCode
{
   get { return tradecode; }
   set { tradecode = value; }
}
```

由于属性的 set 访问器中可以包含大量的语句，因此可以对赋予的值进行检查，如果值不安全或者不符合要求，就可以进行提示，这样就可以避免因为给属性设置了错误的值而导致的错误。

【例 3-1】　创建一个控制台应用程序，在默认的 Program 类中定义一个 Age 属性，设置访问级别为 public，因为该属性提供了 get 和 set 访问器，因此它是可读可写属性；然后在该属性的 set 访问器中对属性的值进行判断。主要代码如下。

```
private int age;                        //定义字段
public int Age                          //定义属性
{
   get                                  //设置 get 访问器
   {
       return age;
       Console.WriteLine("输入正确! \n 字段 age={0}", age);
   }
   set                                  //设置 get 访问器
   {
       if (value > 0 && value < 130)    //如果数据合理将值赋给字段
       {
           age = value;
       }
```

```
    else
    {
        Console.WriteLine("输入数据不合理! ");
    }
    }
}
```

运行结果如图 3-5 所示。

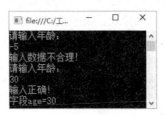

图 3-5 用 set 访问器对年龄进行判断

3.2.3 构造函数和析构函数

构造函数和析构函数是类中比较特殊的两种成员函数,主要用来对对象进行初始化和回收对象资源。一般来说,对象的生命周期从构造函数开始,以析构函数结束。如果一个类含有构造函数,在创建该类的对象时就会调用,如果含有析构函数,则会在销毁对象时调用。构造函数和析构函数的名字和类名相同,但析构函数要在名字前加一个波浪号(~)。当退出含有该对象的成员时,析构函数将自动释放这个对象所占用的内存空间。

1. 构造函数

构造函数是在创建给定类型的对象时执行的类方法,构造函数具有与类相同的名称,它通常初始化新对象的数据成员。

【例 3-2】   创建一个控制台应用程序,在 Program 类中定义了 3 个 int 类型的变量,分别用来表示加数、被加数和加法的和,然后声明 Program 类的一个构造函数,并在该构造函数中为加法的和赋值,最后在 Main 方法中实例化 Program 类的对象,并输出加法的和。代码如下。

```
class Program
{
    public int x = 3;                          //定义 int 型变量,作为加数
    public int y = 5;                          //定义 int 型变量,作为被加数
    public int z = 0;                          //定义 int 型变量,记录加法运算的和
    public Program()
    {
        z = x + y;                             //在构造函数中为和赋值
    }
    static void Main(string[] args)
    {
        Program program = new Program();       //使用构造函数实例化 Program 对象
        Console.WriteLine("结果: " + program.z);//使用实例化的 Program 对象输出加法运算的和
    }
}
```

按 Ctrl+F5 键查看运行结果,如图 3-6 所示。

图 3-6　构造函数的使用

 不带参数的构造函数称为"默认构造函数"。无论何时，只要使用 new 运算符创建对象，并且不为 new 提供任何参数，就会调用默认构造函数；另外，用户可以自定义构造函数，并在构造函数中设置参数。

2. 析构函数

析构函数是以类名加"～"来命名的。.NET Framework 类库有垃圾回收功能，当某个类的实例被认为不再有效，并符合析构条件时，.NET Framework 类库的垃圾回收功能就会调用该类的析构函数实现垃圾回收。

例如，为控制台应用程序的 Program 类定义一个析构函数。代码如下。

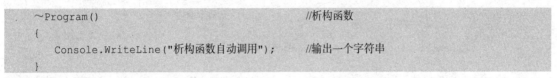

```
~Program()                                //析构函数
{
    Console.WriteLine("析构函数自动调用");    //输出一个字符串
}
```

 析构函数是自动调用的，但是.NET 中提供了垃圾回收期（GC）来自动释放资源，因此，如果析构函数仅仅是为了释放对象由系统管理的资源，就没有必要了，而在释放非系统管理的资源时，就可以使用析构函数实现。

3.2.4　对象的创建及使用

C#是面向对象的程序设计语言，对象是由类抽象出来的，所有的问题都是通过对象来处理，对象可以操作类的属性和方法解决相应的问题，所以了解对象的产生、操作和销毁对学习 C#是十分必要的。本节就来讲解对象在 C#语言中的应用。

1. 对象的创建

对象可以认为是在一类事物中抽象出某一个特例,通过这个特例来处理这类事物出现的问题。在 C#语言中通过 new 操作符来创建对象。前文在讲解构造函数时介绍过每实例化一个对象就会自动调用一次构造函数，实质上这个过程就是创建对象的过程。准确地说，可以在 C#语言中使用 new 操作符调用构造函数创建对象。

语法如下。

```
Test test=new Test();
Test test=new Test("a");
```

参数说明如表 3-1 所示。

表 3-1　　　　　　　　　　　创建对象语法中的参数说明

参数	描述
Test	类名
test	创建 Test 类对象
new	创建对象操作符
" a "	构造函数的参数

test 对象被创建时, test 对象就是一个对象的引用, 这个引用在内存中为对象分配了存储空间; 另外, 可以在构造函数中初始化成员变量, 当创建对象时, 自动调用构造函数, 也就是说在 C# 语言中初始化与创建是被捆绑在一起的。

每个对象都是相互独立的, 在内存中占据独立的内存地址, 并且每个对象都具有自己的生命周期, 当一个对象的生命周期结束时, 对象变成了垃圾, 由.NET 自带的垃圾回收机制处理。

在 C# 语言中, 对象和实例事实上可以通用。

例如, 在项目中创建 cStockInfo 类, 表示库存商品类, 在该类中创建对象并在主方法中创建对象。代码如下。

```
public class cStockInfo
{
public cStockInfo()                              //构造函数
{
        Console.WriteLine("获取库存商品信息");
    }
    public static void main(String args[])       //主方法
    {
        new cStockInfo();                        //创建对象
    }
}
```

在上述实例的主方法中使用 new 操作符创建对象, 在创建对象的同时, 自动调用构造函数中的代码。

2. 访问对象的属性和行为

当用户使用 new 操作符创建一个对象后, 可以使用 "对象.类成员" 来获取对象的属性和行为。前文已经提到过, 对象的属性和行为在类中是通过类成员变量和成员方法的形式来表示的, 所以当对象获取类成员时, 也就相应地获取了对象的属性和行为。

【例 3-3】 创建一个控制台应用程序, 在程序中创建一个 cStockInfo 类, 表示库存商品类, 在该类中定义一个 FullName 属性和 ShowGoods 方法; 然后在 Program 类中创建 cStockInfo 类的对象, 并使用该对象调用其中的属性和方法。代码如下。

```
class Program
{
    static void Main(string[] args)
    {
        cStockInfo stockInfo = new cStockInfo();     //创建 cStockInfo 对象
        stockInfo.FullName = "笔记本计算机";           //使用对象调用类成员属性
        stockInfo.ShowGoods();                        //使用对象调用类成员方法
        Console.ReadLine();
    }
}
public class cStockInfo
{
    private string fullname = "";
    /// <summary>
```

```
/// 商品名称
/// </summary>
public string FullName
{
    get { return fullname; }
    set { fullname = value; }
}
public void ShowGoods()
{
    Console.WriteLine("库存商品名称: ");
    Console.WriteLine(FullName);
}
}
```

运行程序，结果如图 3-7 所示。

3. 对象的引用

在 C#语言中，尽管一切都可以看作对象，但真正的操作标识符实质上是一个引用，那么引用究竟在 C#中是如何体现的呢？来看下面的语法。

图 3-7　使用对象调用类成员

```
类名 对象引用名称
```

例如，一个 Book 类的引用可以使用以下代码。

```
Book book;
```

通常一个引用不一定需要有一个对象相关联，引用与对象相关联的语法如下。

```
Book book=new Book();
```

- Book：类名；
- book：对象；
- new：创建对象操作符。

注意
> 引用只是存放一个对象的内存地址，并非存放一个对象，严格地说引用和对象是不同的，但是可以将这种区别忽略，如可以简单地说 book 是 Book 类的一个对象，而事实上，应该是 book 包含 Book 对象的一个引用。

4. 对象的销毁

每个对象都有生命周期，当对象的生命周期结束时，分配给该对象的内存地址将会被回收。在其他语言中需要手动回收废弃的对象，但是 C#拥有一套完整的垃圾回收机制，用户不必担心废弃的对象占用内存，垃圾回收器将回收无用的但占用内存的资源。

在谈到垃圾回收机制之前，首先需要了解何种对象会被.NET 垃圾回收器视为垃圾。主要包括以下两种情况。

- 对象引用超过其作用范围，则这个对象将被视为垃圾，如图 3-8 所示。
- 将对象赋值为 null，如图 3-9 所示。

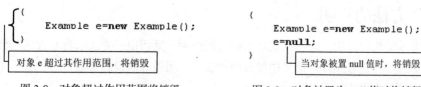

图 3-8　对象超过作用范围将销毁　　　图 3-9　对象被置为 null 值时将销毁

3.2.5 this 关键字

在项目中创建一个类文件,该类中定义了 setName(),并将方法的参数值赋予类中的成员变量。

```
private void setName(String name)        //定义一个 setName()方法
{
    this.name=name;                      //将参数值赋予类中的成员变量
}
```

在上述代码中可以看到,成员变量与在 setName()方法中的形式参数的名称相同,都为 name,那么该如何在类中区分使用的是哪一个变量呢? 在C#语言中可以使用this关键字来代表本类对象的引用,this 关键字被隐式地用于引用对象的成员变量和方法,如在上述代码中,this.name 指的就是 Book 类中的 name 成员变量,而 this.name=name 语句中的第二个 name 则指的是形参 name。实质上 setName()方法实现的功能就是将形参 name 的值赋予成员变量 name。

在这里,读者明白了 this 可以调用成员变量和成员方法,但C#语言中最常规的调用方式是使用“对象.成员变量”或“对象.成员方法”进行调用。

既然 this 关键字和对象都可以调用成员变量和成员方法,那么 this 关键字与对象之间具有怎样的关系呢?

事实上,this 引用的就是本类的一个对象,在局部变量或方法参数覆盖了成员变量时,如上面代码的情况,就要添加 this 关键字明确引用的是类成员还是局部变量或方法参数。

如果省略 this 关键字,直接写成 name = name,那只是把参数 name 赋值给参数变量本身而已,成员变量 name 的值没有改变,因为参数 name 在方法的作用域中覆盖了成员变量 name。

其实,this 除了可以调用成员变量或成员方法之外,还可以作为方法的返回值。

例如,在项目中创建一个类文件,在该类中定义 Book 类型的方法,并通过 this 关键字进行返回。

```
public Book getBook()
{
    return this;        //返回 Book 类引用
}
```

在 getBook()方法中,方法的返回值为 Book 类,所以方法体中使用 return this 这种形式将 Book 类的对象返回。

3.3 方法

方法是用来定义类可执行的操作,它是包含一系列语句的代码块。本质上讲,方法就是和类相关联的动作,是类的外部界面,可以通过外部界面操作类的所有字段。

3.3.1 方法的声明

方法在类或结构中声明,声明时需要指定访问级别、返回值、方法名称及方法参数,方法参数放在括号中,并用逗号隔开。括号中没有内容表示声明的方法没有参数。

声明方法的基本格式如下。

```
修饰符返回值类型 方法名(参数列表)
{
        //方法的具体实现;
}
```

其中，修饰符可以是 private、public、protected、internal 4 个中的任一个。"返回值类型"指定方法返回数据的类型，可以是任何类型，如果方法不需要返回一个值，则使用 void 关键字。"参数列表"是用逗号分隔的类型、标识符，如果方法中没有参数，那么"参数列表"为空。

另外，方法声明中，还可以包含 new、static、virtual、override、sealed、abstract 以及 extern 等修饰符，但在使用这些修饰符时，应该符合以下要求。

● 方法声明中最多包含下列修饰符中的一个：new 和 override。

● 如果声明包含 abstract 修饰符，则声明不能包含下列任何修饰符：static、virtual、sealed 或 extern。

● 如果声明包含 private 修饰符，则声明不能包含下列任何修饰符：virtual、override 或 abstract。

● 如果声明包含 sealed 修饰符，则声明还包含 override 修饰符。

一个方法的名称和形参列表定义了该方法的签名。具体地讲，一个方法的签名由它的名称以及它的形参的个数、修饰符和类型组成。返回类型不是方法签名的组成部分，形参的名称也不是方法签名的组成部分。

例如，定义一个 ShowGoods 方法，用来输出库存商品信息。代码如下。

```
public void ShowGoods()
{
    Console.WriteLine("库存商品名称: ");
    Console.WriteLine(FullName);
}
```

 　　方法的定义必须在某个类中，定义方法时如果没有声明访问修饰符，方法的默认访问权限为 private。

3.3.2　方法的参数

调用方法时可以给该方法传递一个或多个值，传给方法的值叫做实参，在方法内部，接收实参的变量叫做形参，形参在紧跟着方法名的括号中声明，形参的声明语法与变量的声明语法一样。形参只在括号内部有效。方法的参数主要有 4 种，分别为值参数、ref 参数、out 参数和 params 参数，下面分别进行讲解。

1. 值参数

值参数就是在声明时不加修饰的参数，它表明实参与形参之间按值传递。当使用值参数的方法被调用时，编译器为形参分配存储单元，然后将对应的实参的值复制到形参中，由于是值类型的传递方式，所以，在方法中对形参的修改并不会影响实参。

【例 3-4】　定义一个 Add 方法，用来计算两个数的和，该方法中有两个形参，但在方法体中，对其中的一个形参 x 执行加 y 操作，并返回 x；在 Main 方法中调用该方法，为该方法传入定义好的实参；最后分别显示调用 Add 方法计算之后的 x 值和实参 x 的值。代码如下。

```
private int Add(int x, int y)                          //计算两个数的和
{
```

```
    x = x + y;                                             //对 x 进行加 y 操作
    return x;                                              //返回 x
}
static void Main(string[] args)
{
    Program pro = new Program();                           //创建 Program 对象
    int x = 30;                                            //定义实参变量 x
    int y = 40;                                            //定义实参变量 y
    Console.WriteLine("运算结果: " + pro.Add(x, y));       //输出运算结果
    Console.WriteLine("实参 x 的值: "+x);                  //输出实参 x 的值
    Console.ReadLine();
}
```

按<Ctrl+F5>组合键查看运行结果，如图 3-10 所示。

从图 3-10 可以看出，在方法中对形参 x 值的修改并没有改变实参 x 的值。

2. ref 参数

ref 参数使形参按引用传递，其效果是：在方法中对形参所做的任何更改都将反映在实参中。如果要使用 ref 参数，则方法声明和方法调用都必须显式使用 ref 关键字。

【例 3-5】 修改例 3-4，将形参 x 定义为 ref 参数，然后再显示调用 Add 方法之后的实参 x 的值。代码如下。

```
private int Add(ref int x, int y)                          //计算两个数的和
{
    x = x + y;                                             //对 x 进行加 y 操作
    return x;                                              //返回 x
}
static void Main(string[] args)
{
    Program pro = new Program();                           //创建 Program 对象
    int x = 30;                                            //定义实参变量 x
    int y = 40;                                            //定义实参变量 y
    Console.WriteLine("运算结果: " + pro.Add(ref x, y));   //输出运算结果
    Console.WriteLine("实参 x 的值: " + x);                //输出实参 x 的值
    Console.ReadLine();
}
```

按<Ctrl+F5>组合键查看运行结果，如图 3-11 所示。

图 3-10 值参数的使用

图 3-11 ref 参数的使用

对比图 3-10 和图 3-11，可以看出：在形参 x 前面加 ref 之后，在方法体中对形参 x 的修改最终影响了实参 x 的值。

使用 ref 参数时，需要注意以下 4 点。

- ref 关键字只对跟在它后面的参数有效，而不是应用于整个参数列表。
- 调用方法时，必须使用 ref 修饰实参，而且，因为是引用参数，所以实参和形参的数据类

型一定要完全匹配。

- 实参只能是变量，不能是常量或者表达式。
- ref 参数在调用之前，一定要进行赋值。

3. out 参数

out 关键字用来定义输出参数，它会导致参数通过引用来传递，这与 ref 关键字类似，不同之处在于 ref 要求变量必须在传递之前进行赋值，而使用 out 关键字定义的参数，不用进行赋值即可使用。如果要使用 out 参数，则方法声明和方法调用都必须显式使用 out 关键字。

【例 3-6】　修改例 3-4，在 Add 方法中添加一个 out 参数 z，并在 Add 方法中使用 z 记录 x 与 y 的相加结果；在 Main 方法中调用 Add 方法时，为其传入一个未赋值的实参变量 z，最后输出实参变量 z 的值。代码如下。

```
private int Add(int x, int y,out int z)                 //计算两个数的和
{
    z = x + y;                                          //记录x+y的结果
    return z;                                           //返回z
}
static void Main(string[] args)
{
    Program pro = new Program();                        //创建Program对象
    int x = 30;                                         //定义实参变量x
    int y = 40;                                         //定义实参变量y
    int z;                                              //定义实参变量z
    Console.WriteLine("运算结果: " + pro.Add(x, y,out z)); //输出运算结果
    Console.WriteLine("实参z的值: " + z);                //输出运算结果
    Console.ReadLine();
}
```

按<Ctrl+F5>组合键查看运行结果，如图 3-12 所示。

4. params 参数

声明方法时，如果有多个相同类型的参数，可以定义为 params 参数。params 参数是一个一维数组，主要用来指定在参数数目可变时所采用的方法参数。

【例 3-7】　定义一个 Add 方法，用来计算多个 int 类型数据的和，在具体定义时，将参数定义为 int 类型的一维数组，并指定为 params 参数；在 Main 方法中调用该方法，为该方法传入一个 int 类型的一维数组，并输出计算结果。代码如下。

```
private int Add(params int[] x)                         //定义Add方法，并指定params参数
{
    int result = 0;                                     //记录运算结果
    for (int i = 0; i < x.Length; i++)                  //遍历参数数组
    {
        result += x[i];                                 //执行相加操作
    }
    return result;                                      //返回运算结果
}
static void Main(string[] args)
{
    Program pro = new Program();                        //创建Program对象
    int[] x = { 20,30,40,50,60};                        //定义一维数组，用来作为参数
```

```
    Console.WriteLine("运算结果: " + pro.Add(x));   //输出运算结果
    Console.ReadLine();
}
```

按<Ctrl+F5>组合键查看运行结果，如图 3-13 所示。

图 3-12　out 参数的使用

图 3-13　params 参数的使用

3.3.3　静态方法与实例方法

方法分为静态方法和实例方法，如果一个方法声明中含有 static 修饰符，则称该方法为静态方法；如果没有 static 修饰符，则称该方法为实例方法。下面分别对静态方法和实例方法进行介绍。

1．静态方法

静态方法不对特定实例进行操作，在静态方法中引用 this 会导致编译错误，调用静态方法时，使用类名直接调用。

【例 3-8】　创建一个控制台应用程序，定义一个静态方法 Add，实现两个整型数相加，然后在 Main 方法直接使用类名调用静态方法。代码如下。

```
class Program
{
    public static int Add(int x, int y)        //定义静态方法实现整形数相加
    {
        return x + y;
    }
    static void Main(string[] args)
    {
        Console.WriteLine("{0}+{1}={2}", 23, 34, Program.Add(23, 34));
        Console.ReadLine();
    }
}
```

运行结果为：

```
23+34=57
```

2．实例方法

实例方法是对类的某个给定的实例进行操作，使用实例方法时，需要使用类的对象调用，而且可以用 this 来访问该方法。

【例 3-9】　创建一个控制台应用程序，定义一个实例方法 Add，实现两个整形数相加，然后在 Main 方法使用类的对象调用实例方法。代码如下。

```
class Program
{
    public int Add(int x, int y)                //定义实例方法实现整形数相加
    {
        return x + y;
    }
    static void Main(string[] args)
```

```
    {
        Program pro = new Program();              //创建类的对象
        Console.WriteLine("{0}+{1}={2}", 23, 34, pro.Add(23, 34));
        Console.ReadLine();
    }
}
```

运行结果为：

```
23+34=57
```

说明

　　　　静态方法属于类，实例方法属于对象，静态方法使用类来引用，实例方法使用对象
来引用。

3.3.4　方法的重载

　　方法重载是指方法名相同，但参数的数据类型、个数或顺序不同的方法。只要类中有两个以
上的同名方法，但是使用的参数类型、个数或顺序不同，调用时，编译器即可判断在哪种情况下
调用哪种方法。

　　【例 3-10】　创建一个控制台应用程序，定义一个 Add 方法，该方法有 3 种重载形式，分别
用来计算两个 int 数据的和、计算一个 int 和一个 double 数据的和、计算 3 个 int 数据的和；然后
在 Main 方法中分别调用 Add 方法的 3 种重载形式，并输出计算结果。代码如下。

```
class Program
{
//定义静态方法 Add，返回值为 int 类型，有两个 int 类型的参数
    public static int Add(int x, int y)
    {
        return x + y;
    }
//重新定义方法 Add，它与第一个方法的返回值类型及参数类型不同
    public double Add(int x, double y)
    {
        return x + y;
    }
    public int Add(int x, int y, int z)        //重新定义方法 Add，它与第一个方法的参数个数不同
    {
        return x + y + z;
    }
    static void Main(string[] args)
    {
        Program program = new Program();        //创建类对象
        int x = 3;
        int y = 5;
        int z = 7;
        double y2 = 5.5;
        //根据传入的参数类型及参数个数的不同调用不同的 Add 重载方法
        Console.WriteLine(x + "+" + y + "=" + Program.Add(x, y));
        Console.WriteLine(x + "+" + y2 + "=" + program.Add(x, y2));
        Console.WriteLine(x + "+" + y + "+" + z + "=" + program.Add(x, y, z));
        Console.ReadLine();
    }
}
```

}

运行结果如图 3-14 所示。

图 3-14　重载方法的应用

3.4　类与结构的区别

在 C#中，类与结构的相同之处在于，二者都可以包括构造函数、常量、字段、方法、属性、运算符和事件等成员，但存在很大的区别。主要差别如下。

（1）结构是实值类型，隐式继承自 ValueType 类，而且不能派生于任何其他类型，而类则是引用类型，可以继续自除 ValueType 以外的任何类（Value Types）。结构是无法被继承的，普通的类则是可以的（除了密封类）。

（2）结构使用栈存储，而类使用堆存储。

（3）所有结构成员默认都是 public，而类的变量和常量数则默认为 private，不过其他类成员默认都是 public。结构成员不能被声明为 protected，而类成员可以。

（4）结构的成员变量在声明时不能指定初始值，但是类的成员变量在声明时可以赋初始值。

（5）结构不能声明默认的构造函数，也就是不拥有参数的非共享构造函数，但是类则无此限制。

（6）结构不允许声明析构函数，类则无此限制。

（7）结构变量不需要使用 new 运算符进行实例化，而类的实例必须使用 new 进行实例化。

（8）结构变量随所在的方法体运行结束时自动被终止，而类的实例则是由 CLR 的内存回收进程加以终止，当内存回收进程检测到没有任何作用的类的实例时，就会调用类的 Finalize 方法来销毁类的实例。所谓"销毁"就是从内存中消除并回收所占用的内容单元。有关 Finalize 方法的详细描述，请读者参考 msdn.Microsoft.com 网站中有关清理非托管资源描述。

（9）当结构变量用作方法参数时，结构是通过传值方式从实参传递给形参的，不是作为引用传递的。而类的实例用作方法参数时，是典型的引用传递。

【例 3-11】　创建一个 Windows 应用程序，展示结构型的使用方法。

（1）首先在 Windows 窗体中添加一个名字 lblShow 的 Label 控件。

（2）在窗体设计区中双击窗体空白区域，系统自动为窗体添加"Load"事件及对应的事件方法，然后在源代码视图中编辑如下代码。

```
using System;
using System.Windows.Forms;
public partial class Test3_11 : Form
{
    struct Student            //声明结构型
    {
        public int stuNo;     //声明结构型的数据成员
```

```
        public string stuName;
        public int age;
        public char sex;
    }
    private void Test3_11_Load(object sender, EventArgs e)
    {
        Student stu;                        //定义结构型变量 s
        stu.stuNo = 1001;                   //为 stu 的成员变量 stuNo 赋值
        stu.stuName = "乔峰";                //为 stu 的成员变量 stuName 赋值
        stu.age = 23;                       //为 stu 的成员变量 age 赋值
        stu.sex = '男';                      //为 stu 的成员变量 sex 赋值
        lblShow.Text = "学生信息:\n 姓名: " + stu.stuName;  //使用 stu 的成员变量 stuName
        lblShow.Text += "\n 学号: " + stu.stuNo;           //使用 stu 的成员变量 stuNo
        lblShow.Text += "\n 性别: " + stu.sex;             //使用 stu 的成员变量 sex
        lblShow.Text += "\n 年龄: " + stu.age;             //使用 stu 的成员变量 age
    }
}
```

【分析】该程序在窗体类"Test3_11"类中，首先声明一个结构型 Student，该结构型包括四个数据成员（stuNo、stuName、age、sex），接着在窗体的 Load 事件方法中先定义了一个结构型变量 stu，然后初始化 stu 的成员变量，最后访问结构型的数据成员输出其数据内容。

小　　结

本章主要对面向对象编程的基础知识进行了详细讲解，具体讲解时，首先介绍了对象、类与实例化这 3 个基本概念，以及面向对象程序设计的 3 大基本原则；然后重点对类和对象，以及方法的使用进行了详细讲解。学习本章内容时，一定要重点掌握类与对象的创建及使用，并熟练掌握常见的几种方法参数类型，以及静态方法与实例方法的主要区别。

上机指导

设计一个 C#应用程序，实现显示进销存管理中的库存信息的功能。注意，商品的库存信息有很多种类，比如商品型号、商品名称、商品库存量等。要求：首先定义库存商品类，并将其信息存储到属性成员中，然后从对应的属性中读取数据并输出库存商品的信息。运行效果如图 3-15 所示。

图 3-15　输出库存商品信息

程序开发步骤如下。

（1）创建一个控制台应用程序，命名为 GoodsStruct。

（2）打开 Program.cs 文件，在其中编写 cStockInfo 类，用来作为商品的库存信息结构。代码如下。

```
public class cStockInfo
{
    private string tradecode = "";
```

```csharp
        private string fullname = "";
        private string tradetpye = "";
        private string standard = "";
        private string tradeunit = "";
        private string produce = "";
        private float qty = 0;
        private float price = 0;
        private float averageprice = 0;
        private float saleprice = 0;
        private float check = 0;
        private float upperlimit = 0;
        private float lowerlimit = 0;
        public string TradeCode                      // 商品编号
        {
            get { return tradecode; }
            set { tradecode = value; }
        }
        public string FullName                       //单位全称
        {
            get { return fullname; }
            set { fullname = value; }
        }
        public string TradeType                      //商品型号
        {
            get { return tradetpye; }
            set { tradetpye = value; }
        }
        public string Standard                       //商品规格
        {
            get { return standard; }
            set { standard = value; }
        }
        public string Unit                           //商品单位
        {
            get { return tradeunit; }
            set { tradeunit = value; }
        }
        public string Produce                        //商品产地
        {
            get { return produce; }
            set { produce = value; }
        }
        public float Qty                             //库存数量
        {
            get { return qty; }
            set { qty = value; }
        }
        public float Price                           //进货时最后一次价格
        {
            get { return price; }
            set { price = value; }
        }
        public float AveragePrice                    //加权平均价格
        {
            get { return averageprice; }
```

```
        set { averageprice = value; }
    }
    public float SalePrice              //销售时的最后一次销价
    {
        get { return saleprice; }
        set { saleprice = value; }
    }
    public float Check                  //盘点数量
    {
        get { return check; }
        set { check = value; }
    }
    public float UpperLimit             //库存报警上限
    {
        get { return upperlimit; }
        set { upperlimit = value; }
    }
    public float LowerLimit             //库存报警下限
    {
        get { return lowerlimit; }
        set { lowerlimit = value; }
    }
}
```

（3）在 cStockInfo 类中定义一个 ShowInfo 方法，该方法无返回值，主要用来输出库存商品信息。代码如下。

```
public void ShowInfo()
{
    Console.WriteLine("仓库中存有{0}型号{1}{2}台", TradeType, FullName, Qty);
}
```

（4）在 Main 方法中，创建 cStockInfo 类的两个实例，并对其中的部分属性赋值，然后在控制台中调用 cStockInfo 中的 ShowInfo 方法输出商品信息。代码如下。

```
static void Main(string[] args)
{
    Console.WriteLine("库存盘点信息如下：");
    cStockInfo csi1 = new cStockInfo();     //实例化 cStockInfo 类
    csi1.FullName = "空调";                  //设置商品名称
    csi1.TradeType = "TYPE-1";              //设置商品型号
    csi1.Qty = 2000;                       //设置库存数量
    csi1.ShowInfo();                       //输出商品信息
    cStockInfo csi2 = new cStockInfo();     //实例化 cStockInfo 类
    csi2.FullName = "空调";                  //设置商品名称
    csi2.TradeType = "TYPE-2";              //设置商品型号
    csi2.Qty = 3500;                       //设置库存数量
    csi2.ShowInfo();                       //输出商品信息
    Console.ReadLine();
}
```

习　　题

1. 简述对象、类和实例化的关系。
2. 面向对象的四大特性分别是什么？
3. 构造函数和析构函数的主要作用是什么？
4. 简述 this 关键字的作用。
5. 方法有几种参数，分别是什么？
6. 简述静态方法与实例方法的区别。
7. 什么是重载方法？

第4章
面向对象高级编程

本章要点：
- 类的继承性与多态性
- 接口的使用
- 集合与索引器
- 委托和事件
- 程序异常处理与预处理
- 泛型的应用

面向对象程序设计是非常重要的一种编程思想，上一章介绍了面向对象程序设计的基本概念以及 C#面向对象的基本语法。本章将深入对面向对象编程进行讲解。

4.1　类的继承与多态

4.1.1　继承

继承是面向对象程序设计的主要特征之一，它可以重用代码，节省程序设计的时间。继承就是在类之间建立一种相交关系，使得新定义的派生类的实例可以继承已有的基类的特征和能力，而且可以加入新的特性或者是修改已有的特性建立起类的新层次。在面向对象编程中，被继承的类称为父类或基类。C#中提供了类的继承机制，但只支持单继承，即在 C#中一次只允许继承一个类，不能同时继承多个类。

1. 使用继承

继承的基本思想是在已有的类的基础之上添加新的代码，从而定义出一个新类。其中，已有的类称为基类或父类，新定义的类称为派生类或子类。派生类可以继承基类原有的属性和方法，也可以增加原来基类所不具备的属性和方法，或者直接重写基类中的某些方法。例如，正方形是特殊的平行四边形，可以说正方形类继承了平行四边形类，这时正方形类将所有平行四边形具有的属性和方法都保留下来，并基于平行四边形类扩展了一些新的正方形类特有的属性和方法。

创建一个新类 Animal，同时创建另一个新类 Dog 继承 Animal 类，其中包括重写的基类成员方法以及新增成员方法等。在图 4-1 中描述了类 Animal 与 Dog 的结构以及两者之间的关系。

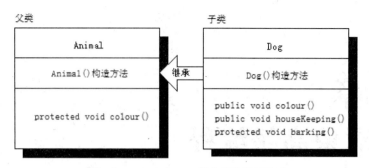

图 4-1　Animal 与 Dog 类之间的继承关系

在 C#中使用冒号（:）来标识两个类的继承关系。继承一个类时，类成员的可访问性是一个重要的问题。派生类（子类）不能访问基类的私有成员，但是可以访问其公共成员。这就是说，只要使用 public 声明类成员，就可以让一个类成员被基类和派生类（子类）同时访问，也可以被外部的代码访问。

为了解决基类成员访问问题，C#还提供了另外一种可访问性：protected，只有派生类（子类）才能访问 protected 成员，基类和外部代码都不能访问 protected 成员。

派生类（子类）不能继承基类中所定义的 private 成员，只能继承基类的 public 成员和 protected 成员。

【例 4-1】　创建一个控制台应用程序，模拟实现进销存管理系统的进货信息输出。自定义一个 Goods 类，该类中定义两个公有属性，表示商品编号和名称；然后自定义 JHInfo 类，继承自 Goods 类，在该类中定义进货编号属性，以及输出进货信息的方法；最后在 Program 类的 Main 方法中创建派生类 JHInfo 的对象，并使用该对象调用基类 Goods 中定义的公有属性。代码如下。

```
class Goods
{
    public string TradeCode{ get; set; }          //定义商品编号
    public string FullName { get; set; }          //定义商品名称
}
class JHInfo : Goods
{
    public string JHID { get; set; }              //定义进货编号
    public void showInfo()                        //输出进货信息
    {
        Console.WriteLine("进货编号：{0},商品编号：{1},商品名称：{2}", JHID, TradeCode,
FullName);
    }
}
class Program
{
    static void Main(string[] args)
    {
        JHInfo jh = new JHInfo();                 //创建 JHInfo 对象
        jh.TradeCode = "T100001";                 //设置基类中的 TradeCode 属性
        jh.FullName = "笔记本计算机";              //设置基类中的 FullName 属性
        jh.JHID = "JH00001";                      //设置 JHID 属性
```

```
        jh.showInfo();                                    //输出水果的信息
        Console.ReadLine();
    }
}
```

程序运行结果如图 4-2 所示。

进货编号：JH00001,商品编号：T100001,商品名称：笔记本电脑

图 4-2　输出进货信息

2. base 关键字

base 关键字用于从派生类中访问基类的成员，它主要有两种使用形式，分别如下。

（1）调用基类上已被其他方法重写的方法。

（2）指定创建派生类实例时应调用的基类构造函数。

 　　　　基类访问只能在构造函数、实例方法或实例属性访问器中进行，因此，从静态方法中使用 base 关键字是错误的。

例如，修改例 4-1，在基类 Goods 中定义一个构造函数，用来为定义的属性赋初始值。代码如下。

```
public Goods(string tradecode, string fullname)
{
    TradeCode = tradecode;
    FullName = fullname;
}
```

在派生类 JHInfo 中定义构造函数时，即可使用 base 关键字调用基类的构造函数。代码如下。

```
public JHInfo(string jhid, string tradecode, string fullname) : base(tradecode,
fullname)
{
    JHID = jhid;
}
```

3. 继承中的构造函数与析构函数

在进行类的继承时，派生类的构造函数会隐式的调用基类的无参构造函数，但是，如果基类也是从其他类派生的，C#会根据层次结构找到最顶层的基类，并调用基类的构造函数，然后再依次调用各级派生类的构造函数。析构函数的执行顺序正好与构造函数相反。继承中的构造函数和析构函数执行顺序示意图如图 4-3 所示。

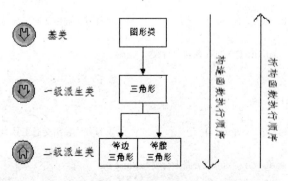

图 4-3　继承中的构造函数和析构函数执行顺序示意图

C#的继承

关于继承的几个实例

4.1.2 多态

多态是面向对象编程的基本特征之一，它使得派生类的实例可以直接赋予基类的对象，然后直接就可以通过这个对象调用派生类的方法。C#中，类的多态性是通过在派生类中重写基类的虚方法来实现的。

在类的方法前面加上关键字 virtual，则称该方法为虚方法，通过对虚方法的重写，可以实现在程序运行过程确定调用的方法。重写（又称覆盖）就是在派生类中将基类的成员方法的名称保留，重写成员方法的实现内容，更改成员方法的存储权限，或者修改成员方法的返回值类型。

【例 4-2】 创建一个控制台应用程序，其中自定义一个 Vehicle 类，用来作为基类，该类中自定义一个虚方法 Move；然后自定义 Train 类和 Car 类，都继承自 Vehicle 类，在这两个派生类中重写基类中的虚方法 Move，输出各不同交通工具的形态；最后，在 Pragram 类的 Main 方法中，分别使用基类和派生类的对象生成一个 Vehicle 类型的数组，使用数组中的每个对象调用 Move 方法，比较它们的输出信息。代码如下。

```csharp
class Vehicle
{
    string name;                              //定义字段
    public string Name                        //定义属性为字段赋值
    {
        get { return name; }
        set { name = value; }
    }
    public virtual void Move()                //定义方法输出交通工具的形态
    {
        Console.WriteLine("{0}都可以移动", Name);
    }
}
class Train : Vehicle
{
    public override void Move()               //重写方法输出交通工具形态
    {
        Console.WriteLine("{0}在铁轨上行驶",Name);
    }
}
class Car : Vehicle
{
    public override void Move()               //重写方法输出交通工具形态
    {
        Console.WriteLine("{0}在公路上行驶",Name);
    }
}
```

```
}
class Program
{
    static void Main(string[] args)
    {
        Vehicle vehicle = new Vehicle();
        Train train = new Train();
        Car car = new Car();
        //使用基类和派生类对象创建Vehicle类型数组
        Vehicle[] vehicles = { vehicle,train, car};
        vehicle.Name = "交通工具";
        train.Name = "火车";
        car.Name = "汽车";
        vehicles[0].Move();
        vehicles[1].Move();
        vehicles[2].Move();
        Console.ReadLine();
    }
}
```

程序运行结果如图 4-4 所示。

图 4-4　交通工具的形态

4.1.3　抽象类

如果一个类不与具体的事物相联系，而只是表达一种抽象的概念或行为，仅仅是作为其派生类的一个基类，这样的类就可以声明为抽象类，在抽象类中声明方法时，如果加上 abstract 关键字，则为抽象方法。举个例来说：去商场买衣服，这句话描述的就是一个抽象的行为。到底去哪个商场买衣服，买什么样的衣服，是短衫、裙子，还是其他的什么衣服？在"去商场买衣服"这句话中，并没有对"买衣服"这个抽象行为指明一个确定的信息。如果要将"去商场买衣服"这个动作封装为一个行为类，那么这个类就应该是一个抽象类。

　　　　在 C#中规定，类中只要有一个方法声明为抽象方法，这个类也必须被声明为抽象类。

抽象类主要用来提供多个派生类可共享的基类的公共定义，它与非抽象类的主要区别如下。

（1）抽象类不能直接实例化。

（2）抽象类中可以包含抽象成员，但非抽象类中不可以。

（3）抽象类不能被密封。

C#中声明抽象类时需要使用 abstract 关键字，具体语法格式如下。

```
访问修饰符 abstract class 类名 ：基类或接口
{
    //类成员
}
```

声明抽象类时，除 abstract 关键字、class 关键字和类名外，其他的都是可选项。

在抽象类中定义的方法，如果加上 abstract 关键字，就是一个抽象方法，抽象方法不提供具体的实现。引入抽象方法的原因在于抽象类本身是一个抽象的概念，有的方法并不需要具体的实现，而是留下让派生类来重写实现。声明抽象方法时需要注意以下两点。

（1）抽象方法必须声明在抽象类中。

（2）声明抽象方法时，不能使用 virtual、static 和 private 修饰符。

例如，声明一个抽象类，该抽象类中声明一个抽象方法。代码如下。

```
public abstract class TestClass
{
    public abstract void AbsMethod();              //抽象方法
}
```

当从抽象类派生一个非抽象类时，需要在非抽象类中重写抽象方法，以提供具体的实现，重写抽象方法时使用 override 关键字。

【例 4-3】 创建一个控制台应用程序，主要通过重写抽象方法输出进货信息和销售信息。声明一个抽象类 Information，该抽象类中主要定义两个属性和一个抽象方法，其中，抽象方法用来输出信息，但具体输出什么信息是不确定的。然后声明两个派生类 JHInfo 和 XSInfo，这两个类继承自 Information，分别用来表示进货类和销售类，在这两个分别重写 Information 抽象类中的抽象方法，并分别输出进货信息和销售信息。最后在 Program 类的 Main 方法中分别创建 JHInfo 和 XSInfo 类的对象，并分别使用这两个对象调用重写的方法输出相应的信息。代码如下。

```
public abstract class Information
{
    public string Code { get; set; }              //编号属性及实现
    public string Name { get; set; }              //名称属性及实现
    public abstract void ShowInfo();              //抽象方法，用来输出信息
}
public class JHInfo : Information                  //继承抽象类，定义进货类
{
    public override void ShowInfo()               //重写抽象方法，输出进货信息
    {
        Console.WriteLine("进货信息：\n" + Code + " " + Name);
    }
}
public class XSInfo : Information                  //继承抽象类，定义销售类
{
    public override void ShowInfo()               //重写抽象方法，输出销售信息
    {
        Console.WriteLine("销售信息：\n" + Code + " " + Name);
    }
}
class Program
{
    static void Main(string[] args)
    {
        JHInfo jhInfo = new JHInfo();             //创建进货类对象
```

```
        jhInfo.Code = "JH0001";
        jhInfo.Name = "笔记本计算机";
        jhInfo.ShowInfo();
        XSInfo xsInfo = new XSInfo();          //创建销售类对象
        xsInfo.Code = "XS0001";
        xsInfo.Name = "华为荣耀X4";
        xsInfo.ShowInfo();
        Console.ReadLine();
    }
}
```

程序运行结果如图 4-5 所示。

图 4-5　抽象类及抽象方法的使用

C#的动态多态

4.1.4　密封类

为了避免滥用继承，C#中提出了密封类的概念。密封类可以用来限制扩展性，如果密封了某个类，则其他类不能从该类继承；如果密封了某个成员，则派生类不能重写该成员的实现。密封类语法格式如下。

```
访问修饰符 sealed class 类名:基类或接口
{
    //密封类的成员
}
```

例如，声明一个密封类。代码如下。

```
public sealed class SealedTest                    //声明密封类
{
}
```

如果类的方法声明中包含 sealed 修饰符，则称该方法为密封方法。密封方法只能用于对基类的虚方法进行实现，因此，声明密封方法时，sealed 修饰符总是和 override 修饰符同时使用。

【例 4-4】　修改例 4-3，将基类 Information 修改为普通的类，并将其中的抽象方法 ShowInfo 修改为虚方法；然后将派生类 JHInfo 修改为密封类，并在其中将基类中的虚方法重写一个密封方法；最后在 Program 类的 Main 方法中，使用派生类对象调用重写的方法输出进货信息。代码如下。

```
public class Information
{
    public string Code { get; set; }          //编号属性及实现
    public string Name { get; set; }          //名称属性及实现
    public virtual void ShowInfo() { }        //虚方法，用来输出信息
}
```

```
public sealed class JHInfo : Information        //定义进货类,并设置为密封类
{
    //将基类的虚方法重写,并设置为密封方法
    public sealed override void ShowInfo()
    {
        Console.WriteLine("进货信息: \n" + Code + " " + Name);
    }
}
class Program
{
    static void Main(string[] args)
    {
        JHInfo jhInfo = new JHInfo();              //创建进货类对象
        jhInfo.Code = "JH0001";
        jhInfo.Name = "笔记本计算机";
        jhInfo.ShowInfo();
        Console.ReadLine();
    }
}
```

程序运行结果如图 4-6 所示。

如果在例 4-4 中再定义一个类,使其继承自 JHInfo 类,将会出现如图 4-7 所示的错误提示,因为 JHInfo 类是一个密封类,密封类是不能被继承的。

图 4-6　密封类和密封方法的使用　　　　　　图 4-7　继承密封类时的错误提示

4.2　接口

在现实生活中,我们常常需要一些规范和标准,如汽车轮胎坏了,只需更换一个同样规格的轮胎,计算机的硬盘要升级,只需买一个有同样接口和尺寸的硬盘进行更换,而一个支持 USB 接口的设备如移动硬盘、MP3、手机等都可以插入计算机的 USB 接口进行数据传输,这些都是由于有一个统一的规范和标准,轮胎、硬盘和 USB 就可以互相替换或连接。在软件开发领域,也可以定义一个接口规定一系列规范和标准,继承同一接口的程序也就遵循同一种规范,这样程序可以互相替换,便于程序的扩展。

4.2.1　接口的概念及声明

接口(interface)是 C#的一种数据类型,属于引用类型。一个接口定义一个协定。接口可以包含方法、属性等成员,它只描述这些成员的签名(即成员的数据类型、名称和参数等),不提供任何实现代码,具体实现由继承该接口的类来实现。实现某个接口的类必须遵守该接口定义的协定,即必须按接口所规定的签名格式进行实现,不能修改签名格式。

接口可以继承其他接口，类可以通过其继承的基类（或接口）多次继承同一个接口。

接口具有以下特征。

（1）接口类似于抽象基类：继承接口的任何非抽象类型都必须实现接口的所有成员。

（2）不能直接实例化接口。

（3）接口可以包含事件、索引器、方法和属性。

（4）接口不包含方法的实现。

（5）类和结构可从多个接口继承。

（6）接口自身可从多个接口继承。

C#中声明接口时，使用 interface 关键字，其语法格式如下。

```
修饰符 interface 接口名称 : 继承的接口列表
{
    接口内容;
}
```

例如，下面使用 interface 关键字定义一个 Information 接口，该接口中声明 Code 和 Name 两个属性，分别表示编号和名称，声明了一个方法 ShowInfo，用来输出信息。代码如下。

```
interface Information                    //定义接口
{
    string Code { get; set; }           //编号属性及实现
    string Name { get; set; }           //名称属性及实现
    void ShowInfo();                     //用来输出信息
}
```

接口中的成员默认是公共的，因此，不允许加访问修饰符。

4.2.2 接口的实现与继承

接口的实现通过类继承来实现，一个类虽然只能继承一个基类，但可以继承任意接口。声明实现接口的类时，需要在基类列表中包含类所实现的接口的名称。

【例 4-5】 修改例 4-3，通过继承接口实现输出进货信息和销售信息的功能。代码如下。

```
interface Information                              //定义接口
{
    string Code { get; set; }                     //编号属性及实现
    string Name { get; set; }                     //名称属性及实现
    void ShowInfo();                              //用来输出信息
}
public class JHInfo : Information                  //继承接口，定义进货类
{
    string code = "";
    string name = "";
    public string Code                            //实现编号属性
```

```
    {
        get
        {
            return code;
        }
        set
        {
            code = value;
        }
    }
    public string Name                          //实现名称属性
    {
        get
        {
            return name;
        }
        set
        {
            name = value;
        }
    }
    public void ShowInfo()                      //实现方法，输出进货信息
    {
        Console.WriteLine("进货信息：\n" + Code + " " + Name);
    }
}
public class XSInfo : Information              //继承接口，定义销售类
{
    string code = "";
    string name = "";
    public string Code                          //实现编号属性
    {
        get
        {
            return code;
        }
        set
        {
            code = value;
        }
    }
    public string Name                          //实现名称属性
    {
        get
        {
            return name;
        }
        set
        {
            name = value;
        }
    }
```

```
        public void ShowInfo()                              //实现方法，输出销售信息
        {
            Console.WriteLine("销售信息: \n" + Code + " " + Name);
        }
    }
    class Program
    {
        static void Main(string[] args)
        {
            Information[] Infos = { new JHInfo(), new XSInfo() };   //定义接口数组
            Infos[0].Code = "JH0001";                       //使用接口对象设置编号属性
            Infos[0].Name = "笔记本计算机";                   //使用接口对象设置名称属性
            Infos[0].ShowInfo();                            //输出进货信息
            Infos[1].Code = "XS0001";                       //使用接口对象设置编号属性
            Infos[1].Name = "华为荣耀X4";                     //使用接口对象设置名称属性
            Infos[1].ShowInfo();                            //输出销售信息
            Console.ReadLine();
        }
    }
}
```

程序运行结果如图 4-5 所示。

　　上面的实例中只继承了一个接口，接口还可以多重继承，使用多重继承时，要继承的接口之间用逗号（, ）分割。

4.2.3　显式接口成员实现

如果类实现两个接口，并且这两个接口包含具有相同签名的成员，那么在类中实现该成员将导致两个接口都使用该成员作为它们的实现，然而，如果两个接口成员实现不同的功能，那么这可能会导致其中一个接口的实现不正确或两个接口的实现都不正确，这时可以显式地实现接口成员，即创建一个仅通过该接口调用并且特定于该接口的类成员。显式接口成员实现是使用接口名称和一个句点命名该类成员来实现的。

【例 4-6】　创建一个控制台应用程序，其中声明了两个接口 ICalculate1 和 ICalculate2，在这两个接口中声明了一个同名方法 Add；然后定义一个类 Compute，该类继承自已经声明的两个接口，在 Compute 类中实现接口中的方法时，由于 ICalculate1 和 ICalculate2 接口中声明的方法名相同，这里使用了显式接口成员实现；最后在主程序类 Program 的 Main 方法中使用接口对象调用接口中定义的方法。代码如下。

```
interface ICalculate1
{
    int Add();                                          //求和方法，加法运算的和
}
interface ICalculate2
{
    int Add();                                          //求和方法，加法运算的和
}
class Compute : ICalculate1, ICalculate2               //继承接口
{
```

```
    int ICalculate1.Add()                            //显式接口成员实现
    {
        int x = 10;
        int y = 40;
        return x + y;
    }
    int ICalculate2.Add()                            //显式接口成员实现
    {
        int x = 10;
        int y = 40;
        int z = 50;
        return x + y + z;
    }
}
class Program
{
    static void Main(string[] args)
    {
        Compute compute = new Compute();             //实例化接口继承类的对象
        ICalculate1 Cal1 = compute;                  //使用接口继承类的对象实例化接口
        Console.WriteLine(Cal1.Add());               //使用接口对象调用接口中的方法
        ICalculate2 Cal2 = compute;                  //使用接口继承类的对象实例化接口
        Console.WriteLine(Cal2.Add());               //使用接口对象调用接口中的方法
Console.ReadLine();
    }
}
```

程序运行结果如下。

```
50
100
```

说明　显式接口成员实现中不能包含访问修饰符、abstract、virtual、override 或 static 修饰符。

4.2.4　抽象类与接口的区别

抽象类和接口都包含可以由派生类继承的成员，它们都不能直接实例化，但可以声明它们的变量。如果这样做，就可以使用多态性把继承这两种类型的对象指定给它们的变量，然后通过这些变量来使用抽象类或者接口中的成员，但不能直接访问派生类中的其他成员。

抽象类和接口的区别主要有以下4点。

（1）它们的派生类只能继承一个基类，即只能直接继承一个抽象类，但可以继承任意多个接口。

（2）抽象类中可以定义成员的实现，但接口中不可以。

（3）抽象类中可以包含字段、构造函数、析构函数、静态成员或常量等，接口中不可以。

（4）抽象类中的成员可以是私有的（只要它们不是抽象的）、受保护的、内部的或受保护的内部成员（受保护的内部成员只能在应用程序的代码或派生类中访问），但接口中的成员默认是公共的，定义时不能加修饰符。

4.3　集合与索引器

4.3.1　集合

.NET 中提供了一种称为集合的类型，它类似于数组，是一组组合在一起的类型化对象，可以通过遍历获取其中的每个元素。

1．自定义集合

自定义集合需要通过实现 System.Collections 命名空间提供的集合接口实现，System.Collections 命名空间提供的常用接口说明如表 4-1 所示。

表 4-1　　　　　　　　　　System.Collections 命名空间提供的常用接口说明

接口	说明
ICollection	定义所有非泛型集合的大小、枚举数和同步方法
IComparer	公开一种比较两个对象的方法
IDictionary	表示键/值对的非通用集合
IDictionaryEnumerator	枚举非泛型字典的元素
IEnumerable	公开枚举数，该枚举数支持在非泛型集合上进行简单迭代
IEnumerator	支持对非泛型集合的简单迭代
IList	表示可按照索引单独访问的对象的非泛型集合

下面以继承 IEnumerable 接口为例讲解如何自定义集合。

IEnumerable 接口用来公开枚举数，该枚举数支持在非泛型集合上进行简单迭代，该接口的定义如下：

```
public interface IEnumerable
```

IEnumerable 接口中有一个 GetEnumerator 方法，因此在实现该接口时，需要定义 GetEnumerator 方法的实现。GetEnumerator 方法定义如下。

```
IEnumerator GetEnumerator()
```

在实现 IEnumerable 接口的同时，也需要实现 IEnumerator 接口，该接口中有 3 个成员，分别是 Current 属性、MoveNext 方法和 Reset 方法，它们的定义如下。

```
Object Current { get; }
bool MoveNext()
void Reset()
```

【例 4-7】　创建一个控制台应用程序，通过继承 IEnumerable 和 IEnumerator 接口自定义一个集合，用来存储进销存管理系统中的商品信息，最后使用遍历的方式输出自定义集合中存储的商品信息。代码如下。

```
public class Goods                          //定义集合中的元素类，表示商品信息类
{
    public string Code;                     //编号
    public string Name;                     //名称
```

```csharp
        public Goods(string code, string name)     //定义构造函数，赋初始值
        {
            this.Code = code;
            this.Name = name;
        }
}
public class JHClass : IEnumerable, IEnumerator//定义集合类
{
        private Goods[] _goods;                      //初始化 Goods 类型的集合
        public JHClass(Goods[] gArray)               //使用带参构造函数赋值
        {
            _goods = new Goods[gArray.Length];
            for (int i = 0; i < gArray.Length; i++)
            {
                _goods[i] = gArray[i];
            }
        }
        //实现 IEnumerable 接口中的 GetEnumerator 方法
        IEnumerator IEnumerable.GetEnumerator()
        {
            return (IEnumerator)this;
        }
        int position = -1;                           //记录索引位置
        object IEnumerator.Current                    //实现 IEnumerator 接口中的 Current 属性
        {
            get
            {
                return _goods[position];
            }
        }
        public bool MoveNext()                        //实现 IEnumerator 接口中的 MoveNext 方法
        {
            position++;
            return (position < _goods.Length);
        }
        public void Reset()                           //实现 IEnumerator 接口中的 Reset 方法
        {
            position = -1;                            //指向第一个元素
        }
}
class Program
{
        static void Main()
        {
            Goods[] goodsArray = new Goods[3]
            {
            new Goods("T0001", "笔记本计算机"),
            new Goods("T0002", "华为荣耀 4X"),
            new Goods("T0003", "iPad 平板计算机"),
            };                                        //初始化 Goods 类型的数组
            JHClass jhList = new JHClass(goodsArray);//使用数组创建集合类对象
            foreach (Goods g in jhList)              //遍历集合
                Console.WriteLine(g.Code + " " + g.Name);
            Console.ReadLine();
```

```
        }
    }
```

程序运行结果如图 4-8 所示。

```
T0001 笔记本电脑
T0002 华为荣耀4X
T0003 iPad平板电脑
```

图 4-8　自定义集合存储
商品信息

2. 使用集合类

.NET Framework 中定义了很多的集合类，包括 ArrayList、Queue、Stacke、Hashtable 等，下面以 ArrayList 类为例介绍集合类的使用。

ArrayList 类是一种非泛型集合类，它可以动态地添加和删除元素。ArrayList 类相当于一种高级的动态数组，它是 Array 类的升级版本，但它并不等同于数组。

与数组相比，ArrayList 类为开发人员提供了以下功能。

（1）数组的容量是固定的，而 ArrayList 的容量可以根据需要自动扩充。

（2）ArrayList 提供添加、删除和插入某一范围元素的方法，但在数组中，只能一次获取或设置一个元素的值。

（3）ArrayList 提供将只读和固定大小包装返回到集合的方法，而数组不提供。

（4）ArrayList 只能是一维形式，而数组可以是多维的。

ArrayList 类提供了 3 个构造器，分别如下。

```
public ArrayList();
public ArrayList(ICollection arryName);
public ArrayList(int n);
```

（5）arryName：要添加集合的数组名。

（6）n：ArrayList 对象的空间大小。

例如，声明一个具有 10 个元素的 ArrayList 对象，并为其赋初始值。代码如下。

```
ArrayList List = new ArrayList(10);
```

ArrayList 集合类的常用属性说明如表 4-2 所示。

表 4-2　　　　　　　　　　　　ArrayList 集合类的常用属性说明

属性	说明
Capacity	获取或设置 ArrayList 可包含的元素数
Count	获取 ArrayList 中实际包含的元素数
IsFixedSize	获取一个值，该值指示 ArrayList 是否具有固定大小
IsReadOnly	获取一个值，该值指示 ArrayList 是否为只读
IsSynchronized	获取一个值，该值指示是否同步对 ArrayList 的访问
Item	获取或设置指定索引处的元素
SyncRoot	获取可用于同步 ArrayList 访问的对象

ArrayList 集合类的常用方法及说明如表 4-3 所示。

表 4-3　　　　　　　　　　　　ArrayList 集合类的常用方法及说明

方法	说明
Add	将对象添加到 ArrayList 的结尾处
AddRange	将 ICollection 的元素添加到 ArrayList 的末尾

方法	说明
Clear	从 ArrayList 中移除所有元素
Contains	确定某元素是否在 ArrayList 中
CopyTo	将 ArrayList 或它的一部分复制到一维数组中
GetEnumerator	返回循环访问 ArrayList 的枚举数
IndexOf	返回 ArrayList 或它的一部分中某个值的第一个匹配项的从零开始的索引
Insert	将元素插入 ArrayList 的指定索引处
InsertRange	将集合中的某个元素插入 ArrayList 的指定索引处
LastIndexOf	返回 ArrayList 或它的一部分中某个值的最后一个匹配项的从零开始的索引
Remove	从 ArrayList 中移除特定对象的第一个匹配项
RemoveAt	移除 ArrayList 的指定索引处的元素
RemoveRange	从 ArrayList 中移除一定范围的元素
Reverse	将 ArrayList 或它的一部分中元素的顺序反转
Sort	对 ArrayList 或它的一部分中的元素进行排序
ToArray	将 ArrayList 的元素复制到新数组中

【例 4-8】 使用 ArrayList 集合存储商品名称列表并输出。代码如下。

```
static void Main(string[] args)
{
    ArrayList list = new ArrayList();          //创建 ArrayList 集合
    //向集合中添加商品列表
    list.Add("笔记本计算机");
    list.Add("华为荣耀 4X");
    list.Add("iPad 平板计算机");
    foreach (string name in list)              //遍历集合
        Console.WriteLine(name);               //输出便利到的集合元素
    Console.ReadLine();
}
```

程序运行结果如图 4-9 所示。

图 4-9 使用 ArrayList 集合存储商品名称列表并输出

4.3.2 索引器

C#语言支持一种名为索引器的特殊"属性"，它能够通过引用数组元素的方式来引用对象。

索引器的声明方式与属性比较相似，这二者的一个重要区别是索引器在声明时需要定义参数，而属性则不需要定义参数，索引器的声明格式如下。

```
【修饰符】【类型】this[【参数列表】]
{
    get  {get 访问器体}
```

```
    set  {set 访问器体}
}
```

索引器与属性除了在定义参数方面有不同之外，它们之间的区别主要还有以下两点。

（1）索引器的名称必须是关键字 this，this 后面一定要跟一对方括号（[]），在方括号之间指定索引的参数表，其中至少必须有一个参数。

（2）索引器不能被定义为静态的，而只能是非静态的。

索引器的修饰符有 new、public、protected、internal、private、virtual、sealed、override、abstract 和 extern。当索引器声明包含 extern 修饰符时，称为外部索引器，由于外部索引器声明不提供任何实现，所以它的每个索引器声明都由一个分号组成。

索引器的使用方式不同于属性的使用方式，需要使用元素访问运算符（[]），并在其中指定参数来进行引用。

【例 4-9】　定义一个类 CollClass，在该类在中声明一个用于操作字符串数组的索引器；然后在 Main 方法中创建 CollClass 类的对象，并通过索引器为数组中的元素赋值；最后使用 for 循环通过索引器获取数组中的所有元素。代码如下。

```csharp
class CollClass
{
    public const int intMaxNum = 3;                    //表示数组的长度
    private string[] arrStr;                           //声明数组的引用
    public CollClass()                                 //构造方法
    {
        arrStr = new string[intMaxNum];               //设置数组的长度
    }
    public string this[int index]                      //定义索引器
    {
        get
        {
            return arrStr[index];                     //通过索引器取值
        }
        set
        {
            arrStr[index] = value;                    //通过索引器赋值
        }
    }
}
class Program
{
    static void Main(string[] args)                    //入口方法
    {
        CollClass cc = new CollClass();               //创建 CollClass 类的对象
        cc[0] = "CSharp";                             //通过索引器给数组元素赋值
        cc[1] = "ASP.NET";                            //通过索引器给数组元素赋值
        cc[2] = "Visual Basic";                       //通过索引器给数组元素赋值
        for (int i = 0; i < CollClass.intMaxNum; i++) //遍历所有的元素
        {
            Console.WriteLine(cc[i]);                 //通过索引器取值
        }
        Console.Read();
```

```
    }
  }
```

程序运行结果如图 4-10 所示。

图 4-10　索引器的定义及使用

4.4　委托和事件

为了实现方法的参数化，C#提出了委托的概念，委托是一种引用方法的类型，即委托是方法的引用，一旦为委托分配了方法，委托将与该方法具有完全相同的行为；另外，.NET 中为了简化委托方法的定义，提出了匿名方法的概念。本节对委托和匿名方法进行讲解。

4.4.1　委托

1. 委托的概念

C#中的委托（Delegate）是一种引用类型，该引用类型与其他引用类型有所不同，在委托对象的引用中存放的不是对数据的引用，而是存放对方法的引用，即在委托的内部包含一个指向某个方法的指针。通过使用委托把方法的引用封装在委托对象中，然后将委托对象传递给调用引用方法的代码。委托类型的声明语法格式如下。

【修饰符】delegate【返回类型】【委托名称】（【参数列表】）

其中，【修饰符】是可选项；【返回值类型】、关键字 delegate 和【委托名称】是必需项；【参数列表】用来指定委托所匹配的方法的参数列表，所以是可选项。

一个与委托类型相匹配的方法必需满足以下两个条件。

（1）这二者具有相同的签名，即具有相同的参数数目，并且类型相同，顺序相同，参数的修饰符也相同。

（2）这二者具有相同的返回值类型。

委托是方法的类型安全的引用，之所以说委托是安全的，是因为委托和其他所有的 C#成员一样，是一种数据类型，并且任何委托对象都是 System.Delegate 的某个派生类的一个对象，委托的类结构如图 4-11 所示。

从图 4-11 所示的结构图中可以看出，任何自定义委托类型都继承自 System.Delegate 类型，并且该类型封装了许多委托的特性和方法。下面通过一个具体的例子来说明委托的定义及应用。

【例 4-10】　创建一个控制台应用程序，首先定义一个实例方法 Add，该方法将作为自定义委托类型 MyDelegate 的匹配方法。然后在控制台应用程序的默认类 Program 中定义一个委托类型 MyDelegate，接着在应用程序的入口方法 Main 中创建该委托类型的实例 md，并绑定到 Add 方法。

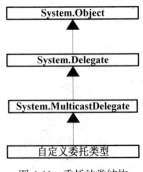

图 4-11　委托的类结构

```
public class Test
{
```

```
    public int Add(int x,int y)
    {
        return x+y;
    }
}
class Program
{
    public delegate int MyDelegate(int x, int y);//定义一个委托类型
    static void Main(string[] args)
    {
        Test tc = new Test();
        MyDelegate md = tc.Add;             //创建委托类型的实例 md,并绑定到 Add 方法
        int intSum = md(2, 3);              //委托的调用
        Console.WriteLine("运算结果是: "+intSum.ToString());
        Console.Read();
    }
}
```

上面代码中的 MyDelegate 自定义委托类型继承自 System.MulticastDelegate，并且该自定义委托类型包含一个名为 Invoke 的方法，该方法接受两个整型参数并返回一个整数值，由此可见 Invoke 方法的参数及返回值类型与 Add 方法完全相同。实际上程序在进行委托调用时就是调用了 Invoke 方法，所以上面的委托调用完全可以写成下面的形式。

```
int intSum = md.Invoke(2, 3);                        //委托的调用
```

其实，上面的这种形式更有利于初学者的理解，本实例的运行结果为"运算结果是：5"。

C#中通过委托调用实例化方法   C#中通过委托调用静态方法

2. 匿名方法

为了简化委托的可操作性，在 C#语言中，提出了匿名方法的概念，它在一定程度上降低了代码量，并简化了委托引用方法的过程。

匿名方法允许一个与委托关联的代码被内联地写入使用委托的位置，这使得代码对于委托的实例很直接。除了这种便利之外，匿名方法还共享了对本地语句包含的函数成员的访问。匿名方法的语法格式如下。

C#的匿名函数

```
delegate(【参数列表】)
{
    【代码块】
}
```

【例 4-11】 创建一个控制台应用程序，首先定义一无返回值其参数为字符串的委托类型 DelOutput，然后在控制台应用程序的默认类 Program 中定义一个静态方法 NamedMethod，使该方法与委托类型 DelOutput 相匹配，在 Main 方法中定义一个匿名方法 delegate(string j){}，并创建委托类型 DelOutput 的对象 del，最后通过委托对象 del 调用匿名方法和命名方法（NamedMethod）。

代码如下。

```
delegate void DelOutput(string s);          //自定义委托类型
class Program
{
    static void NamedMethod(string k)       //与委托匹配的命名方法
    {
        Console.WriteLine(k);
    }
    static void Main(string[] args)
    {
        //委托的引用指向匿名方法delegate(string j){}
        DelOutput del = delegate(string j)
        {
            Console.WriteLine(j);
        };
        del.Invoke("匿名方法被调用");          //委托对象del调用匿名方法
        //del("匿名方法被调用");               //委托也可使用这种方式调用匿名方法
        Console.Write("\n");
        del = NamedMethod;                   //委托绑定到命名方法NamedMethod
        del("命名方法被调用");                 //委托对象del调用命名方法
        Console.ReadLine();
    }
}
```

程序运行结果如下。

匿名方法被调用

命名方法被调用

C#的匿名方法

4.4.2 委托的发布和订阅

由于委托能够引用方法，而且能够链接和删除其他委托对象，因而就能够通过委托来实现事件的"发布和订阅"这两个必要的过程，通过委托来实现事件处理的过程，通常需要以下 4 个步骤。

（1）定义委托类型，并在发布者类中定义一个该类型的公有成员。

（2）在订阅者类中定义委托处理方法。

（3）订阅者对象将其事件处理方法链接到发布者对象的委托成员（一个委托类型的引用）上。

（4）发布者对象在特定的情况下"激发"委托操作，从而自动调用订阅者对象的委托处理方法。

下面以学校铃声为例。通常，学生会对上下课铃声做出相应的动作响应，比如：打上课铃，同学们开始学习；打下课铃，同学们开始休息，下面就通过委托的发布和订阅来实现这个功能。

【例4-12】 创建一个控制台应用程序，通过委托来实现学生们对铃声所做出的响应，具体步骤如下。

（1）定义一个委托类型 RingEvent，其整型参数 ringKind 表示铃声种类（1 表示上课铃声；2 表示下课铃声），具体代码如下。

```
public delegate void RingEvent(int ringKind);     //声明一个委托类型
```

（2）定义委托发布者类 SchoolRing，并在该类中定义一个 RingEvent 类型的公有成员（即委托成员，用来进行委托发布），然后再定义一个成员方法 Jow，用来实现激发委托操作。代码如下。

```
public class SchoolRing                              //定义发布者类
{
    public RingEvent OnBellSound;                    //委托发布
    public void Jow(int ringKind)                    //实现打铃操作
    {
        if (ringKind == 1 || ringKind == 2)          //判断打铃参数是否合法
        {
            Console.Write(ringKind == 1 ? "上课铃声响了，" : "下课铃声响了，");
            if (OnBellSound != null)                  //不等于空，说明它已经订阅了具体的方法
            {
                OnBellSound(ringKind);                //回调 OnBellSound 委托所订阅的具体方法
            }
        }
        else
        {
            Console.WriteLine("这个铃声参数不正确！");
        }
    }
}
```

（3）由于学生会对铃声做出相应的动作相应，所以这里定义一个 Students 类，然后在该类中定义一个铃声事件的处理方法 SchoolJow，并在某个激发时刻或状态下链接到 SchoolRing 对象的 OnBellSound 委托上。另外，在订阅完毕之后，还可以通过 CancelSubscribe 方法删除订阅，具体代码如下。

```
public class Students                                     //定义订阅者类
{
    public void SubscribeToRing(SchoolRing schoolRing)     //学生们订阅铃声这个委托事件
    {
        schoolRing.OnBellSound += SchoolJow;               //通过委托的链接操作进行订阅
    }
    public void SchoolJow(int ringKind)                    //事件的处理方法
    {
        if (ringKind == 2)                                 //打下课铃
        {
            Console.WriteLine("同学们开始课间休息！");
        }
        else if (ringKind == 1)                            //打上课铃
        {
            Console.WriteLine("同学们开始认真学习！");
        }
    }
    public void CancelSubscribe(SchoolRing schoolRing)     //取消订阅铃声动作
    {
        schoolRing.OnBellSound -= SchoolJow;
    }
}
```

（4）当发布者 SchoolRing 类的对象调用其 Jow 方法进行打铃时，就会自动调用 Students 对象

的 SchoolJow 这个事件处理方法。代码如下。

```
class Program
{
    static void Main(string[] args)
    {
        SchoolRing sr = new SchoolRing();              //创建一个事件发布者实例
        Students student = new Students();             //创建一个事件订阅者实例
        student.SubscribeToRing(sr);                   //学生订阅学校铃声
        Console.Write("请输入打铃参数（1：表示打上课铃；2：表示打下课铃）: ");
        sr.Jow(Convert.ToInt32(Console.ReadLine()));   //开始打铃动作
        Console.ReadLine();
    }
}
```

本例运行结果如图 4-12 所示。

请输入打铃参数（1：表示打上课铃；2：表示打下课铃）: 2
下课铃声响了，同学们开始课间休息!

图 4-12　发布和订阅铃声事件

4.4.3　事件的发布和订阅

C#中的事件是指某个类的对象在运行过程中遇到的一些特定事情，而这些特定的事情有必要通知给这个对象的使用者。当发生与某个对象相关的事件时，类会使用事件将这一对象通知给用户，这种通知即称为"引发事件"。引发事件的对象称为事件的源或发送者。对象引发事件的原因很多，响应对象数据的更改、长时间运行的进程完成或服务中断等。

由于委托可以进行发布和订阅，从而使不同的对象对特定的情况做出反应，但这种机制存在一个问题，即外部对象可以任意修改已发布的委托（因为这个委托仅是一个普通的类级公有成员），这也会影响到其他对象对委托的订阅（使委托丢掉了其他的订阅），比如，在进行委托订阅时，使用 "=" 符号，而不是 "+="，或者在订阅时，设置委托指向一个空引用，这些都对委托的安全性造成严重的威胁，如下面的示例代码。

例如，使用 "=" 运算符进行委托的订阅，或者设置委托指向一个空引用。代码如下。

```
public void SubscribeToRing(SchoolRing schoolRing)   //学生们订阅铃声这个委托事件
{
    //通过赋值运算符进行订阅，使委托 OnBellSound 丢掉了其他的订阅
    schoolRing.OnBellSound = SchoolJow;
}
```

或

```
public void SubscribeToRing(SchoolRing schoolRing)   //学生们订阅铃声这个委托事件
{
    schoolRing.OnBellSound = null;                    //取消委托订阅的所有内容
}
```

为了解决这个问题，C#提供了专门的事件处理机制，以保证事件订阅的可靠性，其做法是在发布委托的定义中加上 event 关键字，其他代码不变。例如：

```
public event RingEvent OnBellSound;                  //事件发布
```

经过这个简单的修改后，其他类型再使用 OnBellSound 委托时，就只能将其放在复合赋值运算符 "+=" 或 "-=" 的左侧，而直接使用 "=" 运算符，编译系统会报错，例如下面的代码是错误的。

```
schoolRing.OnBellSound = SchoolJow;                    //系统会报错的
schoolRing.OnBellSound = null;                         //系统会报错的
```

这样就解决了上面出现的安全隐患，通过这个分析，可以看出，事件是一种特殊的类型，发布者在发布一个事件之后，订阅者对它只能进行自身的订阅或取消，而不能干涉其他订阅者。

　　　　　事件是类的一种特殊成员：即使是公有事件，除了其所属类型之外，其他类型只能对其进行订阅或取消，别的任何操作都是不允许的，因此事件具有特殊的封装性。和一般委托成员不同，某个类型的事件只能由自身触发。例如，在 Students 的成员方法中，使用 "schoolRing.OnBellSound(2)" 直接调用 SchoolRing 对象的 OnBellSound 事件是不允许的，因为 OnBellSound 这个委托只能在包含其自身定义的发布者类中被调用。

4.4.4　EventHandler 类

在事件发布和订阅的过程中，定义事件的类型（即委托类型）是一件重复性的工作，为此，.NET 类库中定义了一个 EventHandler 委托类型，并建议尽量使用该类型作为事件的委托类型。该委托类型的定义为：

```
public delegate void EventHandle(object sender,EventArgs e);
```

C#事件的语法

其中，object 类型的参数 sender 表示引发事件的对象，由于事件成员只能由类型本身（即事件的发布者）触发，因此在触发时传递给该参数的值通常为 this。例如：可将 SchoolRing 类的 OnBellSound 事件定义为 EventHandler 委托类型，那么触发该事件的代码就是 "OnBellSound(this,null);"。

事件的订阅者可以通过 sender 参数来了解是哪个对象触发的事件（这里当然是事件的发布者），不过在访问对象时通常要进行强制类型转换。例如，Students 类对 OnBellSound 事件的处理方法可以修改为：

```
public void SchoolJow(object sender , EventArgs e)
{
   if (((RingEventArgs)e).RingKind == 2)              //e 强制转化内 RingEventArgs 类型
   {
      Console.WriteLine("同学们开始课间休息！");
   }
   else if (((RingEventArgs)e).RingKind==1)          //e 强制转化内 RingEventArgs 类型
   {
      Console.WriteLine("同学们开始认真学习！");
   }
}
public void CancelSubscribe(SchoolRing schoolRing)   //取消订阅铃声动作
{
   schoolRing.OnBellSound -= SchoolJow;
}
```

EventHandler 委托的第二个参数 e 表示事件中包含的数据。如果发布者还要向订阅者传递额外的事件数据，那么就需要定义 EventArgs 类型的派生类。例如，由于需要把打铃参数（1 或 2）传入到事件中，则可以定义如下的 RingEventArgs 类。

```csharp
public class RingEventArgs : EventArgs
{
    private int ringKind;                      //描述铃声种类的字段
    public int RingKind
    {
        get { return ringKind; }               //获取打铃参数
    }
    public RingEventArgs(int ringKind)
    {
        this.ringKind = ringKind;              //在构造器中初始化铃声参数
    }
}
```

而 SchoolRing 的实例在触发 OnBellSound 事件时，就可以将该类型（即 RingEventArgs）的对象作为参数传递给 EventHandler 委托，下面来看激发 OnBellSound 事件的主要代码。

```csharp
public event EventHandler OnBellSound;        //委托发布
public void Jow(int ringKind)                 //打铃方法
{
    if (ringKind == 1 || ringKind == 2)
    {
        Console.Write(ringKind == 1 ? "上课铃声响了，" : "下课铃声响了，");
        if (OnBellSound != null)              //不等于空，说明它已经订阅具体的方法
        {
            //为了安全，事件成员只能由类型本身触发（this），
            OnBellSound(this,new RingEventArgs(ringKind));//回调委托所订阅的方法
        }
    }
    else
    {
        Console.WriteLine("这个铃声参数不正确！");
    }
}
```

由于 EventHandler 原始定义中的参数类型是 EventArgs，那么订阅者在读取参数内容时同样需要进行强制类型转换，例如：

```csharp
public void SchoolJow(object sender,EventArgs e)
{
    if (((RingEventArgs)e).RingKind == 2)        //打了下课铃
    {
        Console.WriteLine("同学们开始课间休息！");
    }
    else if (((RingEventArgs)e).RingKind==1)     //打了上课铃
    {
        Console.WriteLine("同学们开始认真学习！");
    }
}
```

4.4.5　Windows 事件

在 Windows 应用程序中，用户的绝大多数操作，如移动鼠标、单击鼠标、改变光标位置、选择菜单命令等，都被视为触发相关的事件。以 Button 控件为例，用户 "单击" 鼠标操作被视为 Click 事件，其定义如下。

```
public event EventHandler Click;
```

用户单击按钮时，将触发 Click 事件，进而调用与该事件关联的事件方法（它包含了激发 Click 事件的代码）。

例如，在 Form1 窗体包含一个名为 button1 的按钮，那么可以在窗体的构造方法中关联事件处理方法，并在方法代码中执行所需要的功能。代码如下。

```
public Form1()
{
    InitializeComponent();
    button1.Click+= new EventHandler(button1_Click);
                                            //关联事件处理方法
}
private void button1_Click(object sender,EventArgs e)
{
    this.Close();
}
```

C#中事件在 WinForms
的使用情况

4.5　异常处理与预处理

在编写程序时，不仅要关心程序的正常操作。还应该检查代码错误及可能发生的各类不可预期的事件。在 C#中，异常处理是解决这些问题的主要方法。异常处理是一种功能强大的机制，用于处理应用程序可能产生的错误或是其他可以中断程序执行的异常情况。异常处理可以捕捉程序执行所发生的错误，通过异常处理可以有效、快速地构建各种用来处理程序异常情况的程序代码。此外，C#还提供很多的预处理指令，这些预处理指令主要用来告诉 C#编译器要编译哪些代码，并指出如何处理特定的错误和警告。

4.5.1　异常处理类

在.NET 类库中，提供了针对各种异常情形所设计的异常类，这些类包含了异常的相关信息。配合异常处理语句，应用程序能够轻易地避免程序执行时可能中断应用程序的各种错误。.NET 框架中公共异常类如表 4-4 所示，这些异常类都是 System.Exception 的直接或间接派生类。

表 4-4　　　　　　　　　　　　　公共异常类说明

异常类	说明
System.ArithmeticException	在算术运算期间发生的异常
System.ArrayTypeMismatchException	当存储一个数组时，如果由于被存储的元素的实际类型与数组的实际类型不兼容而导致存储失败，就会引发此异常
System.DivideByZeroException	在试图用零除整数值时引发

异常类	说明
System.IndexOutOfRangeException	在试图使用小于零或超出数组界限的下标索引数组时引发
System.InvalidCastException	当从基类型或接口到派生类型的显示转换在运行时失败，就会引发此异常
System.NullReferenceException	在需要使用引用对象的场合，如果使用 null 引用，就会引发此异常
System.OutOfMemoryException	在分配内存的尝试失败时引发
System.OverflowException	在选中的上下文中所进行的算术运算、类型转换或转换操作导致溢出时引发的异常
System.StackOverflowException	挂起的方法调用过多而导致执行堆栈溢出时引发的异常
System.TypeInitializationException	在静态构造函数引发异常并且没有可以捕捉到它的 catch 子句时引发

4.5.2 异常处理语句

C#程序中，可以使用异常处理语句处理异常，主要的异常处理语句有 throw 语句、try…catch 语句和 try…catch…finally 语句，通过这 3 个异常处理语句，可以对可能产生异常的程序代码进行监控，下面将对这 3 个异常处理语句进行详细讲解。

C#的异常类

1. try…catch 语句

try…catch 语句允许在 try 后面的大括号{}中放置可能发生异常情况的程序代码，对这些程序代码进行监控。在 catch 后面的大括号{}中则放置处理错误的程序代码，以处理程序发生的异常。try…catch 语句的基本格式如下。

```
try
{
    被监控的代码
}
catch(异常类名  异常变量名)
{
    异常处理
}
```

在 catch 子句中，异常类名必须为 System.Exception 或从 System.Exception 派生的类型。当 catch 子句指定了异常类名和异常变量名后，就相当于声明了一个具有给定名称和类型的异常变量，此异常变量表示当前正在处理的异常。

另外，将 finally 语句与 try…catch 语句结合，可以形成 try…catch…finally 语句。finally 语句以区块的方式存在，它被放在所有 try…catch 语句的最后面，程序执行完毕，最后都会执行 finally 语句块中的代码。基本格式如下。

```
try
{
    被监控的代码
}
catch(异常类名  异常变量名)
{
    异常处理
```

```
    }
    …
    finally
    {
        程序代码
    }
```

 　　无论是否引发了异常，都可以使用 finally 子句执行清理代码。如果分配了昂贵或有限的资源（如数据库连接或流），则应将释放这些资源的代码放置在 finally 块中。

【例 4-13】 　创建一个控制台应用程序，使用 try…catch…finally 捕获除数为 0 的异常信息，并输出。代码如下。

```
static void Main(string[] args)
{
    try
    {
        int i = 50;                              //声明一个 int 类型的变量 i
        int j = 0;                               //声明一个 int 类型的变量 j
        int num;                                 //声明一个 int 类型的变量 num
        num = i / j;                             //执行除法运算
    }
    catch (Exception ex)                         //捕获异常
    {
        Console.WriteLine("捕获异常: " + ex);    //输出异常
    }
    finally
    {
        Console.WriteLine("执行完毕!: " );
    }
    Console.ReadLine();
}
```

程序的运行结果如图 4-13 所示。

图 4-13　使用 try…catch…finally 捕获除数为 0 的异常

查看运行结果，抛出了异常。因为声明的 object 变量 obj 被初始化为 null，然后又将 obj 强制转换成 int 类型，这样就产生了异常，由于使用了 try…catch 语句，所以将这个异常捕获，并将异常输出。

2. throw 语句

throw 语句用于主动引发一个异常，使用 throw 语句可以在特定的情形下，自行抛出异常。throw 语句的基本格式如下。

```
throw ExObject
```

参数 ExObject 表示所要抛出的异常对象，这个异常对象是派生自 System.Exception 类的对象。

说明

通常 throw 语句与 try-catch 或 try-finally 语句一起使用。当引发异常时，程序查找处理此异常的 catch 语句。也可以用 throw 语句重新引发已捕获的异常。

例如，使用 throw 语句抛出除数为 0 时的异常信息。代码如下。

```
int i=50;                                    //声明一个 int 类型的变量 i
int j=0;                                     //声明一个 int 类型的变量 j
int num;                                     //声明一个 int 类型的变量 num
if (j == 0)                                  //判断 j 是否等于 0，若等于 0，抛出异常
{
    throw new DivideByZeroException();       //抛出 DivideByZeroException 异常
}
num = i / j;                                 //计算 i 除以 j 的值
```

C#处理异常

C#的异常处理的基本语法

4.5.3 预处理指令

C#中的预处理指令都以"#"开始，其常用预处理指令说明如表 4-5 所示。

表 4-5　　　　　　　　　　　　　　C#中的预处理指令说明

指令名称	说明
#region	使开发人员可以在使用 Visual Studio 代码编辑器的大纲显示功能时，指定可展开或折叠的代码块
#endregion	标记#region 块的结尾
#define	定义符号，当将符号用作传递给#if 指令的表达式时，此表达式的计算结果为 true
#undef	取消符号的定义，以便通过将该符号用作#if 指令中的表达式时，使表达式的计算结果为 false
#if	条件指令，结尾处必须有#endif 指令
#else	允许创建复合条件指令，因此，如果前面的#if 或#elif 指令中的任何表达式都不为 true，则编译器将计算#else 与后面的#endif 之间的所有代码
#elif	使开发人员能够创建复合条件指令
#endif	指定以#if 指令开头的条件指令的结尾
#line	使开发人员能够修改编译器的行号以及错误和警告的文件名输出
#warning	使开发人员能够从代码的特定位置生成一级警告
#error	使开发人员能够从代码中的特定位置生成错误

C#的预处理指令

下面对 C#中常见的预处理指令进行简单介绍。

 　　在 C 和 C++中，预处理指令是非常重要的，但是在 C#中，C#提供了很多其他的机制来实现 C++指令的相应功能，因此，预处理指令在 C#中的使用并不太频繁。

1. #region 和#endregion

#region 和#endregion 指令使开发人员可以在使用 Visual Studio 代码编辑器的大纲显示功能时，指定可展开或折叠的代码块，它们在程序中是成对出现的。

【例 4-14】　在控制台应用程序中定义一个实现用户登录的方法，然后使用#region 和#endregion 指令折叠该方法。代码如下。

```
#region 实现用户登录的方法
public void Login(string Name, string Pwd)
{
    if (Name == "mr" && Pwd == "mrsoft")              //判断用户名和密码是否正确
    {
        Console.WriteLine(Name + " 欢迎您登录本系统! ");
    }
    else
    {
        Console.WriteLine("请输入正确的用户名或密码! ");
    }
}
#endregion
```

在 Visual Studio 开发环境中折叠上面的代码段，效果如图 4-14 所示。

实现用户登录的方法

图 4-14　用户登录方法在 Visual Studio 开发环境中的折叠效果

 　　#region 块不能与#if 块重叠，但是，可以将#region 块嵌套在#if 块内，或将#if 块嵌套在#region 块内。

2. #define 和#undef

#define 主要用来定义符号，当将符号用作传递给#if 指令的表达式时，此表达式的计算结果为 true。例如，下面代码定义一个 DEBUG 符号。

```
#define DEBUG
```

 　　使用#define 定义符号时，只能在代码文件的顶部（所有引用命名空间的代码之前）定义，如果在其他区域定义，会出现错误提示。

#undef 用来取消符号的定义，以便通过将该符号用作#if 指令中的表达式时，使表达式的计算结果为 false。例如，下面代码取消 DEBUG 符号的定义。

```
#undef DEBUG
```

 　　（1）使用#undef 取消符号时，与#define 一样，只能出现在代码文件的顶部。
　　（2）用#define 定义的符号与具有相同名称的变量或常量不冲突。

3. #if、#elif、#else 和#endif

#if、#elif、#else 和#endif 这 4 个指令主要用来判断符号是否已经定义，它们相当于 C#中的 if 条件判断语句，它们的对应关系如表 4-6 所示。

表 4-6　　　　　　　　　　#if、#elif、#else 和#endif 指令与 if 语句的对应关系

指令名称	说明
#if	if 语句
#else	else 语句
#elif	else if 语句
#endif	对应 if 条件判断语句的结尾

结合使用#if、#else、#elif、#endif 指令，可以根据一个或多个符号是否存在来包含或排除代码，这在编译调试版本的代码或针对特定配置进行代码编译时，非常有用。

【例 4-15】　在控制台应用程序中定义两个符号 IOS 和 WINDOWS，分别表示 IOS 系统和 Windows 系统的测试版本，然后使用#if、#else、#elif、#endif 指令分别进行各种组合判断，判断当前测试的是哪种操作系统的版本。代码如下。

```csharp
#define IOS            //定义一个 IOS 符号
#define WINDOWS        //定义一个 WINDOWS 符号
using System;
using System.Collections.Generic;
using System.Linq;
using System.Text;
namespace Test
{
    class Program
    {
        static void Main(string[] args)
        {
#if (IOS && !WINDOWS)        //判断 IOS 符号已经定义，并且 WINDOWS 符号未定义
            Console.WriteLine("针对 IOS 操作系统的测试版本");
#elif(!IOS && WINDOWS)       //判断 IOS 符号未定义，并且 WINDOWS 符号已定义
            Console.WriteLine("针对 Windows 操作系统的测试版本");
#else                        //不满足上述两种条件的情况
            Console.WriteLine("针对 Android 操作系统的测试版本");
#endif                       //结束符
            Console.ReadLine();
        }
    }
}
```

程序运行效果如图 4-15 所示。

针对Android操作系统的测试版本

图 4-15　#if、#else、#elif、#endif 指令的结合使用　　C#的条件预处理指令

4. #warning 和#error

#warning 指令用来使开发人员能够从代码的特定位置生成警告。例如，在程序中编写如下代码。

```
#warning "生成警告信息"
```

会在"错误列表"窗口中显示设置的警告信息，如图 4-16 所示。

图 4-16　使用#warning 指令生成警告信息

#error 指令用来使开发人员能够从代码中的特定位置生成错误。例如，在程序中编写如下代码。

```
#error "生成错误信息"
```

会在"错误列表"窗口中显示设置的错误信息，如图 4-17 所示。

图 4-17　使用#error 指令生成错误信息

　　　　#warning 和#error 指令通常用在条件指令中。

5. #line

#line 指令用来使开发人员能够修改编译器的行号以及错误和警告的文件名输出，该指令在平时用的并不多，因为如果使用该指令，则表示编译器显示的行号与代码文件本身的行号可能并不匹配，或者编译器中显示错误、警告的文件名并不正确。#line 指令的使用方法如下。

```
        static void Main(string[] args)
        {
#line 115 "Demo.cs"                 //强制指定该行为第 115 行，编译文件为 Demo.cs
        int i = 0;
        int j = 0;
#line default                       //恢复默认行
        int r = 0;
        int s = 0;
#line hidden                        //隐藏下面的两行
        Console.WriteLine("隐藏当前行");
        Console.ReadLine();
        }
```

运行程序，在"输出"窗口中查看"生成"来源，如图 4-18 所示。

输出

显示输出来源(S): 生成

```
1>—— 已启动生成: 项目: Demo, 配置: Debug Any CPU ——
1>C:\工作\源码\人邮教材（2015）\C#程序设计实用教程\MR\源码\第4章\4-15\Demo\Demo.cs(11,17,11,18): warning CS0219: The
1>C:\工作\源码\人邮教材（2015）\C#程序设计实用教程\MR\源码\第4章\4-15\Demo\Demo.cs(11,17,11,18): warning CS0219: The
1>C:\工作\源码\人邮教材（2015）\C#程序设计实用教程\MR\源码\第4章\4-15\Demo\Program.cs(17,17,17,18): warning CS0219: The
1>C:\工作\源码\人邮教材（2015）\C#程序设计实用教程\MR\源码\第4章\4-15\Demo\Demo.cs(2,17,2,18,18): warning CS0219: The
1> Demo -> C:\工作\...\bin\Debug\Demo.exe
1> 生成: 成功
```

更改后的行号，与代码中并不匹配

图 4-18　#line 指令的使用

4.6　泛型

泛型是用于处理算法、数据结构的一种编程方法，它的目标是采用广泛适用和可交互性的形式来表示算法和数据结构，以使它们能够直接用于软件构造。泛型类、结构、接口、委托和方法可以根据它们存储和操作的数据的类型来进行参数化。泛型能在编译时，提供强大的类型检查，减少数据类型之间的显式转换、装箱操作和运行时的类型检查。泛型通常用在集合和在集合上运行的方法中。

4.6.1　类型参数 T

泛型的类型参数 T 可以看作是一个占位符，它不是一种类型，它仅代表了某种可能的类型。在定义泛型时，T 出现的位置可以在使用时用任何类型来代替。类型参数 T 的命名准则如下。

（1）使用描述性名称命名泛型类型参数，除非单个字母名称完全可以让人了解它表示的含义，而描述性名称不会有更多的意义。例如，使用代表一定意义的单词作为类型参数 T 的名称。代码如下。

```
public interface IStudent<TStudent>
public delegate void ShowInfo<TKey, TValue>
```

（2）将 T 作为描述性类型参数名的前缀。例如，使用 T 作为类型参数名的前缀。代码如下。

```
public interface IStudent<T>
{
    T Sex { get; }
}
```

C#的泛型

4.6.2　泛型接口

泛型接口的声明形式如下。

```
interface 【接口名】<T>
{
    【接口体】
}
```

声明泛型接口时，与声明一般接口的唯一区别是增加了一个<T>。一般来说，声明泛型接口与声明非泛型接口遵循相同的规则。泛型类型声明所实现的接口必须对所有可能的构造类型都保持唯一，否则就无法确定该为某些构造类型调用哪个方法。

例如，定义一个泛型接口 ITest<T>，在该接口中声明 CreateIObject 方法。然后定义实现 ITest<T>接口的派生类 Test<T, TI>，并在此类中实现接口的 CreateIObject 方法。代码如下。

```
public interface ITest<T>                        //创建一个泛型接口
{
    T CreateIObject();                           //接口中定义 CreateIObject 方法
}
//实现上面泛型接口的泛型类
//派生约束 where T : TI（T 要继承自 TI）
//构造函数约束 where T : new()（T 可以实例化）
public class Test<T, TI> : ITest<TI> where T : TI, new()
{
    public TI CreateIObject()                    //实现接口中的方法 CreateIObject
    {
        return new T();                          //返回 T 类型的对象
    }
}
```

4.6.3　泛型方法

泛型方法的声明形式如下。

```
【修饰符】void【方法名】<类型型参 T>
{
    【方法体】
}
```

泛型方法是在声明中包括了类型参数 T 的方法。泛型方法可以在类、结构或接口声明中声明，这些类、结构或接口本身可以是泛型或非泛型。如果在泛型类型声明中声明泛型方法，则方法体可以同时引用该方法的类型参数 T 和包含该方法的声明的类型参数 T。

【例 4-16】　创建一个控制台应用程序，通过泛型方法实现计算商品销售额的功能。具体实现时，首先定义 Sale 类，表示销售类，该类中定义一个泛型方法 CaleMoney<T>(T[] items)，用来计算商品销售额；在 Program 类的 Main 方法中，定义存储每月销售数据的数组，然后调用 Sale 类中的泛型方法计算每月的总销售额，并输出。代码如下。

```
public class Sale                                //创建 Sale 类，表示销售类
{
    public static double CaleMoney<T>(T[] items) //定义泛型方法
    {
        double sum = 0;
        foreach (T item in items)                //遍历泛型参数数组
        {
            sum += Convert.ToDouble(item);
        }
        return sum;                              //返回计算结果
    }
}
class Program
{
    static void Main(string[] args)
    {
```

```
            //创建数组，用来存储1~6月份的每月的销售数据
            double[] dbJan = { 3500, 999, 3288, 1999, 12888 };
            double[] dbFeb = { 1499, 1699 };
            double[] dbMar = { 3288, 1998, 1999.9, 49 };
            double[] dbApr = { 98, 1298, 298, 298, 69,1999,1699 };
            double[] dbMay = { 4500, 5288, 1698, 2188, 2999,3999,6088,298 };
            double[] dbJun = { 1280, 99, 399, 998, 5288,5288,1298 };
            Console.WriteLine("————————上半年销售数据————————\n");
            //调用泛型方法计算每月的总销售额,并输出
            Console.WriteLine("1月商品总销售额: " + Sale.CaleMoney<double>(dbJan));
            Console.WriteLine("2月商品总销售额: " + Sale.CaleMoney<double>(dbFeb));
            Console.WriteLine("3月商品总销售额: " + Sale.CaleMoney<double>(dbMar));
            Console.WriteLine("4月商品总销售额: " + Sale.CaleMoney<double>(dbApr));
            Console.WriteLine("5月商品总销售额: " + Sale.CaleMoney<double>(dbMay));
            Console.WriteLine("6月商品总销售额: " + Sale.CaleMoney<double>(dbJun));
            Console.ReadLine();
        }
    }
```

程序的运行结果如图 4-19 所示。

图 4-19　使用泛型方法查找数字

C#泛型在方法 Method 上的实现

小　　结

本章详细介绍了面向对象程序设计中的高级知识，包括类的继承与多态、抽象类、密封类、接口的使用、集合、索引器、委托的使用、事件以及泛型的使用。本章的大多数概念对初学者来说都比较难以理解，建议学习时将书面概念与生活实际相结合，同时通过实例上机操作来加强概念的理解。此外，对于异常处理、预处理等，建议熟悉其使用方法即可。

上机指导

设计一个应用程序，实现显示进销存管理中的销售明细的功能。要求：在运行程序时，可以指定所要查询的月份，如果输入的月份正确，则显示本月商品销售明细；如果输入的月份不存在，则提示"该月没有销售数据或者输入的月份有误！"信息；如果输入的月份不是数字，则显示异常信息。运行效果如图 4-20 所示。

图 4-20 输出进销存管理系统中的每月销售明细

程序开发步骤如下。

（1）创建一个控制台应用程序，命名为 SaleManage。

（2）打开 Program.cs 文件，定义一个 Information 接口，其中定义两个属性 Code 和 Name 分别表示商品编号和名称，定义一个 ShowInfo 方法，用来输出信息。代码如下。

```
interface Information                        //定义接口
{
    string Code { get; set; }                //编号属性及实现
    string Name { get; set; }                //名称属性及实现
    void ShowInfo();                         //用来输出信息
}
```

（3）定义一个 Sale 类，继承自 Information 接口，首先实现接口中的成员，然后定义一个有两个参数的构造函数，用来为属性赋初始值；定义一个 ShowInfo 重载方法，用来输出销售的商品信息；定义一个泛型方法 CaleMoney<T>(T[] items)，用来计算商品销售额。Sale 类代码如下。

```
public class Sale : Information              //继承接口，定义销售类
{
    string code = "";
    string name = "";
    public string Code                       //实现编号属性
    {
        get
        {
            return code;
        }
        set
        {
            code = value;
        }
    }
    public string Name                       //实现名称属性
    {
        get
        {
            return name;
        }
        set
        {
            name = value;
```

```
        }
    }
    public Sale(string code, string name)          //定义构造函数，为属性赋初始值
    {
        Code = code;
        Name = name;
    }
    public void ShowInfo(){ }                       //实现接口方法
    public static void ShowInfo(Sale[] sales)       //定义 ShowInfo 方法，输出销售的商品信息
    {
        foreach (Sale s in sales)
            Console.WriteLine("商品编号: "+s.Code + "  商品名称:   " + s.Name);
    }
    public static double CaleMoney<T>(T[] items)    //定义泛型方法
    {
        double sum = 0;
        foreach (T item in items)                   //遍历泛型参数数组
            sum += Convert.ToDouble(item);
        return sum;                                 //返回计算结果
    }
}
```

（4）在 Program 类的 Main 方法中，创建 Sale 类型的数组，用来存储每月的商品销售明细；创建 double 类型的数组，用来存储每月的商品销售数据明细；然后根据用户输入，调用 Sale 类中的方法输出指定月份的商品销售明细及总销售额。代码如下。

```
static void Main(string[] args)
{
    Console.WriteLine("————————销售明细————————");
    //创建 Sale 数组，用来存储 1～3 月份的每月的销售商品
    Sale[] salesJan = { new Sale("T0001", "笔记本计算机"), new Sale("T0002", "华为荣耀
4X"), new Sale("T0003", "iPad"),new Sale("T0004", "华为荣耀 6Plus"), new Sale("T0005",
"MacBook") };
    Sale[] salesFeb = { new Sale("T0006", "华为荣耀 6 标配版"), new Sale("T0007", "华为
荣耀 6 高配版") };
    Sale[] salesMar = { new Sale("T0003", "iPad"), new Sale("T0004", "华为荣耀 6Plus"),
new Sale("T0008", "一加手机"), new Sale("T0009", "充电宝") };
    //创建数组，用来存储 1～3 月份的每月的销售数据
    double[] dbJan = { 3500, 999, 3288, 1999, 12888 };
    double[] dbFeb = { 1499, 1699 };
    double[] dbMar = { 3288, 1999, 1999.9, 49 };
    while (true)
    {
        Console.Write("\n请输出要查询的月份（比如1、2、3等）: ");
        try
        {
            int month = Convert.ToInt32(Console.ReadLine());
            switch (month)
            {
                case 1:
                    Console.WriteLine("1 月份的商品销售明细如下: ");
                    Sale.ShowInfo(salesJan);        //调用方法输出销售的商品信息
```

```
                Console.WriteLine("\n1 月商品总销售额: " + Sale.CaleMoney<double>
(dbJan));
                                //调用泛型方法计算每月的总销售额,并输出
                    break;
                case 2:
                    Console.WriteLine("2 月份的商品销售明细如下: ");
                    Sale.ShowInfo(salesJan);
                    Console.WriteLine("\n2 月商品总销售额: " + Sale.CaleMoney<double>
(dbFeb));
                    break;
                case 3:
                    Console.WriteLine("3 月份的商品销售明细如下: ");
                    Sale.ShowInfo(salesJan);
                    Console.WriteLine("\n3 月商品总销售额: " + Sale.CaleMoney<double>
(dbMar));
                    break;
                default:
                    Console.WriteLine("该月没有销售数据或者输入的月份有误! ");
                    break;
            }
        }
        catch (Exception ex)                    //捕获可能出现的异常信息
        {
            Console.WriteLine(ex.Message);      //输出异常信息
        }
    }
}
```

习　　题

1. 简述继承的主要作用。
2. 简述 base 关键字的作用。
3. 实现多态有几种方法？分别进行描述。
4. 结构和类有什么区别？
5. 简述接口的主要作用, 其与抽象类有何区别？
6. 列举.NET 中包含的 3 种集合类。
7. 为什么要在委托中使用匿名方法？
8. 委托和事件有什么关系？
9. 通过什么指令可以折叠代码段？
10. 描述泛型中的 T 的主要作用。

第5章
Windows 程序设计

本章要点:

- 开发 Windows 应用程序的步骤
- Windows 窗体的属性、方法和事件
- 常用 Windows 控件的使用
- 菜单、工具栏和状态栏的设计
- 对话框的使用
- MDI 多文档界面的应用
- 打印与打印预览

在 Windows 平台中主流的应用程序都是以窗体为操作界面的应用程序,这种程序比命令行应用程序要复杂得多,要理解其结构和运行机制就必须首先理解窗体。所以深刻认识 Windows 窗体及其控件变得尤为重要。窗体代表程序运行时呈现在用户面前的画面,这个画面则由各种控件元素组合而成。因此,熟练掌握控件是合理、有效地进行 Windows 应用程序开发的重要前提。本章将对 Windows 应用程序开发进行详细讲解。

5.1 开发应用程序的步骤

使用 C#开发应用程序时,一般包括创建项目、界面设计、设置属性、编写程序代码、保存项目和程序运行等 6 个步骤。

【例 5-1】 下面以进销存管理系统的登录窗体为例说明开发应用程序的具体步骤。

1. 创建项目

在 Visual Studio 2013 开发环境中选择"文件"|"新建"|"项目"菜单,弹出"新建项目"对话框,如图 5-1 所示。

选择"Windows 窗体应用程序",输入项目的名称,选择保存路径,然后单击"确定"按钮,即可创建一个 Windows 窗体应用程序。创建完成的 Windows 窗体应用程序如图 5-2 所示。

2. 窗体设计

在成功创建项目后,Visual Studio 2013 会自动创建一个默认的窗体,可以通过工具箱向其中添加各种控件来完成窗体设计。具体步骤是:用鼠标选择工具箱中要添加的控件,然后将其拖放到窗体设计区中的指定位置即可。本实例分别向窗体中添加两个 Label 控件、两个 TextBox 控件和两个 Button 控件,设计效果如图 5-3 所示。

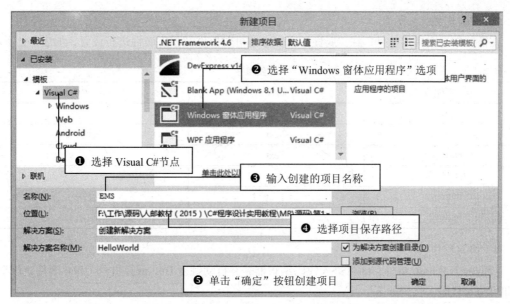

图 5-1　"新建项目"对话框

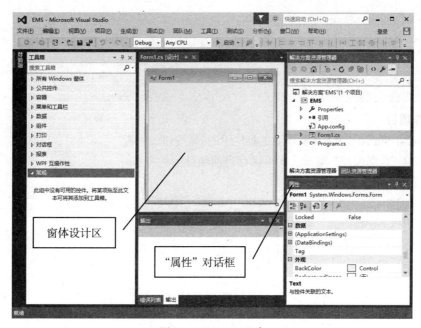

图 5-2　Windows 程序

图 5-3　界面设计效果

3. 设置属性

在窗体中选中指定控件，在"属性"窗口中即可对控件的相应属性进行设置，如表 5-1 所示。

表 5-1　　　　　　　　　　　　　　　　　　设置属性

名称	属性	设置值
label1	Text	用户名：
label2	Text	密码：
textBox1	Text	空
textBox2	Text	空
button1	Text	登录
button2	Text	退出

4. 编写程序

双击两个 Button 控件，即可进入代码编辑器，并自动触发 Button 控件的 Click 事件，该事件中即可编写代码。代码如下。

```csharp
private void button1_Click(object sender, EventArgs e)
{

}
private void button2_Click(object sender, EventArgs e)
{

}
```

5. 保存项目

单击 Visual Studio 2013 开发环境工具栏中的 按钮，或者选择"文件"|"全部保存"菜单，即可保存当前项目。

6. 运行程序

单击 Visual Studio 2013 开发环境工具栏中的 ▶ 启动按钮，或者选择"调试"|"开始调试"菜单，即可运行当前程序，效果如图 5-4 所示。

图 5-4　程序运行

5.2　Windows 窗体

在 Windows 程序中，窗体是用户与程序进行 I/O 交互的可视界面，它是 Windows 程序组成的的基本单元。窗体也是对象，窗体类定义了生成窗体的模板，每实例化一个窗体类，就产生了一个窗体，在 System.Windows.Forms 命名空间中 Form 类是所有窗体类的基类。

5.2.1　添加窗体

如果要向项目中添加一个新窗体，可以在项目名称上单击鼠标右键，在弹出的快捷菜单中选择"添加"|"Windows 窗体"或者"添加"|"新建项"菜单，打开"添加新项"对话框，选择"Windows窗体"选项，输入窗体名称后，单击"添加"按钮，即可向项目中添加一个新的窗体，如图 5-5 所示。

图 5-5　"添加新项"对话框

5.2.2　设置启动窗体

向项目中添加了多个窗体以后，如果要调试程序，必须要设置首先运行的窗体，这时就需要设置项目的启动窗体。项目的启动窗体是在 Program.cs 文件中设置的，在 Program.cs 文件中改变 Run 方法的参数，即可设置哪个窗体首先运行。

Run 方法用于在当前线程上开始运行标准应用程序，并使指定窗体可见。其语法格式如下。

```
public static void Run (new 窗体构造函数())
```

其中，窗体构造函数就是要设为启动窗体的窗体类的名字（它必须 Form 类的派生类）。

例如，要将 MyForm 窗体设置为项目的启动窗体，可以通过下面的代码实现。

```
Application.Run(new MyForm ());
```

5.2.3　设置窗体属性

Windows 窗体包含一系列的属性，比如图标、标题、位置和背景等，设置这些属性可以通过窗体的"属性"对话框进行设置，也可以通过代码实现，但是为了加快 Windows 程序的开发速度，通常都是通过"属性"对话框进行设置，下面介绍 Windows 窗体的常用属性设置。

1. 更换窗体的图标

添加一个新的窗体后，窗体的图标是系统默认的图标。如果想更换窗体的图标，可以在"属性"对话框中设置窗体的 Icon 属性，具体操作如下。

选中窗体，在其"属性"对话框中选中 Icon 属性，会出现按钮，如图 5-6 所示，单击按钮，打开选择图标文件的对话框，在其中选择新的窗体图标文件，单击"打开"按钮，即可完成窗体图标的更换。

图 5-6　窗体的 Icon 属性

2. 隐藏窗体的标题栏

通过设置窗体的 FormBorderStyle 属性为 None，实现隐藏窗体标题栏功能。FormBorderStyle 属性的属性值说明如表 5-2 所示。

表 5-2　　　　　　　　　　　　FormBorderStyle 属性的属性值说明

属性值	说明
Fixed3D	固定的三维边框
FixedDialog	固定的对话框样式的粗边框
FixedSingle	固定的单行边框
FixedToolWindow	不可调整大小的工具窗口边框
None	无边框
Sizable	可调整大小的边框
SizableToolWindow	可调整大小的工具窗口边框

3. 控制窗体的显示位置

设置窗体的显示位置时，可以通过设置窗体的 StartPosition 属性来实现。StartPosition 属性的属性值说明如表 5-3 所示。

表 5-3　　　　　　　　　　　　StartPosition 属性的属性值说明

属性值	说明
CenterParent	窗体在其父窗体中居中
CenterScreen	窗体在当前显示窗口中居中，其尺寸在窗体大小中指定
Manual	窗体的位置由 Location 属性确定
WindowsDefaultBounds	窗体定位在 Windows 默认位置，其边界也由 Windows 默认决定
WindowsDefaultLocation	窗体定位在 Windows 默认位置，其尺寸在窗体大小中指定

 提示　　设置窗体的显示位置时，只需根据不同的需要选择属性值即可。

4. 修改窗体的大小

在窗体的属性中，通过 Size 属性可以设置窗体的大小。双击窗体"属性"对话框中的 Size 属性，可以看到其下拉菜单中有 Width 和 Height 两个属性，分别用于设置窗体的宽和高。修改窗体的大小，只需更改 Width 和 Height 属性的值即可。窗体的 Size 属性如图 5-7 所示。

5. 设置窗体背景图片

设置窗体的背景图片时可以通过设置窗体的 BackgroundImage 属性实现，具体操作如下。

选中窗体"属性"对话框中的 BackgroundImage 属性，会出现 ... 按钮，单击 ... 按钮，打开"选择资源"对话框，如

图 5-7　窗体的 Size 属性

图 5-8 所示。在"选择资源"对话框中有两个选项，一个是"本地资源"，另一个是"项目资源文件"，其区别是选择"本地资源"后，直接选择图片，保存的是图片的路径；而选择"项目资源文件"后，会将选择的图片保存到项目资源文件 Resources.resx 中。无论选择哪种方式，都需要单击"导入"按钮选择背景图片，选择完成后单击"确定"按钮完成窗体背景图片的设置。

图 5-8　"选择资源"对话框

　说明　设置窗体背景图片时，窗体还提供了一个 BackgroundImageLayout 属性，该属性主要用来控制背景图片的布局，如果需要图片自动适应窗体的大小，则可将该属性的值设置为 Stretch。

6. 设置窗体为顶层窗体

Windows 桌面上允许多个窗体同时显示。此时，必须根据实际情况要求，将其中某一个窗体置为顶层窗体，使之在桌面的最前面显示。为此，可以通过设置窗体的 TopMost 属性来实现，该属性主要用来获取或设置一个值，其值为 true 时，指示窗体显示为最顶层窗体，表示窗体总在最前面；其值为 false 时，表示为普通窗体，显示时允许被其他窗体遮挡。

5.2.4　窗体常用方法

1. Show 方法

Show 方法用来显示窗体，它有两种重载形式。其语法格式分别如下。

```
public void Show()
public void Show(IWin32Window owner)
```

其中，owner 表示任何实现 IWin32Window 并表示将拥有此窗体的顶级窗口的对象。

例如，通过使用 Show 方法显示 TestForm 窗体。代码如下。

```
TestForm frm = new TestForm();      //创建窗体对象
frm.Show();                         //调用 Show 方法显示窗体
```

2. Hide 方法

Hide 方法用来隐藏窗体。其语法格式如下。

```
public void Hide()
```

例如，通过使用 Hide 方法隐藏 TestForm 窗体。代码如下。

```
TestForm frm = new TestForm();      //创建窗体对象
frm.Hide();                         //调用 Hide 方法隐藏窗体
```

说明　使用 Hide 方法隐藏窗体之后，窗体所占用的资源并没有从内存中释放掉，而是继续存储在内存中，因此可以随时调用 Show 方法来显示隐藏的窗体。

3. Close 方法

Close 方法用来关闭窗体，语法如下。

```
public void Close()
```

例如，通过使用 Close 方法关闭 TestForm 窗体。代码如下。

```
TestForm frm = new TestForm();        //创建窗体对象
frm.Close();                          //调用 Close 方法关闭窗体
```

5.2.5　窗体常用事件

Windows 操作系统是基于事件驱动的操作系统，对于窗口操作的任何人机交互都是基于事件来实现的。Form 类提供了大量的事件用于响应执行窗体的各种操作，下面对窗体的几种常用事件进行介绍。

说明　选择窗体事件时，可以通过选中控件，然后单击其"属性"窗口中的 图标来实现。

1. Load 事件

窗体加载时，将触发窗体的 Load 事件，该事件是窗体的默认事件，其语法格式如下。

```
public event EventHandler Load
```

例如，TestForm 窗体的默认 Load 事件代码如下。

```
private void TestForm_Load(object sender, EventArgs e)        //窗体的 Load 事件
{
}
```

2. FormClosing 事件

窗体关闭时，触发窗体的 FormClosing 事件，其语法格式如下。

```
public event FormClosingEventHandler FormClosing
```

例如，TestForm 窗体的默认 FormClosing 事件代码如下。

```
private void TestForm_FormClosing(object sender, FormClosingEventArgs e)
{
}
```

说明　利用窗体的 FormClosing 事件，在开发网络程序或多线程程序时，可以实现网络连接或多线程的关闭操作，以便释放网络连接或多线程所占用的系统资源。

5.3　Windows 控件

在 Windows 程序开发中，控件的使用非常重要，本节将对 Windows 常用控件的使用进行详

细讲解。

5.3.1 Control 基类

1. Control 类概述

控件是带有可视化表示形式的组件，几乎所有控件的基类都是 Control 类。Control 类实现向用户显示信息的类所需的最基本功能，它处理用户通过键盘和指针设备所进行的输入，另外，它还处理消息路由和安全。

2. 常用控件

Control 类的派生类构成了 Windows 程序中的控件，常用的 Windows 控件如表 5-4 所示。

表 5-4   常用 Windows 控件

控件名称	说明	控件名称	说明
Label	标签	Button	按钮
TextBox	文本框	CheckBox	复选框
RadioButton	单选按钮	RichTextBox	格式文本框
ComboBox	下拉组合框	ListBox	列表框
GroupBox	分组框	ListView	列表视图
TreeView	树	ImageList	存储图像列表
Timer	定时器	MenuStrip	菜单
ToolStrip	工具栏	StatusStrip	状态栏

3. 常用属性

Control 类及其派生类所拥有的公用属性说明如表 5-5 所示。

表 5-5   Control 类的公用属性说明

属性	说明
BackColor	获取或设置控件的背景色
BackgroundImage	获取或设置在控件中显示的背景图像
BackgroundImageLayout	获取或设置在 ImageLayout 枚举中定义的背景图像布局
CheckForIllegalCrossThreadCalls	获取或设置一个值，该值指示是否捕获对错误线程的调用，这些调用在调试应用程序时访问控件的 Handle 属性
ContextMenu	获取或设置与控件关联的快捷菜单
ContextMenuStrip	获取或设置与此控件关联的 ContextMenuStrip
Controls	获取包含在控件内的控件的集合
DataBindings	为该控件获取数据绑定
Enabled	获取或设置一个值，该值指示控件是否可以对用户交互做出响应
Font	获取或设置控件显示的文字的字体
ForeColor	获取或设置控件的前景色
Height	获取或设置控件的高度
Location	获取或设置该控件的左上角相对于其容器的左上角的坐标
Name	获取或设置控件的名称

属性	说明
Size	获取或设置控件的高度和宽度
Tag	获取或设置包含有关控件的数据的对象
Text	获取或设置与此控件关联的文本
Visible	获取或设置一个值，该值指示是否显示该控件及其所有子控件
Width	获取或设置控件的宽度

4. 常用事件

Control 类及其派生类所拥有的公用事件如表 5-6 所示。

表 5-6   Control 类的公用事件说明

事件	说明
Click	在单击控件时发生
DoubleClick	在双击控件时发生
DragDrop	拖放操作完成时发生
DragEnter	在将对象拖入控件的边界时发生
DragLeave	将对象拖出控件的边界时发生
DragOver	将对象拖过控件的边界时发生
KeyDown	在控件有焦点的情况下按下键时发生
KeyPress	在控件有焦点的情况下按下键时发生
KeyUp	在控件有焦点的情况下释放键时发生
LostFocus	在控件失去焦点时发生
MouseClick	用鼠标单击控件时发生
MouseDoubleClick	用鼠标双击控件时发生
MouseDown	当鼠标指针位于控件上并按下鼠标键时发生
MouseMove	在鼠标指针移到控件上时发生
MouseUp	在鼠标指针在控件上并释放鼠标键时发生
Paint	在重绘控件时发生
TextChanged	在 Text 属性值更改时发生

5.3.2　输入与输出类控件

1. Label 控件

Label 控件，即标签控件，它主要用于显示窗体操作之前的提示信息或显示窗体程序的运行结果，显示内容通常为文本信息，也可以为图标。

（1）设置标签文本

可以通过两种方法设置标签控件（Label 控件）显示的文本：第一种是直接在标签控件（Label 控件）的"属性"对话框中设置 Text 属性，第二种是通过代码设置 Text 属性。

例如，以下代码表示将 Label 控件的显示文本设置为"用户名:"。

```
label1.Text = "用户名: ";                //设置 Label 控件的 Text 属性
```

（2）显示/隐藏控件

通过设置 Visible 属性来设置显示/隐藏标签控件（Label 控件），如果 Visible 属性的值为 true，则显示控件。如果 Visible 属性的值为 false，则隐藏控件。

例如，以下代码表示将 Label 控件设置为可见。

```
label1.Visible = true;                //设置 Label 控件的 Visible 属性
```

（3）显示图标

设置 Image 属性可以指定在标签上显示一个图标，ImageAlign 属性用来设置图标的对齐方式（与此对应，TextAlign 属性用来设置文本的对齐方式），TextImageRelation 属性用来获取或设置文本和图像的相对位置。例如，当一个标签的 ImageAlign 属性值是 MiddleLeft、TextAlign 属性值是 MiddleCenter、TextImageRelation 属性值为 ImageBeforeText 时，这些值分别表示图片在垂直方向上中间对齐、在水平方向上左边对齐，文本在垂直方向上中间对齐、在水平方向上居中对齐，在水平方向图像显示文本的前方，最终效果如"🖼 用户名"所示。

2. Button 控件

Button 控件，即按钮控件，它表示允许用户通过单击来执行操作。Button 控件既可以显示文本，也可以显示图像，当该控件被单击时，它看起来像是被按下，然后被释放。Button 控件最常用的属性是 Text，该属性用来设置 Button 控件显示的文本。Button 控件的 Click 事件用来指定单击 Button 控件时执行的操作。

【例 5-2】　创建一个 Windows 应用程序，在默认窗体中添加两个 Button 控件，分别设置它们的 Text 属性为"登录"和"退出"，然后触发它们的 Click 事件，执行相应的操作。代码如下。

```
private void button1_Click(object sender, EventArgs e)
{
    MessageBox.Show("系统登录");           //显示消息框
}
private void button2_Click(object sender, EventArgs e)
{
    Application.Exit();                    //退出当前程序
}
```

程序运行结果如图 5-9 所示，单击"登录"按钮，弹出图 5-10 所示的信息提示，单击"退出"按钮，退出当前的程序。

图 5-9　显示 Button 控件

图 5-10　弹出信息提示

3. TextBox 控件

TextBox 控件，即文本框控件，它主要用于获取用户输入的数据或者显示文本，它通常用于接受用户的文本输入，也可以使其成为只读控件。文本框可以显示多行文本，开发人员可以使文本换行以便符合控件的大小。

（1）创建只读文本框

通过设置文本框控件（TextBox 控件）的 ReadOnly 属性，可以设置文本框是否为只读。如果 ReadOnly 属性为 true，那么不能编辑文本框，而只能通过文本框显示数据。

例如，以下代码表示将文本框设置为只读。

```
textBox1.ReadOnly = true;                    //将文本框设置为只读
```

（2）创建密码框

通过设置文本框的 PasswordChar 属性或者 UseSystemPasswordChar 属性可以将文本框设置成密码框。其中，PasswordChar 属性决定输入密码时在文本框中显示的字符（习惯设置该字符为"*"）；UseSystemPasswordChar 属性值为 true 时，表示在输入密码时不显示密码字符，而只显示"*"。

【例 5-3】 　修改例 5-2，在窗体中添加两个 TextBox 控件，分别用来输入用户名和密码，其中将第二个 TextBox 控件的 PasswordChar 属性设置为*，以便使密码文本框中的字符显示为"*"。代码如下。

```
private void Form1_Load(object sender, EventArgs e)  //窗体的 Load 事件
{
    textBox2.PasswordChar = '*';              //设置文本框的 PasswordChar 属性为字符*
}
```

程序的运行结果如图 5-11 所示。

（3）创建多行文本框

默认情况下，文本框控件只允许输入单行数据，如果将其 Multiline 属性设置为 true，文本框控件就可以输入多行数据。

例如，以下代码将文本框的 Multiline 属性设置为 true，表示使其能够输入多行数据。

图 5-11　密码文本框

```
textBox1.Multiline = true;         //设置文本框的 Multiline 属性
```

（4）响应文本框的文本更改事件

当文本框中的文本发生更改时，将会引发文本框的 TextChanged 事件。

例如，在文本框的 TextChanged 事件中编写代码，实现当文本框中的文本更改时，Label 控件中显示更改后的文本。代码如下。

```
private void textBox1_TextChanged(object sender, EventArgs e)
{
    label1.Text = textBox1.Text;        //label 控件显示的文字随文本框中的数据而改变
}
```

4. RichTextBox 控件

RichTextBox 控件，即富文本框控件，所谓"富文本"就是可以设置文本的显示字体、颜色、链接、从文件加载文本及嵌入的图像、撤消和重复编辑操作以及查找指定的字符等功能，因此又称带格式的文本框控件。

（1）在 RichTextBox 控件中显示滚动条

通过设置 RichTextBox 控件的 Multiline 属性，可以控制控件中是否显示滚动条。将 Multiline 属性设置为 True，则显示滚动条；否则，不显示滚动条。默认情况下，此属性被设置为 True。滚动条分为水平滚动条和垂直滚动条，通过 ScrollBars 属性可以设置如何显示滚动条。ScrollBars 属

性的属性值说明如表 5-7 所示。

表 5-7	ScrollBars 属性的属性值说明
属性值	说明
Both	只有当文本超过控件的宽度或长度时，才显示水平滚动条或垂直滚动条，或两个滚动条都显示
None	从不显示任何类型的滚动条
Horizontal	只有当文本超过控件的宽度时，才显示水平滚动条。必须将 WordWrap 属性设置为 false，才会出现这种情况
Vertical	只有当文本超过控件的高度时，才显示垂直滚动条
ForcedHorizontal	当 WordWrap 属性设置为 false 时，显示水平滚动条。在文本未超过控件的宽度时，该滚动条显示为浅灰色
ForcedVertical	始终显示垂直滚动条。在文本未超过控件的长度时，该滚动条显示为浅灰色
ForcedBoth	始终显示垂直滚动条。当 WordWrap 属性设置为 false 时，显示水平滚动条。在文本未超过控件的宽度或长度时，两个滚动条均显示为灰色

例如，使 RichTextBox 控件只显示垂直滚动条。首先将 Multiline 属性设置为 True，然后设置 ScrollBars 属性的值为 Vertical。代码如下。

```
richTextBox1.Multiline = true;        //将 Multiline 属性设置为 True，实现多行显示
//设置 ScrollBars 属性实现只显示垂直滚动条
richTextBox1.ScrollBars = RichTextBoxScrollBars.Vertical;
```

效果如图 5-12 所示。

（2）在 RichTextBox 控件中设置字体属性

设置 RichTextBox 控件中的字体属性时可以使用 SelectionFont 属性和 SelectionColor 属性，其中 SelectionFont 属性用来设置字体系列、大小和字样，而 SelectionColor 属性用来设置字体的颜色。

例如，将 RichTextBox 控件中文本的字体设置为楷体，大小设置为 12，字样设置为粗体，文本的颜色设置为红色。代码如下。

```
//设置 SelectionFont 属性实现控件中的文本为楷体，大小为 12，字样是粗体
richTextBox1.SelectionFont = new Font("楷体", 12, FontStyle.Bold);
//设置 SelectionColor 属性实现控件中的文本颜色为红色
richTextBox1.SelectionColor = System.Drawing.Color.Blue;
```

效果如图 5-13 所示。

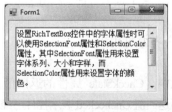

图 5-12　显示垂直滚动条	图 5-13　设置控件中文本的字体属性

（3）将 RichTextBox 控件显示为超链接样式

利用 RichTextBox 控件可以将 Web 链接显示为彩色或下划线形式，然后通过编写代码，在单击链接时打开浏览器窗口，显示链接文本中指定的网站。其设计思路是：首先通过 Text 属性设置

控件中含有超链接的文本,然后在控件的 LinkClicked 事件中编写事件处理程序,将所需的文本发送到浏览器。

例如,在 RichTextBox 控件的文本内容中含有超链接地址(链接地址显示为彩色并且带有下划线),单击该超链接地址将打开相应的网站。代码如下。

```csharp
private void Form1_Load(object sender, EventArgs e)
{
    richTextBox1.Text = "欢迎登录http://www.mrbccd.com明日编程词典网";
}
private void richTextBox1_LinkClicked(object sender, LinkClickedEventArgs e)
{
    //在控件的 LinkClicked 事件中编写如下代码实现内容中的网址带下划线
    System.Diagnostics.Process.Start(e.LinkText);
}
```

效果如图 5-14 所示。

(4)在 RichTextBox 控件中设置段落格式

RichTextBox 控件具有多个用于设置所显示文本的格式的选项,比如可以通过设置 SelectionBullet 属性将选定的段落设置为项目符号列表的格式,也可以使用 SelectionIndent 和 SelectionHangingIndent 属性设置段落相对于控件的左右边缘的缩进位置。

例如,将 RichTextBox 控件的 SelectionBullet 属性设为 True,使控件中的内容以项目符号列表的格式排列。代码如下。

```csharp
richTextBox1.SelectionBullet = true;
```

向 RichTextBox 控件中输入数据,效果如图 5-15 所示。

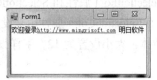 

图 5-14　文本中含有超链接地址　　图 5-15　将控件中的内容设置为项目符号列表

5.3.3　选择类控件

1. CheckBox 控件

复选框控件(CheckBox 控件)用来表示是否选取了某个选项条件,常用于为用户提供具有是/否或真/假值的选项。

下面详细介绍复选框控件(CheckBox 控件)的一些常见用法。

(1)判断复选框是否选中

通过 CheckState 属性可以判断复选框是否被选中。CheckState 属性的返回值是 Checked 或 Unchecked,返回值 Checked 表示控件处在选中状态,而返回值 Unchecked 表示控件已经取消选中状态。

CheckBox 控件指示某个特定条件是处于打开状态还是处于关闭状态。它常用于为用户提供是/否或真/假选项。可以成组使用复选框(CheckBox)控件以显示多重选项,用户可以从中选择一项或多项。

(2)响应复选框的选中状态更改事件

当 CheckBox 控件的选择状态发生改变时，将会引发控件的 CheckStateChanged 事件。

【例 5-4】 创建一个 Windows 窗体应用程序，通过复选框的选中状态设置用户的操作权限。在默认窗体中添加 5 个 CheckBox 控件，Text 属性分别设置为"基本信息管理""进货管理""销售管理""库存管理"和"系统管理"，主要用来表示要设置的权限；添加一个 Button 控件，用来显示选择的权限。

```
private void button1_Click(object sender, EventArgs e)
{
    string strPop = "您选择的权限如下：";
    foreach(Control ctrl in this.Controls)        //遍历窗体中的所有控件
    {
        if (ctrl.GetType().Name == "CheckBox")    //判断是否为 CheckBox
        {
            CheckBox cBox = (CheckBox)ctrl;       //创建 CheckBox 对象
            if (cBox.Checked == true)             //判断 CheckBox 控件是否选中
            {
                strPop += "\n" + cBox.Text;       //获取 CheckBox 控件的文本
            }
        }
    }
    MessageBox.Show(strPop);
}
```

程序的运行结果如图 5-16 所示。

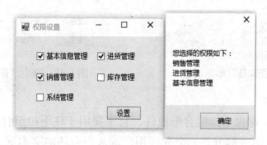

图 5-16　通过复选框的选中状态设置用户权限

2. RadioButton 控件

单选按钮控件（RadioButton 控件）为用户提供由两个或多个互斥选项组成的选项集。当用户选中某单选按钮时，同一组中的其他单选按钮不能同时选定。

　　　　单选按钮必须在同一组中才能实现单选效果。

下面详细介绍单选按钮控件（RadioButton 控件）的一些常见用途。

（1）判断单选按钮是否选中

通过 Checked 属性可以判断 RadioButton 控件的选中状态，如果返回值是 true，则控件被选中；返回值为 false，则控件选中状态被取消。

（2）响应单选按钮选中状态更改事件

当 RadioButton 控件的选中状态发生更改时，会引发控件的 CheckedChanged 事件。

【例 5-5】 修改例 5-3，在窗体中添加两个 RadioButton 控件，用来选择管理员登录还是普通用户登录,它们的 Text 属性分别设置为"管理员"和"普通用户",然后分别触发这两个 RadioButton 控件的 CheckedChanged 事件,在该事件中,通过判断其 Checked 属性确定是否选中。代码如下。

```csharp
private void radioButton1_CheckedChanged(object sender, EventArgs e)
{
    if (radioButton1.Checked)                    //判断单选按钮是否选中
    {
        MessageBox.Show("您选择的是管理员登录");
    }
}
private void radioButton2_CheckedChanged(object sender, EventArgs e)
{
    if (radioButton2.Checked)                    //判断单选按钮是否选中
    {
        MessageBox.Show("您选择的是普通用户登录");
    }
}
```

运行程序,选中"管理员"单选按钮,弹出"您选择的是管理员登录"提示框,如图 5-17 所示,选中"普通用户"单选按钮,弹出"您选择的是普通用户登录"提示框,如图 5-18 所示。

图 5-17　选中"管理员"单选按钮　　　　图 5-18　选中"普通用户"单选按钮

3. ComboBox 控件

ComboBox 控件,又称为下拉组合框控件,它主要用于在下拉组合框中显示数据,该控件主要由两部分组成,其中,第一部分是一个允许用户输入列表项的文本框;第二部分是一个列表框,它显示一个选项列表,用户可以从中选择项。

下面详细介绍 ComboBox 控件的一些常见用法。

(1)创建只可以选择的下拉组合框

通过设置 ComboBox 控件的 DropDownStyle 属性,可以将其设置成可以选择的下拉组合框。DropDownStyle 属性有 3 个属性值,这 3 个属性值对应不同的样式。

① Simple:使得 ComboBox 控件的列表部分总是可见的。

② DropDown:DropDownStyle 属性的默认值,使得用户可以编辑 ComboBox 控件的文本框部分,只有单击右侧的箭头才能显示列表部分。

③ DropDownList:用户不能编辑 ComboBox 控件的文本框部分,呈现下拉列表框的样式。

将 ComboBox 控件的 DropDownStyle 属性设置为 DropDownList,它就只能是可以选择的下拉列表框,而不能编辑文本框部分的内容。

(2)响应下拉组合框的选项值更改事件

当下拉列表的选择项发生改变时,将会引发控件的 SelectedValueChanged 事件。

下面通过一个例子看一下如何使用 ComboBox 控件。

【例 5-6】 创建一个 Windows 应用程序，在默认窗体中添加一个 ComboBox 控件和一个 Label 控件，其中 ComboBox 控件用来显示并选择职位，Label 控件用来显示选择的职位。代码如下。

```
private void Form1_Load(object sender, EventArgs e)
{
    comboBox1.DropDownStyle = ComboBoxStyle.DropDownList;//设置 comboBox1 的下拉框样式
    string[] str = new string[] { "总经理", "副总经理", "人事部经理", "财务部经理", "部门
经理", "普通员工" };                                    //定义职位数组
    comboBox1.DataSource = str;                          //指定 comboBox1 控件的数据源
    comboBox1.SelectedIndex = 0;                         //指定默认选择第一项
}
//触发 comboBox1 控件的选择项更改事件
private void comboBox1_SelectedIndexChanged(object sender, EventArgs e)
{
    label2.Text = "您选择的职位为: " + comboBox1.SelectedItem;//获取 comboBox1 中的选中项
}
```

程序运行结果如图 5-19 所示。

4. ListBox 控件

ListBox 控件，又称为列表控件，它主要用于显示一个列表，用户可以从中选择一项或多项，如果选项总数超出可以显示的项数，则控件会自动添加滚动条。

下面详细介绍 ListBox 控件的常见用法。

（1）在 ListBox 控件中添加和移除项

通过 ListBox 控件的 Items 属性的 Add 方法，可以向 ListBox 控件中添加项目。通过 ListBox 控件的 Items 属性的 Remove 方法，可以将 ListBox 控件中选中的项目移除。

例如，通过 ListBox 控件的 Items 属性的 Add 方法和 Remove 方法，实现向控件中添加项以及移除项。代码如下。

```
listBox1.Items.Add("品牌计算机");          //添加项
listBox1.Items.Add("iPhone 6");
listBox1.Items.Add("引擎耳机");
listBox1.Items.Add("充电宝");
listBox1.Items.Remove("引擎耳机");          //移除项
```

效果如图 5-20 所示。

图 5-19 使用 ComboBox 控件选择职位

图 5-20 添加和移除项

（2）创建总显示滚动条的列表控件

通过设置 ListBox 控件的 HorizontalScrollbar 属性和 ScrollAlwaysVisible 属性可以使列表框总显示滚动条。如果将 HorizontalScrollbar 属性设置为 true，则显示水平滚动条。如果将 ScrollAlwaysVisible 属性设置为 true，则始终显示垂直滚动条。

例如，将 ListBox 控件的 HorizontalScrollbar 属性和 ScrollAlwaysVisible 属性都设置为 true，

使其显示水平和垂直方向的滚动条。代码如下。

```
//HorizontalScrollbar属性设置为true，使其能显示水平方向的滚动条
listBox1.HorizontalScrollbar = true;
//ScrollAlwaysVisible属性设置为true，使其能显示垂直方向的滚动条
listBox1.ScrollAlwaysVisible = true;
```

效果如图 5-21 所示。

（3）在 ListBox 控件中选择多项

通过设置 SelectionMode 属性的值可以实现在 ListBox 控件中选择多项。SelectionMode 属性的属性值是 SelectionMode 枚举值之一，默认为 SelectionMode.One。SelectionMode 枚举成员说明如表 5-8 所示。

表 5-8　　　　　　　　　　　　　　SelectionMode 枚举成员说明

枚举成员	说明
MultiExtended	可以选择多项，并且用户可使用 Shift 键、Ctrl 键和箭头键来进行选择
MultiSimple	可以选择多项
None	无法选择项
One	只能选择一项

例如，通过设置 ListBox 控件的 SelectionMode 属性值为 SelectionMode 枚举成员 MultiExtended，实现在控件中可以选择多项，用户可使用 Shift 键、Ctrl 键和箭头键来进行选择。代码如下。

```
//SelectionMode属性值为SelectionMode枚举成员MultiExtended，实现在控件中可以选择多项
listBox1.SelectionMode = SelectionMode.MultiExtended;
```

效果如图 5-22 所示。

图 5-21　控件总显示滚动条　　　　　　图 5-22　设置列表多选

5. GroupBox 控件

GroupBox 控件，又称为分组框控件，它主要为其他控件提供分组，并且按照控件的分组来细分窗体的功能，其在所包含的控件集周围总是显示边框，而且可以显示标题，但是没有滚动条。

GroupBox 控件最常用的是 Text 属性，用来设置分组框的标题，例如，下面代码用来为 GroupBox 控件设置标题"系统登录"。代码如下。

```
groupBox1.Text = "系统登录";              //设置groupBox1控件的标题
```

5.3.4　其他控件

1. ListView 控件

ListView 控件，又称为列表视图控件，它主要用于显示带图标的项列表，其中可以显示大图标、小图标和数据。使用 ListView 控件可以创建类似 Windows 资源管理器右边窗口的用户界面。

（1）在 ListView 控件中添加项

向 ListView 控件中添加项时需要用到其 Items 属性的 Add 方法，该方法主要用于将项添加至项的集合中。其语法格式如下。

```
public virtual ListViewItem Add (string text)
```

- text：项的文本。
- 返回值：已添加到集合中的 ListViewItem。

例如，通过使用 ListView 控件的 Items 属性的 Add 方法向控件中添加项。代码如下。

```
listView1.Items.Add(textBox1.Text.Trim());
```

（2）在 ListView 控件中移除项

移除 ListView 控件中的项目时可以使用其 Items 属性的 RemoveAt 方法或 Clear 方法，其中 RemoveAt 方法用于移除指定的项，而 Clear 方法用于移除列表中的所有项。

① RemoveAt 方法用于移除集合中指定索引处的项。其语法格式如下。

```
public virtual void RemoveAt (int index)
```

- index：从零开始的索引（属于要移除的项）。

例如，调用 ListView 控件的 Items 属性的 RemoveAt 方法移除选中的项。代码如下。

```
listView1.Items.RemoveAt(listView1.SelectedItems[0].Index);
```

② Clear 方法用于从集合中移除所有项。其语法格式如下。

```
public virtual void Clear ()
```

例如，调用 Clear 方法清空所有的项。代码如下。

```
listView1.Items.Clear();                  //使用 Clear 方法移除所有项目
```

（3）选择 ListView 控件中的项

选择 ListView 控件中的项时可以使用其 Selected 属性，该属性主要用于获取或设置一个值，该值指示是否选定此项。其语法格式如下。

```
public bool Selected { get; set; }
```

属性值：如果选定此项，则为 true；否则为 false。

例如，将 ListView 控件中的第 3 项的 Selected 属性设为 true，即设置为选中第 3 项。代码如下。

```
listView1.Items[2].Selected = true;                //使用 Selected 方法选中第 3 项
```

（4）为 ListView 控件中的项添加图标

如果要为 ListView 控件中的项添加图标，需要使用 ImageList 控件设置 ListView 控件中项的图标。ListView 控件可显示 3 个图像列表中的图标，其中 List 视图、Details 视图和 SmallIcon 视图显示 SmallImageList 属性中指定的图像列表里的图像；LargeIcon 视图显示 LargeImageList 属性中指定的图像列表里的图像；列表视图在大图标或小图标旁显示 StateImageList 属性中设置的一组附加图标。实现的步骤如下。

S1：将相应的属性（SmallImageList、LargeImageList 或 StateImageList）设置为想要使用的现有 ImageList 控件。

S2：为每个具有关联图标的列表项设置 ImageIndex 属性或 StateImageIndex 属性，这些属性可以在代码中设置，也可以在"ListViewItem 集合编辑器"中进行设置。若要在"ListViewItem 集合编辑器"中进行设置，可在"属性"窗口中单击 Items 属性旁的省略号按钮。

例如，设置 ListView 控件的 LargeImageList 属性和 SmallImageList 属性为 imageList1 控件，然后设置 ListView 控件中的前两项的 ImageIndex 属性分别为 0 和 1。代码如下。

```
listView1.LargeImageList = imageList1;      //设置控件的 LargeImageList 属性
listView1.SmallImageList = imageList1;      //设置控件的 SmallImageList 属性
listView1.Items[0].ImageIndex = 0;          //控件中第一项的图标索引为 0
listView1.Items[1].ImageIndex = 1;          //控件中第二项的图标索引为 1
```

（5）在 ListView 控件中启用平铺视图

通过启用 ListView 控件的平铺视图功能，可以在图形信息和文本信息之间提供一种视觉平衡。在 ListView 控件中，平铺视图与分组功能或插入标记功能一起结合使用。如果要启用平铺视图，需要将 ListView 控件的 View 属性设置为 Tile；另外，还可以通过设置 TileSize 属性来调整平铺的大小。

（6）为 ListView 控件中的项分组

利用 ListView 控件的分组功能可以用分组形式显示相关项目组。显示时，这些组由包含组标题的水平组标头分隔。可以使用 ListView 按字母顺序、日期或任何其他逻辑组合对项进行分组，从而简化大型列表的导航。若要启用分组，首先必须在设计器中或以编程方式创建一个或多个组，然后即可向组中分配 ListView 项；另外，还可以用编程方式将一个组中的项移至另外一个组中。下面介绍为 ListView 控件中的项分组的步骤。

① 添加组

使用 Groups 集合的 Add 方法可以向 ListView 控件中添加组，该方法用于将指定的 ListViewGroup 添加到集合。其语法格式如下。

```
public int Add (ListViewGroup group)
```

- group：要添加到集合中的 ListViewGroup。
- 返回值：该组在集合中的索引；如果集合中已存在该组，则为-1。

例如，使用 Groups 集合的 Add 方法向控件 listView1 中添加一个分组，标题为"测试"，排列方式为左对齐。代码如下。

```
listView1.Groups.Add(new ListViewGroup("测试",_HorizontalAlignment.Left));
```

② 移除组

使用 Groups 集合的 RemoveAt 方法或 Clear 方法可以移除指定的组或者移除所有的组。

RemoveAt 方法：用来移除集合中指定索引位置的组。其语法格式如下。

```
public void RemoveAt (int index)
```

- index：要移除的 ListViewGroup 在集合中的索引。

Clear 方法：用于从集合中移除所有组。其语法格式如下。

```
public void Clear ()
```

例如，使用 Groups 集合的 RemoveAt 方法移除索引为 1 的组，使用 Clear 方法移除所有的组。代码如下。

```
listView1.Groups.RemoveAt(1);      //移除索引为 1 的组
listView1.Groups.Clear();          //使用 Clear 方法移除所有的组
```

③ 向组分配项或在组之间移动项

通过设置 ListView 控件中各个项的 System.Windows.
Forms.ListViewItem.Group 属性，可以向组分配项或在组之
间移动项。

例如，将 ListView 控件的第一项分配到第一个组中。
代码如下。

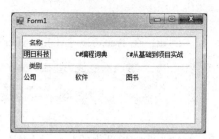

```
listView1.Items[0].Group = listView1.Groups[0];
```

ListView 控件中的项分组效果如图 5-23 所示。

图 5-23　ListView 控件中的项分组效果

> ListView 是一种列表控件，在实现诸如显示文件详细信息这样的功能时，推荐使用
> 该控件；另外，由于 ListView 有多种显示样式，因此在实现类似 Windows 系统的"缩略
> 图""平铺""图标""列表"和"详细信息"等功能时，经常需要使用 ListView 控件。

2. TreeView 控件

TreeView 控件，又称为树控件，它可以为用户显示节点层次结构，而每个节点又可以包含子
节点，包含子节点的节点叫父节点，其效果就像在 Windows 操作系统的 Windows 资源管理器功
能的左窗口中显示文件和文件夹一样。

> TreeView 控件经常用来设计导航菜单。

（1）添加和删除树节点

向 TreeView 控件中添加节点时，需要用到其 Nodes 属性的 Add 方法。其语法格式如下。

```
public virtual int Add (TreeNode node)
```

* node：要添加到集合中的 TreeNode。
* 返回值：添加到树节点集合中的 TreeNode 从零开始的索引值。

例如，使用 TreeView 控件的 Nodes 属性的 Add 方法向树控件中添加两个节点。代码如下。

```
TreeNode tn1 = treeView1.Nodes.Add("名称");
TreeNode tn2 = treeView1.Nodes.Add("类别");
```

从 TreeView 控件中移除指定的树节点时，需要使用其 Nodes 属性的 Remove 方法。其语法格
式如下。

```
public void Remove (TreeNode node)
```

* node：要移除的 TreeNode。

例如，通过 TreeView 控件的 Nodes 属性的 Remove 方法删除选中的子节点。代码如下。

```
treeView1.Nodes.Remove(treeView1.SelectedNode); //使用 Remove 方法移除所选项
```

> SelectedNode 属性用来获取 TreeView 控件的选中节点。

（2）获取树控件中选中的节点

要获取 TreeView 树控件中选中的节点，可以在该控件的 AfterSelect 事件中使用 EventArgs 对
象返回对已选中节点对象的引用，其中通过检查 TreeViewEventArgs 类（它包含与事件有关的数

据）确定单击了哪个节点。

例如，在 TreeView 控件的 AfterSelect 事件中获取该控件中选中节点的文本。代码如下。

```
private void treeView1_AfterSelect(object sender, TreeViewEventArgs e)
{
    label1.Text = "当前选中的节点: " + e.Node.Text;        //获取选中节点显示的文本
}
```

（3）为树控件中的节点设置图标

TreeView 控件可以在每个节点紧挨节点文本的左侧显示图标，但显示时，必须使树视图与 ImageList 控件相关联。为 TreeView 控件中的节点设置图标的步骤如下。

① 将 TreeView 控件的 ImageList 属性设置为想要使用的现有 ImageList 控件，该属性既可在设计器中使用"属性"窗口进行设置，也可在代码中设置。

例如，设置 treeView1 控件的 ImageList 属性为 imageList1。代码如下。

```
treeView1.ImageList = imageList1;
```

② 设置树节点的 ImageIndex 和 SelectedImageIndex 属性，其中 ImageIndex 属性用来确定正常和展开状态下的节点显示图像，而 SelectedImageIndex 属性用来确定选定状态下的节点显示图像。

例如，设置 treeView1 控件的 ImageIndex 属性，确定正常或展开状态下的节点显示图像的索引为 0；设置 SelectedImageIndex 属性，确定选定状态下的节点显示图像的索引为 1。代码如下。

```
treeView1.ImageIndex = 0;
treeView1.SelectedImageIndex = 1;
```

下面通过一个实例讲解如何使用 TreeView 控件。

【例 5-7】 创建一个 Windows 应用程序，在默认窗体中添加一个 TreeView 控件、一个 ImageList 控件和一个 ContextMenuStrip 控件，其中，TreeView 控件用来显示部门结构，ImageList 控件用来存储 TreeView 控件中用到的图片文件，ContextMenuStrip 控件用来作为 TreeView 控件的快捷菜单。代码如下。

```
private void Form1_Load(object sender, EventArgs e)
{
    treeView1.ContextMenuStrip = contextMenuStrip1;        //设置树控件的快捷菜单
    TreeNode TopNode = treeView1.Nodes.Add("公司");          //建立一个顶级节点
    //建立 4 个基础节点，分别表示 4 个大的部门
    TreeNode ParentNode1 = new TreeNode("人事部");
    TreeNode ParentNode2 = new TreeNode("财务部");
    TreeNode ParentNode3 = new TreeNode("基础部");
    TreeNode ParentNode4 = new TreeNode("软件开发部");
    //将 4 个基础节点添加到顶级节点中
    TopNode.Nodes.Add(ParentNode1);
    TopNode.Nodes.Add(ParentNode2);
    TopNode.Nodes.Add(ParentNode3);
    TopNode.Nodes.Add(ParentNode4);
    //建立 6 个子节点，分别表示 6 个部门
    TreeNode ChildNode1 = new TreeNode("C#部门");
    TreeNode ChildNode2 = new TreeNode("ASP.NET 部门");
    TreeNode ChildNode3 = new TreeNode("VB 部门");
```

```
        TreeNode ChildNode4 = new TreeNode("VC 部门");
        TreeNode ChildNode5 = new TreeNode("JAVA 部门");
        TreeNode ChildNode6 = new TreeNode("PHP 部门");
        //将 6 个子节点添加到对应的基础节点中
        ParentNode4.Nodes.Add(ChildNode1);
        ParentNode4.Nodes.Add(ChildNode2);
        ParentNode4.Nodes.Add(ChildNode3);
        ParentNode4.Nodes.Add(ChildNode4);
        ParentNode4.Nodes.Add(ChildNode5);
        ParentNode4.Nodes.Add(ChildNode6);
        //设置 imageList1 控件中显示的图像
        imageList1.Images.Add(Image.FromFile("1.png"));
        imageList1.Images.Add(Image.FromFile("2.png"));
        //设置 treeView1 的 ImageList 属性为 imageList1
        treeView1.ImageList = imageList1;
        imageList1.ImageSize = new Size(16, 16);
        //设置 treeView1 控件节点的图标在 imageList1 控件中的索引是 0
        treeView1.ImageIndex = 0;
        //选择某个节点后显示的图标在 imageList1 控件中的索引是 1
        treeView1.SelectedImageIndex = 1;
}
private void treeView1_AfterSelect(object sender, TreeViewEventArgs e)
{
        //在 AfterSelect 事件中获取控件中选中节点显示的文本
        label1.Text = "选择的部门: " + e.Node.Text;
}
private void 全部展开 ToolStripMenuItem_Click(object sender, EventArgs e)
{
        treeView1.ExpandAll();                           //展开所有树节点
}
private void 全部折叠 ToolStripMenuItem_Click(object sender, EventArgs e)
{
        treeView1.CollapseAll();                         //折叠所有树节点
}
```

程序运行结果如图 5-24 所示。

图 5-24　使用 TreeView 控件显示部门结构

本实例实现时，首先需要确保项目的 Debug 文件夹中存在 1.png 和 2.png 这两个图片文件，这两个文件用来设置树控件所显示的图标。

3. ImageList 组件

ImageList 组件，又称为图片存储组件，它主要用于存储图片资源，然后在控件上显示出来，这样就简化了对图片的管理。ImageList 组件的主要属性是 Images，它包含关联控件将要使用的图片。每个单独的图片可以通过其索引值或键值来访问；另外，ImageList 组件中的所有图片都将以同样的大小显示，该大小由其 ImageSize 属性设置，较大的图片将缩小至适当的尺寸。

ImageList 组件的常用属性说明如表 5-9 所示。

表 5-9 　　　　　　　　　　　　　　ImageList 组件的常用属性说明

属性	说明
ColorDepth	获取图像列表的颜色深度
Images	获取此图像列表的 ImageList.ImageCollection
ImageSize	获取或设置图像列表中的图像大小
ImageStream	获取与此图像列表关联的 ImageListStreamer

对于一些经常用到图片或图标的控件，经常与 ImageList 组件一起使用，比如在使用工具栏控件、树控件和列表控件等时，经常使用 ImageList 组件存储它们需要用到的一些图片或图标，然后在程序中通过 ImageList 组件的索引项来方便地获取需要的图片或图标。

4. Timer 组件

Timer 组件又称作计时器组件，它可以定期引发事件，时间间隔的长度由其 Interval 属性定义，其属性值以毫秒为单位。若启用了该组件，则每个时间间隔引发一次 Tick 事件，开发人员可以在 Tick 事件中添加要执行操作的代码。

Timer 组件的常用属性说明如表 5-10 所示。

表 5-10 　　　　　　　　　　　　　　Timer 组件的常用属性说明

属性	说明
Enabled	获取或设置计时器是否正在运行
Interval	获取或设置在相对于上一次发生的 Tick 事件引发 Tick 事件之前的时间（以毫秒为单位）

Timer 组件的常用方法说明如表 5-11 所示。

表 5-11 　　　　　　　　　　　　　　Timer 组件的常用方法说明

方法	说明
Start	启动计时器
Stop	停止计时器

Timer 组件的常用事件说明如表 5-12 所示。

表 5-12 　　　　　　　　　　　　　　Timer 组件的常用事件说明

事件	说明
Tick	当指定的计时器间隔已过去而且计时器处于启用状态时发生

下面通过一个例子看一下如何使用 Timer 组件实现一个简单的倒计时程序。

【例 5-8】 创建一个 Windows 应用程序，在默认窗体中添加两个 Label 控件、3 个 NumericUpDown 控件、一个 Button 控件和两个 Timer 组件，其中 Label 控件用来显示系统当前时间和倒计时，NumericUpDown 控件用来选择时、分、秒，Button 控件用来设置倒计时，Timer 组件用来控制实时显示系统当前时间和实时显示倒计时。代码如下。

```csharp
//定义两个DateTime类型的变量，分别用来记录当前时间和设置的到期时间
DateTime dtNow, dtSet;
private void Form1_Load(object sender, EventArgs e)
{
    //设置timer1计时器的执行时间间隔
    timer1.Interval = 1000;
    timer1.Enabled = true;                                      //启动timer1计时器
    numericUpDown1.Value = DateTime.Now.Hour;                   //显示当前时
    numericUpDown2.Value = DateTime.Now.Minute;                 //显示当前分
    numericUpDown3.Value = DateTime.Now.Second;                 //显示当前秒
}
private void button1_Click(object sender, EventArgs e)
{
    if (button1.Text == "设置")                                 //判断文本是否为"设置"
    {
        button1.Text = "停止";                                  //设置按钮的文本为停止
        timer2.Start();                                         //启动timer2计时器
    }
    else if (button1.Text == "停止")                            //判断文本是否为停止
    {
        button1.Text = "设置";                                  //设置按钮的文本为设置
        timer2.Stop();                                          //停止timer2计时器
        label3.Text = "倒计时已取消";
    }
}
private void timer1_Tick(object sender, EventArgs e)
{
    label7.Text = DateTime.Now.ToLongTimeString();             //显示系统时间
    dtNow = Convert.ToDateTime(label7.Text);                   //记录系统时间
}
private void timer2_Tick(object sender, EventArgs e)
{
    //记录设置的到期时间
    dtSet = Convert.ToDateTime(numericUpDown1.Value + ":" + numericUpDown2.Value + ":"
+ numericUpDown3.Value);
    //计算倒计时
    long countdown = DateAndTime.DateDiff(DateInterval.Second, dtNow, dtSet,
FirstDayOfWeek.Monday, FirstWeekOfYear.FirstFourDays);
    if (countdown > 0)                                         //判断倒计时时间是否大于0
        label3.Text = "倒计时已设置，剩余" + countdown + "秒";    //显示倒计时
    else
        label3.Text = "倒计时已到";
}
```

由于本程序中用到 DateAndTime 类，所以首先需要添加 Microsoft.VisualBasic 命名空间。这里需要注意的是，在添加 Microsoft.VisualBasic 命名空间之前，首先需要在"添加引用"对话框中的".NET"选项卡中添加 Microsoft.VisualBasic 组件引用，因为 Microsoft.VisualBasic 命名空间位于 Microsoft.VisualBasic 组件中。

程序运行结果如图 5-25 所示。

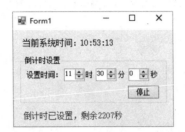

图 5-25   使用 Timer 组件实现倒计时

5.4   菜单、工具栏与状态栏

在开发应用程序时，除了上一节介绍的常用控件之外，还经常使用菜单控件（MenuStrip 控件）、工具栏控件（ToolStrip 控件）和状态栏控件（StatusStrip 控件）。本节将对这 3 个控件进行详细讲解。

5.4.1   MenuStrip 控件

MenuStrip 控件，即下拉菜单控件，它主要用来设计应用程序的菜单系统，C#中的 MenuStrip 控件支持多文档界面、菜单合并和工具提示等功能，允许通过添加访问键、快捷键、选中标记、图像和分隔条来增强菜单的可用性和可读性。

下面以"文件"菜单为例演示如何使用 MenuStrip 控件，具体步骤如下。

（1）从工具箱中将 MenuStrip 控件拖曳到窗体设计区，如图 5-26 所示。

（2）在输入菜单名称时，系统会自动产生输入下一个菜单名称的提示，如图 5-27 所示。

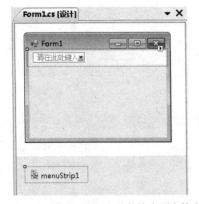

图 5-26   将 MenuStrip 控件拖曳到窗体中

图 5-27   输入菜单名称

（3）在如图 5-27 所示的输入框中输入"新建(&N)"后，菜单中会自动显示"新建(N)"。其中，"&"是热键标识符，它的后面通常为一个字母，该字母将被识别为热键（注：热键的作用是通过按键盘的组合键来替代鼠标单击操作）。例如，"新建(N)"菜单就可以通过键盘上的〈Alt+N〉组合键打开。同样，在"新建(N)"菜单下创建"打开(O)"、"关闭(C)"和"保存(S)"等子菜单，如图 5-28 所示。

（4）菜单设置完成后，运行程序，效果如图 5-29 所示。

图 5-28　添加菜单

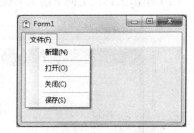

图 5-29　菜单的运行效果

5.4.2　ContextMenuStrip 控件

利用下拉式菜单辅助用户操作虽然比较简单和方便，但是这种菜单一般都位于窗口的顶部，用户需要不断地移动鼠标来选择命令。在 Windows 应用程序中，我们可以使用 ContextMenuStrip 控件来解决这个问题。ContextMenuStrip 控件，即上下文菜单，也称为快捷菜单，是单击鼠标右键后弹出的菜单。

设计快捷菜单的基本步骤如下。

（1）把 ContextMenuStrip（上下文菜单）控件拖放到窗体设计区域。刚添加的控件处于被选中状态。注意，当它被隐藏起来时，单击窗体设计区域下方的 ContextMenuStrip 选项即可将它显示出来。

（2）为 ContextMenuStrip 控件设计菜单项，设计方法与 MenuStrip 控件相同，只是不必设计主菜单项，如图 5-30 所示。

（3）选中需要使用的快捷菜单的窗体或控件，在其"属性"窗口中，单击 ContextMenuStrip 选项，从弹出的下拉列表中选择所需的 ContextMenuStrip 控件。例如，当前窗体中设计了一个 ContextMenuStrip 控件，为了实现在单击窗体时显示该菜单，只需将窗体的 ContextMenuStrip 属性设置为 contextMenuStrip1 即可，当运行程序时，在窗体中单击鼠标右键，即可弹出上下文菜单，如图 5-31 所示。

ContextMenuStrip 控件的常用属性和事件与 MenuStrip 控件大致相同。

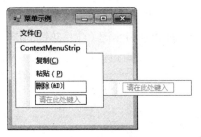

图 5-30　设置快捷菜单　　　　　　　　　　　　　图 5-31　运行时的上下文菜单

5.4.3　ToolStrip 控件

ToolStrip 控件，即工具栏控件。使用该控件可以创建具有 WindowsXP、Office、Internet Explorer 或自定义的外观和行为的工具栏及其他用户界面元素，这些元素支持溢出及运行时项重新排序。

使用 ToolStrip 控件创建工具栏的具体步骤如下。

（1）从工具箱中将 ToolStrip 控件拖曳到窗体中，如图 5-32 所示。

（2）单击工具栏上向下箭头的提示图标，如图 5-33 所示。

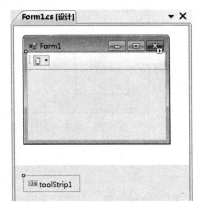

图 5-32　将 ToolStrip 控件拖曳到窗体中　　　　　　图 5-33　添加工具栏项目

从上图中可以看到，当单击工具栏中向下的箭头时，系统将显示 8 种不同的类型的选项，详细介绍如下。

- Button：包含文本和图像中可让用户选择的项。
- Label：包含文本和图像的项，不可以让用户选择，可以显示超链接。
- SplitButton：在 Button 的基础上增加了一个下拉菜单。
- DropDownButton：用于下拉菜单选择项。
- Separator：分隔符。
- ComboBox：显示一个 ComboBox 的项。
- TextBox：显示一个 TextBox 的项。
- ProgressBar：显示一个 ProgressBar 的项。

（3）添加相应的工具栏按钮后，可以设置其要显示的图像，具体方法是：选中要设置图像的工具栏按钮，单击鼠标右键，在弹出的快捷菜单中选择"设置图像"选项，如图 5-34 所示。

（4）工具栏中的按钮默认只显示图像，如果要以其他方式（比如只显示文本、同时显示图像和文本等）显示工具栏按钮，可以选中工具栏按钮，单击鼠标右键，在弹出的快捷菜单中选择

"DisplayStyle"菜单项下面的各个子菜单项。

（5）工具栏设计完成后，运行程序，效果如图 5-35 所示。

图 5-34 设置按钮图像

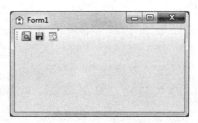

图 5-35 程序运行结果

5.4.4 StatusStrip 控件

状态栏控件使用 StatusStrip 控件来表示，它通常放置在窗体的最底部，用于显示窗体上一些对象的相关信息，或者可以显示应用程序的信息。StatusStrip 控件由 ToolStripStatusLabel 对象组成，每个这样的对象都可以显示文本、图像或同时显示这二者，另外，StatusStrip 控件还可以包含 ToolStripDropDownButton、ToolStripSplitButton 和 ToolStripProgressBar 等控件。

【例 5-9】 修改例 5-3，添加一个 Windows 窗体，用来作为进销存管理系统的主窗体，该窗体中使用 StatusStrip 控件设计状态栏，并在其中显示登录用户及登录时间，具体步骤如下。

（1）从工具箱中将 StatusStrip 控件拖曳到窗体中，如图 5-36 所示。

（2）单击状态栏上向下箭头的提示图标，选择"插入"菜单项，弹出以下 4 个选项，如图 5-37 所示，详细介绍如下。

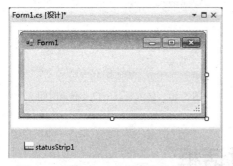

图 5-36 将 StatusStrip 控件拖曳到窗体中

图 5-37 添加状态栏项目

① StatusLabel：包含文本和图像的项，不可以让用户选择，可以显示超链接。

② ProgressBar：进度条显示。

③ DropDownButton：用于下拉菜单选择项。

④ SplitButton：在 Button 的基础上增加了一个下拉菜单。

（3）在图 5-37 中选中某个选项添加到状态栏中，例如添加两个 StatusLabel，状态栏设计效果如图 5-38 所示。

（4）打开登录窗体（LoginForm），在其.cs 文件中定义一个成员变量，用来记录登录用户名。代码如下。

图 5-38　状态栏设计效果

```
public static string strName;              //声明成员变量，用来记录登录用户名
```

（5）触发登录窗体中"登录"按钮的 Click 事件，该事件中记录登录用户名，并打开主窗体。代码如下。

```
private void btnLogin_Click(object sender, EventArgs e)
{
    strName = txtName.Text;              //记录登录用户
    Form2 frm = new Form2();             //创建 Form2 窗体对象
    this.Hide();                         //隐藏当前窗体
    frm.Show();                          //显示 Form2 窗体
}
```

（6）触发 MainForm 窗体的 Load 事件，该事件中，在状态栏中显示登录用户及登录时间。代码如下。

```
private void MainForm_Load(object sender, EventArgs e)
{
    toolStripStatusLabel1.Text = "登录用户: " + LoginForm.strName; //显示登录用户
//显示登录时间
    toolStripStatusLabel2.Text = " || 登录时间: " + DateTime.Now.ToLongTimeString();
}
```

运行程序，在登录窗体中输入用户名和密码，如图 5-39 所示，单击"登录"按钮，进入进销存管理系统的主窗体，在主窗体的状态栏中会显示登录用户及登录时间，如图 5-40 所示。

图 5-39　输入用户名和密码

图 5-40　显示登录用户及登录时间

5.5　对话框

如果弹出一个窗体的目的是为了响应诸如打开文件之类的用户请求，同时停止所有其他交互活动，那么这个窗体就是一个对话框。Windows 提供了一系列标准对话框，具备常用的对话框操作功能，例如打开文件、选择字体和保存文件等。本节将详细介绍以下常用对话框控件的使用方法。

5.5.1　对话框概述

对话框，是一种特殊的窗体，也是用户设计程序外观的常用操作界面。在 Windows 系统中，对话框还可以分为模态对话框和非模态对话框。

1. 模态对话框

模态对话框就是使用 ShowDialog 方法显示的窗体，它在显示时，如果作为激活窗体，则其他窗体不可用，只有在将模态对话框关闭之后，其他窗体才能恢复可用状态。

例如，使用窗体对象的 ShowDialog 方法以模态对话框显示 Form2。代码如下。

```
Form2 frm = new Form2();            //实例化
frm.ShowDialog();                   //显示模态对话框
```

2. 非模态对话框

非模态对话框就是使用 Show 方法显示的窗体，一般的窗体都是非模态的。模态对话框在显示时，如果有多个窗体，用户可以单击任何一个窗体，单击的窗体将立即成为活动窗体并显示在屏幕的最前面。

例如，使用窗体对象的 Show 方法以非模态对话框显示 Form2。代码如下。

```
Form2 frm = new Form2();            //实例化
frm.Show();                         //以非模态对话框显示 Form2
```

5.5.2　消息框

消息对话框是一个预定义对话框，主要用于向用户显示与应用程序相关的信息以及来自用户的请求信息，在.NET Framework 中，MessageBox 类表示消息对话框，通过调用其 Show 方法可以显示消息对话框，该方法有多种重载形式，其最常用的两种形式如下。

```
public static DialogResult Show(string text)
public static DialogResult Show(string text,string caption, MessageBoxButtons
buttons,MessageBoxIcon icon)
```

- text：要在消息框中显示的文本。
- caption：要在消息框的标题栏中显示的文本。
- buttons：MessageBoxButtons 枚举值之一，可指定在消息框中显示哪些按钮。

MessageBoxButtons 枚举值说明如表 5-13 所示。

表 5-13　　　　　　　　　　MessageBoxButtons 枚举值说明

枚举值	说明
OK	消息框包含"确定"按钮
OKCancel	消息框包含"确定"和"取消"按钮
AbortRetryIgnore	消息框包含"中止""重试"和"忽略"按钮
YesNoCancel	消息框包含"是""否"和"取消"按钮
YesNo	消息框包含"是"和"否"按钮
RetryCancel	消息框包含"重试"和"取消"按钮

- icon：MessageBoxIcon 枚举值之一，它指定在消息框中显示哪个图标。MessageBoxIcon

枚举值说明如表 5-14 所示。

表 5-14   MessageBoxIcon 枚举值说明

枚举值	说明
None	消息框未包含符号
Hand	消息框包含一个符号，该符号是由一个红色背景的圆圈及其中的白色 X 组成的
Question	消息框包含一个符号，该符号是由一个圆圈和其中的一个问号组成的
Exclamation	消息框包含一个符号，该符号是由一个黄色背景的三角形及其中的一个感叹号组成的
Asterisk	消息框包含一个符号，该符号是由一个圆圈及其中的小写字母 i 组成的
Stop	消息框包含一个符号，该符号是由一个红色背景的圆圈及其中的白色 X 组成的
Error	消息框包含一个符号，该符号是由一个红色背景的圆圈及其中的白色 X 组成的
Warning	消息框包含一个符号，该符号是由一个黄色背景的三角形及其中的一个感叹号组成的
Information	消息框包含一个符号，该符号是由一个圆圈及其中的小写字母 i 组成的

● 返回值：DialogResult 枚举值之一。DialogResult 枚举值说明如表 5-15 所示。

表 5-15   DialogResult 枚举值说明

枚举值	说明
None	从对话框返回了 Nothing。这表明有模式对话框继续运行
OK	对话框的返回值是 OK（通常从标签为"确定"的按钮发送）
Cancel	对话框的返回值是 Cancel（通常从标签为"取消"的按钮发送）
Abort	对话框的返回值是 Abort（通常从标签为"中止"的按钮发送）
Retry	对话框的返回值是 Retry（通常从标签为"重试"的按钮发送）
Ignore	对话框的返回值是 Ignore（通常从标签为"忽略"的按钮发送）
Yes	对话框的返回值是 Yes（通常从标签为"是"的按钮发送）
No	对话框的返回值是 No（通常从标签为"否"的按钮发送）

例如，使用 MessageBox 类的 Show 方法弹出一个"警告"消息框。代码如下。

```
MessageBox.Show("确定要退出当前系统吗？", "警告", MessageBoxButtons.YesNo, MessageBoxIcon.
Warning);
```

效果如图 5-41 所示。

图 5-41   显示消息框

5.5.3   打开对话框控件

OpenFileDialog 控件表示一个通用对话框，用户可以使用此对话框来指定一个或多个要打开的文件的文件名。"打开"对话框如图 5-42 所示。

图 5-42　"打开"对话框

OpenFileDialog 控件常用的属性说明如表 5-16 所示。

表 5-16　　　　　　　　　　　　　　OpenFileDialog 控件常用属性说明

属性	说明
AddExtension	指示如果用户省略扩展名，对话框是否自动在文件名中添加扩展名
DefaultExt	获取或设置默认文件扩展名
FileName	获取或设置一个包含在文件对话框中选定的文件名的字符串
FileNames	获取对话框中所有选定文件的文件名
Filter	获取或设置当前文件名筛选器字符串，该字符串决定对话框的"另存为文件类型"或"文件类型"框中出现的选择内容
InitialDirectory	获取或设置文件对话框显示的初始目录
Multiselect	获取或设置一个值，该值指示对话框是否允许选择多个文件
RestoreDirectory	获取或设置一个值，该值指示对话框在关闭前是否还原当前目录

OpenFileDialog 控件常用的方法说明如表 5-17 所示。

表 5-17　　　　　　　　　　　　　　OpenFileDialog 控件常用方法说明

方法	说明
OpenFile	此方法以只读模式打开用户选择的文件
ShowDialog	此方法显示 OpenFileDialog

　　ShowDialog 方法是对话框的通用方法，用来打开相应的对话框。

　　例如，使用 OpenFileDialog 打开一个"打开文件"对话框，该对话框中只能选择图片文件。代码如下。

```
openFileDialog1.InitialDirectory = "C:\\";        //设置初始目录
openFileDialog1.Filter = "bmp 文 件 (*.bmp)|*.bmp|gif 文 件 (*.gif)|*.gif|jpg 文 件
(*.jpg)|*.jpg";                                   //设置只能选择图片文件
openFileDialog1.ShowDialog();
```

5.5.4 另存为对话框控件

SaveFileDialog 控件表示一个通用对话框,用户可以使用此对话框来指定一个要将文件另存为的文件名。"另存为"对话框如图 5-43 所示。

图 5-43 "另存为"对话框

SaveFileDialog 组件的常用属性说明如表 5-18 所示。

表 5-18 SaveFileDialog 组件的常用属性说明

属性	说明
CreatePrompt	获取或设置一个值,该值指示如果用户指定不存在的文件,对话框是否提示用户允许创建该文件
OverwritePrompt	获取或设置一个值,该值指示如果用户指定的文件名已存在,Save As 对话框是否显示警告
FileName	获取或设置一个包含在文件对话框中选定的文件名的字符串
FileNames	获取对话框中所有选定文件的文件名
Filter	获取或设置当前文件名筛选器字符串,该字符串决定对话框的"另存为文件类型"或"文件类型"框中出现的选择内容

例如,使用 SaveFileDialog 控件来调用一个选择文件路径的对话框窗体。代码如下。

```
saveFileDialog1.ShowDialog();
```

例如,在保存对话框中设置保存文件的类型为 txt。代码如下。

```
saveFileDialog1.Filter = "文本文件(*.txt)|*.txt";
```

例如,获取在保存对话框中设置文件的路径。代码如下。

```
saveFileDialog1.FileName;
```

5.5.5 浏览文件夹对话框控件

FolderBrowserDialog 控件主要用来提示用户选择文件夹。浏览文件夹对话框如图 5-44 所示。

FolderBrowserDialog 控件常用属性说明如表 5-19 所示。

图 5-44　浏览文件夹对话框

表 5-19	FolderBrowserDialog 控件的常用属性说明
属性	说明
Description	获取或设置对话框中在树视图控件上显示的说明文本
RootFolder	获取或设置从其开始浏览的根文件夹
SelectedPath	获取或设置用户选定的路径
ShowNewFolderButton	获取或设置一个值，该值指示"新建文件夹"按钮是否显示在文件夹浏览对话框中

　　例如，设置在弹出的"浏览文件夹"对话框中不显示"新建文件夹"按钮，然后判断是否选择了文件夹，如果已经选择，则将选择的文件夹显示在 TextBox 文本框中。代码如下。

```
folderBrowserDialog1.ShowNewFolderButton = false;
if (folderBrowserDialog1.ShowDialog() == DialogResult.OK)
{
    textBox1.Text = folderBrowserDialog1.SelectedPath;
}
```

5.5.6　颜色对话框控件

　　ColorDialog 控件表示一个通用对话框，用来显示可用的颜色并允许用户自定义颜色。"颜色"对话框如图 5-45 所示。

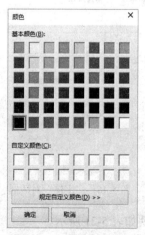

图 5-45　"颜色"对话框

ColorDialog 控件的常用属性说明如表 5-20 所示。

表 5-20   ColorDialog 控件的常用属性说明

属性	说明
AllowFullOpen	获取或设置一个值,该值指示用户是否可以使用该对话框定义自定义颜色
AnyColor	获取或设置一个值,该值指示对话框是否显示基本颜色集中可用的所有颜色
Color	获取或设置用户选定的颜色
CustomColors	获取或设置对话框中显示的自定义颜色集
FullOpen	获取或设置一个值,该值指示用于创建自定义颜色的控件在对话框打开时是否可见
Options	获取初始化 ColorDialog 的值
ShowHelp	获取或设置一个值,该值指示在颜色对话框中是否显示"帮助"按钮
SolidColorOnly	获取或设置一个值,该值指示对话框是否限制用户只选择纯色

例如,将 label1 控件中的字体颜色设置为在"颜色"对话框中选中的颜色。代码如下。

```
colorDialog1.ShowDialog();
label1.ForeColor = this.colorDialog1.Color;
```

5.5.7 字体对话框控件

FontDialog 控件用于公开系统上当前安装的字体,开发人员可在 Windows 应用程序中将其用作简单的字体选择解决方案,而不是配置自己的对话框。默认情况下,在"字体"对话框中将显示字体、字体样式和字号大小的列表框、删除线和下划线等效果的复选框、脚本(脚本是指给定字体可用的不同字符脚本,如希伯来语或日语等)的下拉列表以及字体外观等选项。"字体"对话框如图 5-46 所示。

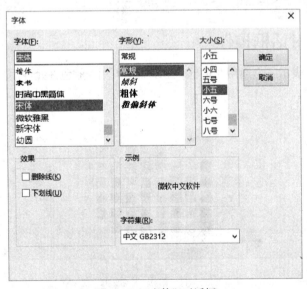

图 5-46   "字体"对话框

FontDialog 控件的常用属性说明如表 5-21 所示。

表 5-21	FontDialog 控件的常用属性说明
属性	说明
AllowVectorFonts	获取或设置一个值，该值指示对话框是否允许选择矢量字体
Color	获取或设置选定字体的颜色
Font	获取或设置选定的字体
MaxSize	获取或设置用户可选择的最大磅值
MinSize	获取或设置用户可选择的最小磅值
Options	获取用来初始化 FontDialog 的值
ShowApply	获取或设置一个值，该值指示对话框是否包含"应用"按钮
ShowColor	获取或设置一个值，该值指示对话框是否显示颜色选择
ShowHelp	获取或设置一个值，该值指示对话框是否显示"帮助"按钮

例如，将 label1 控件的字体设置为字体对话框中选择的字体。代码如下。

```
fontDialog1.ShowDialog();
label1.Font = this.fontDialog1.Font;
```

5.6　多文档界面（MDI）

窗体是所有操作界面的基础。为了打开多个文档，应用程序往往必须具备能够同时处理多个窗体的能力。为此，催生了 MDI 窗体，即多文档界面。本节将对 MDI 窗体进行详细讲解。

5.6.1　MDI 窗体的概念

MDI，即 Multiple-Document Interface，多文档界面，主要用于同时显示多个文档，每个文档显示在各自的窗口中。MDI 窗体中通常有包含子菜单的窗口菜单，用于在窗口或文档之间进行切换。

5.6.2　设置 MDI 窗体

在 MDI 窗体中，起到容器作用的窗体被称为"父窗体"，可放在父窗体中的其他窗体被称为"子窗体"，也称为"MDI 子窗体"。当 MDI 应用程序启动时，首先会显示父窗体。所有的子窗体都在父窗体中打开，在父窗体中可以在任何时候打开多个子窗体。每个应用程序只能有一个父窗体，其他子窗体不能移出父窗体的框架区域。下面介绍如何将窗体设置成父窗体或子窗体。

1．设置父窗体

如果要将某个窗体设置为父窗体，只要在窗体的"属性"对话框中，将 IsMdiContainer 属性设置为 true 即可。

2．设置子窗体

设置完父窗体，通过设置某个窗体的 MdiParent 属性来确定子窗体。

语法如下。

```
public Form MdiParent { get; set; }
```

● 属性值：MDI 父窗体。

例如，将 SubForm 窗体设置成当前窗体的子窗体。代码如下。

```
SubForm sub = new SubForm();
sub.Show();                                //使用 Show 方法打开窗体
sub.MdiParent = this;                      //设置 MdiParent 属性，将当前窗体作为父窗体
```

5.6.3　排列 MDI 子窗体

通过使用带有 MdiLayout 枚举的 LayoutMdi 方法来排列多文档界面父窗体中的子窗体，语法如下。

```
public void LayoutMdi (MdiLayout value)
```

- value：是 MdiLayout 枚举值之一，用来定义 MDI 子窗体的布局。MdiLayout 的枚举成员说明如表 5-22 所示。

表 5-22　　　　　　　　　　　　　　　MdiLayout 的枚举成员说明

枚举成员	说明
Cascade	所有 MDI 子窗体均层叠在 MDI 父窗体的工作区内
TileHorizontal	所有 MDI 子窗体均水平平铺在 MDI 父窗体的工作区内
TileVertical	所有 MDI 子窗体均垂直平铺在 MDI 父窗体的工作区内

下面通过一个实例演示如何使用带有 MdiLayout 枚举的 LayoutMdi 方法来排列多文档界面父窗体中的子窗体。

【例 5-10】　创建一个 Windows 应用程序，向项目中添加 4 个窗体，然后使用 LayoutMdi 方法以及 MdiLayout 枚举设置窗体的排列。

（1）新建一个 Windows 应用程序，默认窗体为 Form1.cs。

（2）将窗体 Form1 的 IsMdiContainer 属性设置为 True，以用作 MDI 父窗体，然后添加 3 个 Windows 窗体，用作 MDI 子窗体。

（3）在 Form1 窗体中，添加一个 MenuStrip 控件，用作该父窗体的菜单项。

（4）通过 MenuStrip 控件建立 4 个菜单项，分别为"加载子窗体""水平平铺""垂直平铺"和"层叠排列"，注意将各菜单项的 Name 属性值分别设置为 MenuItem1、MenuItem2、MenuItem3 和 MenuItem4。运行程序时，单击"加载子窗体"菜单后，可以加载所有的子窗体。代码如下。

```
private void MenuItem1_Click(object sender, EventArgs e)
{
    Form2 frm2 = new Form2();              //创建 Form2
    frm2.MdiParent = this;                 //设置 MdiParent 属性，将当前窗体作为父窗体
    frm2.Show();                           //使用 Show 方法打开窗体
    Form3 frm3 = new Form3();              //创建 Form3
    frm3.MdiParent = this;                 //设置 MdiParent 属性，将当前窗体作为父窗体
    frm3.Show();                           //使用 Show 方法打开窗体
    Form4 frm4 = new Form4();              //创建 Form4
    frm4.MdiParent = this;                 //设置 MdiParent 属性，将当前窗体作为父窗体
    frm4.Show();                           //使用 Show 方法打开窗体
}
```

（5）加载所有的子窗体之后，单击"水平平铺"菜单，使窗体中所有的子窗体水平排列。代码如下。

```csharp
private void MenuItem2_Click(object sender, EventArgs e)
{
    LayoutMdi(MdiLayout.TileHorizontal);      //使用MdiLayout枚举实现窗体的水平平铺
}
```

（6）单击"垂直平铺"菜单，使窗体中所有的子窗体垂直排列。代码如下。

```csharp
private void MenuItem3_Click(object sender, EventArgs e)
{
    LayoutMdi(MdiLayout.TileVertical);        //使用MdiLayout枚举实现窗体的垂直平铺
}
```

（7）单击"层叠排列"菜单，使窗体中所有的子窗体层叠排列。代码如下。

```csharp
private void MenuItem4_Click(object sender, EventArgs e)
{
    LayoutMdi(MdiLayout.Cascade);             //使用MdiLayout枚举实现窗体的层叠排列
}
```

运行程序，加载所有子窗体效果如图 5-47 所示，水平平铺子窗体效果如图 5-48 所示，垂直平铺子窗体效果如图 5-49 所示，层叠排列子窗体效果如图 5-50 所示。

图 5-47　加载所有子窗体

图 5-48　水平平铺子窗体

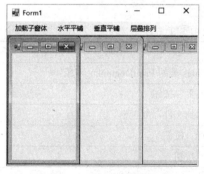

图 5-49　垂直平铺子窗体

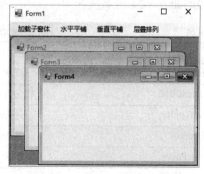

图 5-50　层叠排列子窗体

5.7　打印与打印预览

使用 Windows 打印组件，可以在 Windows 应用程序中方便、快捷地对文档进行预览、设置和打印。下面对 Windows 打印组件进行介绍。

5.7.1　PageSetupDialog 组件

PageSetupDialog 组件提供打印设置界面，它允许用户设置边框、边距调整量、页眉、页脚以及纵向或横向打印。PageSetupDialog 组件的常用属性说明如表 5-23 所示。

表 5-23　　　　　　　　　　　PageSetupDialog 组件的常用属性说明

属性	说明
Document	获取页面设置的 PrintDocument 类对象
AllowMargins	是否启用对话框的边距部分
AllowOrientation	是否启用对话框的方向部分（横向或纵向）
AllowPaper	是否启用对话框的纸张部分（纸张大小和纸张来源）
AllowPrinter	是否启用"打印机"按钮

例如，设置"页面设置"对话框中的打印文档，并启用页边距、方向、纸张和"打印机"按钮。代码如下。

```
//设置 pageSetupDialog1 组件的 Document 属性，设置操作文档
pageSetupDialog1.Document = printDocument1;
pageSetupDialog1.AllowMargins = true;            //启用页边距
pageSetupDialog1.AllowOrientation = true;        //启用对话框的方向部分
pageSetupDialog1.AllowPaper = true;              //启用对话框的纸张部分
pageSetupDialog1.AllowPrinter = true;            //启用"打印机"按钮
pageSetupDialog1.ShowDialog();                   //显示"页面设置"对话框
```

5.7.2　PrintDialog 组件

PrintDialog 组件用于选择打印机、要打印的页以及确定其他与打印相关的设置，通过 PrintDialog 组件可以选择全部打印、打印选定的页范围或打印选定内容等。PrintDialog 组件的常用属性说明如表 5-24 所示。

表 5-24　　　　　　　　　　　PrintDialog 组件的常用属性说明

属性	说明
Document	获取 PrinterSettings 类的 PrintDocument 对象
AllowCurrentPage	是否显示"当前页"按钮
AllowPrintToFile	是否启用"打印到文件"复选框
AllowSelection	是否启用"选择"按钮
AllowSomePages	是否启用"页"按钮

例如，设置"打印"对话框中的打印文档，并启用"当前页"按钮、"选择"按钮和"页"按钮。代码如下。

```
printDialog1.Document = printDocument1;          //设置操作文档
printDialog1.AllowCurrentPage = true;            //显示"当前页"按钮
printDialog1.AllowSelection = true;              //启用"选择"按钮
printDialog1.AllowSomePages = true;              //启用"页"按钮
printDialog1.ShowDialog();                       //显示"打印"对话框
```

5.7.3　PrintPreviewDialog 组件

PrintPreviewDialog 组件用于显示文档打印后的外观，其中包含打印、放大、显示一页或多页以及关闭此对话框的按钮。PrintPreviewDialog 组件的常见属性和方法有 Document 属性和 ShowDialog 方法。其中，Document 属性用于设置要预览的文档，而 ShowDialog 方法用来显示打印预览对话框。

例如，设置 PrintPreviewDialog 组件的 Document 属性为 printDocument1，并显示打印预览对话框。代码如下。

```
printPreviewDialog1.Document = this.printDocument1; //设置预览文档
printPreviewDialog1.ShowDialog();                   //使用 ShowDialog 方法，显示预览窗口
```

5.7.4　PrintDocument 组件

PrintDocument 组件用于设置打印的文档，程序中常用到的是该组件的 PrintPage 事件和 Print 方法。PrintPage 事件在需要将当前页打印输出时发生；而 Print 方法则用于开始文档的打印进程。

【例 5-11】　创建一个 Windows 应用程序，向窗体中添加一个 Button 控件、一个 PrintDocument 组件和一个 PrintPreviewDialog 组件。在 PrintDocument 组件的 PrintPage 事件中绘制打印的内容，然后在 Button 按钮的 Click 事件下设置 PrintPreviewDialog 的属性预览打印文档，并调用 PrintDocument 组件的 Print 方法开始文档的打印进程。代码如下。

```
private void printDocument1_PrintPage(object sender, System.Drawing.Printing.PrintPageEventArgs e)
{
    //通过 GDI+绘制打印文档
    e.Graphics.DrawString("蝶恋花", new Font("宋体", 20), Brushes.Black, 350, 120);
    e.Graphics.DrawLine(new Pen(Color.Black, (float)3.00), 100, 185, 720, 185);
    e.Graphics.DrawString("伫倚危楼风细细，望极春愁，黯黯生天际。", new Font("宋体", 12),
Brushes.Black, 110, 195);
    e.Graphics.DrawString("草色烟光残照里，无言谁会凭阑意。", new Font("宋体", 12),
Brushes.Black, 110, 220);
    e.Graphics.DrawString("拟把疏狂图一醉，对酒当歌，强乐还无味。", new Font("宋体", 12),
Brushes.Black, 110, 245);
    e.Graphics.DrawString("衣带渐宽终不悔，为伊消得人憔悴。", new Font("宋体", 12),
Brushes.Black, 110, 270);
    e.Graphics.DrawLine(new Pen(Color.Black, (float)3.00), 100, 300, 720, 300);
}
private void button1_Click(object sender, EventArgs e)
{
    if (MessageBox.Show("是否要预览打印文档", "打印预览", MessageBoxButtons.YesNo) ==
DialogResult.Yes)
    {
        this.printPreviewDialog1.UseAntiAlias = true;       //开启操作系统的防锯齿功能
        this.printPreviewDialog1.Document = this.printDocument1; //设置要预览的文档
        printPreviewDialog1.ShowDialog();                   //打开预览窗口
    }
    else
    {
        this.printDocument1.Print();                        //调用 Print 方法直接打印文档
    }
}
```

说明 　　绘制打印内容时，需要使用 PrintPageEventArgs 对象的 Graphics 属性，该属性会生成一个 Graphics 绘图对象，通过调用该对象的相应方法可以绘制各种图形或者文本。关于 Graphics 对象的详细讲解，请参见第 6 章。

运行程序，单击"打印"按钮，弹出"打印预览"窗口，如图 5-51 所示。

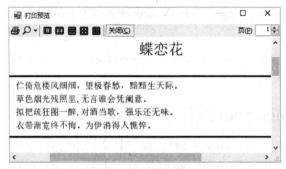

图 5-51　打印预览

小　　结

本章详细讲解了 Windows 程序的相关知识，包括 Windows 窗体、控件、菜单、工具栏和状态栏的使用、常用的对话框、MDI 多文档界面以及打印相关的应用组件的使用方法。由于控件种类繁多，读者可以先熟练掌握常用控件的应用，再逐步扩展掌握更多的控件的使用。

上机指导

使用 Windows 窗体和控件设计进销存管理系统的登录窗体、主窗体和进货管理窗体。要求：运行程序时，首先显示登录窗体，如图 5-52 所示。在输入用户名和密码并单击"登录"按钮后显示主窗体，在主窗体中显示进销存管理系统的操作菜单，并在主窗体的状态栏中显示登录用户名及登录时间。最后，选择"进货管理"|"进货单"菜单，可打开"进货单—进货管理"窗体，在该窗体中可以添加进货信息，如图 5-53 所示。

图 5-52　登录窗体

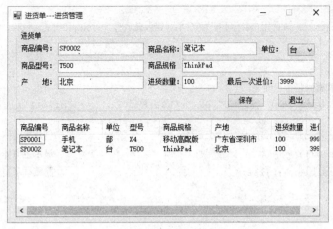

图 5-53 "进货单—进货管理"窗体

主要开发步骤如下。

（1）创建一个 Windows 窗体应用程序，项目命名为 EMS。

（2）把默认窗体 Form1 更名为 LoginForm，该窗体用来实现用户的登录功能，该窗体中添加一个 GroupBox 控件，然后在该控件中添加两个 TextBox 控件、两个 Label 控件和两个 Button 控件，分别用来输入登录信息（用户名和密码）、标注信息（提示用户名和密码）和功能操作（登录和退出操作）。

（3）在 EMS 项目中添加一个窗体，并命名为 MainForm，用来作为进销存管理系统的主窗体，该窗体中设置背景图片，并添加一个 MenuStrip 控件一个 StatusStrip 控件，分别用来作为主窗体的菜单和状态栏，其中，菜单设置如图 5-54 所示。

图 5-54 菜单设置

（4）在 EMS 项目中添加一个窗体，并命名为 BuyStockForm，用来作为"进货单—进货管理"窗体，该窗体中添加 7 个 TextBox 控件，分别用来输入商品编号、名称、型号、规格、产地、数量和进价；添加一个 ComboBox 控件，用来选择单位；添加两个 Button 控件，分别用来执行保存进货信息和退出操作；添加一个 ListView 控件，用来显示保存的进货信息。

（5）LoginForm 窗体中"登录"按钮的 Click 事件代码如下。

```
private void btnLogin_Click(object sender, EventArgs e)
{
    if (txtUserName.Text == string.Empty)      //若用户名为空
```

```
        {
            MessageBox.Show("用户名称不能为空!", "错误提示", MessageBoxButtons.OK, MessageBoxIcon.
Error);
            return;
        }
        //判断用户名和密码是否正确
        if (txtUserName.Text == "mr" && txtUserPwd.Text == "mrsoft")
        {
            MainForm main = new MainForm();                    //创建主窗体
            main.Show();                                        //显示主窗体
            this.Visible = false;                               //隐藏登录窗体
        }
        else
        {
            MessageBox.Show("用户名称或密码不正确! ", "错误提示", MessageBoxButtons.OK,
MessageBoxIcon.Error);
        }
    }
```

（6）MainForm 窗体加载时，显示登录用户及登录时间。代码如下：

```
private void MainForm_Load(object sender, EventArgs e)
{
    toolStripStatusLabel1.Text = "登录用户: " + LoginForm.strName;
    toolStripStatusLabel2.Text = " || 登录时间: " + DateTime.Now.ToLongTimeString();
}
```

（7）MainForm 窗体中，单击"进货单"菜单，显示"进货单—进货管理"窗体。代码如下。

```
private void MemuItemBuyStock_Click(object sender, EventArgs e)
{
    new BuyStockForm().Show();                                //打开进货管理窗体
}
```

（8）BuyStockForm 窗体中，单击"保存"按钮，将文本框中输入的商品信息显示到 ListView 控件中。代码如下。

```
private void btnAdd_Click(object sender, EventArgs e)
{
    ListViewItem li = new ListViewItem();      //创建 ListView 子项
    li.SubItems.Clear();
    li.SubItems[0].Text = txtID.Text;          //显示商品编号
    li.SubItems.Add(txtName.Text);             //显示商品名称
    li.SubItems.Add(cbox.Text);                //显示单位
    li.SubItems.Add(txtType.Text);             //显示商品型号
    li.SubItems.Add(txtISBN.Text);             //显示商品规格
    li.SubItems.Add(txtAddress.Text);          //显示产地
    li.SubItems.Add(txtNum.Text);              //显示进货数量
    li.SubItems.Add(txtPrice.Text);            //显示进价
    listView1.Items.Add(li);                   //将子项内容显示在 listView1 中
}
```

习　　题

1. .NET 中的大部分控件都派生于什么类?
2. 常用的列表与选择控件有哪些，请简述各自的作用和使用方法。
3. 容器控件的作用是什么? 有哪些容器控件，他们有什么区别?
4. 模态和非模态对话框有什么区别? 如何打开模态和非模态对话框?
5. 什么是 MDI? 如何使一个窗体成为 MDI 主窗体? 如何在主窗体中打开一个子窗体?

第6章
文件操作与编程

本章要点：

- 文件与流的区别
- System.IO 命名空间
- File 和 FileInfo 类的使用
- Directory 和 DirectoryInfo 类的使用
- Path 类和 DriveInfo 类的使用
- 文本文件和二进制文件的读写

文件操作是操作系统的一种重要组成部分，也是应用程序的重要功能。.NET 框架提供了一个 System.IO 命名空间，其中包含了多种用于对文件、文件夹和数据流进行操作的类，这些类既支持同步操作，也支持异步操作。本章将对文件操作技术进行讲解。

6.1 文件与目录类

6.1.1 文件与流

1. 文件

在计算机中，通常用"文件"表示输入输出操作的对象，计算机文件是以计算机硬盘为载体存储在计算机上的信息集合，文件可以是文本文件、图片或者程序等。

文件是与软件研制、维护和使用有关的资料，通常可以长久保存。文件是软件的重要组成部分。在软件产品研制过程中，以书面形式固定下来的用户需求、在研制周期中各阶段产生的规格说明、研究人员做出的决策及其依据、遗留问题和进一步改进的方向，以及最终产品的使用手册和操作说明等，都记录在各种形式的文件档案中。

文件有很多分类的标准，根据文件的存取方式，可以分为顺序文件、随机文件和二进制文件，分别如下。

（1）顺序文件

顺序文件是最常用的文件组织形式，它是由一系列记录按照某种顺序排列形成，其中的记录通常是定长记录，因而能用较快的速度查找文件中的记录。顺序文件适用于读写连续块中的文本文件，以字符存储。由于是以字符存储，因此不宜存储太长的文件（如大量数字），否则会占据大量资源。我们经常使用的文本文件就是顺序文件。

（2）随机文件

随机文件也就是以随机方式存取的文件，所谓"随机存取"，指的是当存储器中的消息被读取或写入时，所需要的时间与这段信息所在的位置无关。随机文件适用于读写有固定长度多字段记录的文本文件或二进制文件，以二进制数存储。

（3）二进制文件

广义的二进制文件即指文件，由文件在外部设备的存放形式为二进制而得名；而狭义的二进制文件即指除文本文件以外的文件。文本文件是一种由很多行字符构成的计算机文件，文本文件存在于计算机系统中，通常在文本文件最后一行放置文件结束标志，而且它的编码基于字符定长，译码相对要容易一些；但二进制文件编码是变化的，灵活利用率要高，而译码要难一些，不同的二进制文件译码方式是不同的。

二进制文件相对于文本文件，主要有以下优点。

① 二进制文件比较节约空间，这两者储存字符型数据时并没有差别，但是在储存数字，特别是实型数字时，二进制更节省空间，比如储存 π 的值：3.1415926，文本文件需要 9 个字节，分别储存：3．1 4 1 5 9 2 6 这 9 个 ASCII 值，而二进制文件只需要 4 个字节（即只保存对应的用单精度浮点数表示的二进制值）。

② 内存中参加计算的数据都是用二进制无格式储存起来的，因此，使用二进制储存到文件就更快捷。如果储存为文本文件，则需要一个转换的过程。在数据量很大的时候，两者就会有非常明显的速度差别

③ 一些比较精确的数据，使用二进制储存不会造成有效位的丢失。

2. 流

在.Net Framework 中，文件和流是有区别的。文件是存储在存储介质上的数据集，是静态的，它具有名称和相应的路径。当打开一个文件并对其进行读写时，该文件就成为流（stream）。但是，流不仅仅是指打开的磁盘文件，还可以是网络数据、控制台应用程序中的键盘输入和文本显示，甚至是内存缓存区的数据读写。因此，流是动态的，它代表正处于输入/输出状态的数据，是一种特殊的数据结构。

3. System.IO 命名空间

在 System.IO 命名空间中，.NET Framework 封装了一系列与文件有关的类和枚举，用于进行数据文件和流的读写操作。这些操作可以同步进行也可以异步进行。我们可以借助该命名空间的类来简化 C#文件操作的编程。System.IO 命名空间中常用的类说明如表 6-1 所示。

表 6-1　　　　　　　　　　　　System.IO 命名空间中常用的类说明

类	说明
BinaryReader	用特定的编码将基元数据类型读作二进制值
BinaryWriter	以二进制形式将基元类型写入流，并支持用特定的编码写入字符串
BufferedStream	给另一流上的读写操作添加一个缓冲层。无法继承此类
Directory	公开用于创建、移动和枚举通过目录和子目录的静态方法。无法继承此类
DirectoryInfo	公开用于创建、移动和枚举目录和子目录的实例方法。无法继承此类
DriveInfo	提供对有关驱动器的信息的访问
File	提供用于创建、复制、删除、移动和打开文件的静态方法，并协助创建 Filestream 对象
FileInfo	提供创建、复制、删除、移动和打开文件的实例方法，并且帮助创建 FileStream 对象

类	说明
FileStream	公开以文件为主的 Stream，既支持同步读写操作，也支持异步读写操作
IOException	发生 I/O 错误时引发的异常
MemoryStream	创建其支持存储区为内存的流
Path	对包含文件或目录路径信息的 String 实例执行操作，这些操作是以跨平台的方式执行的
Stream	提供字节序列的一般视图
StreamReader	实现一个 TextReader，使其以一种特定的编码从字节流中读取字符
StreamWriter	实现一个 TextWriter，使其以一种特定的编码向流中写入字符
StringReader	实现从字符串进行读取的 TextReader
StringWriter	实现一个用于将信息写入字符串的 TextWriter。该信息存储在基础 StringBuilder 中
TextReader	表示可读取连续字符系列的读取器
TextWriter	表示可以编写一个有序字符系列的编写器。该类为抽象类

System.IO 命名空间中常用的枚举说明如表 6-2 所示。

表 6-2　　　　　　　　　　System.IO 命名空间中常用的枚举说明

枚举	说明
DriveType	定义驱动器类型常数，包括 CDRom、Fixed、Network、NoRootDirectory、Ram、Removable 和 Unknown
FileAccess	定义用于文件读取、写入或读取/写入访问权限的常数
FileAttributes	提供文件和目录的属性
FileMode	指定操作系统打开文件的方式
FileOptions	represents 高级创建 FileStream 对象的选项
FileShare	包含用于控制其他 FileStream 对象对同一文件可以具有的访问类型的常数
NotifyFilters	指定要在文件或文件夹中监视的更改
SearchOption	指定是搜索当前目录，还是搜索当前目录及其所有子目录
SeekOrigin	指定在流中的位置为查找使用
WatcherChangeTypes	可能会发生的文件或目录更改

6.1.2　File 类和 FileInfo 类

File 类和 FileInfo 类都可以对文件进行创建、复制、删除、移动、打开、读取以及获取文件的基本信息等操作，下面对这两个类和文件的基本操作进行介绍。

1. File 类

File 类支持对文件的基本操作，包括提供用于创建、复制、删除、移动和打开文件的静态方法，并协助创建 FileStream 对象。由于所有的 File 类的方法都是静态的，所以如果只想执行一个操作，那么使用 File 方法的效率比使用相应的 FileInfo 实例方法可能更高。File 类可以被实例化，但不能被其他类继承。

File 类的常用方法说明如表 6-3 所示。

表 6-3 File 类的常用方法说明

方法	说明
Create	在指定路径中创建文件
Copy	将现有文件复制到新文件
Exists	确定指定的文件是否存在
GetCreationTime	返回指定文件或目录的创建日期和时间
GetLastAccessTime	返回上次访问指定文件或目录的日期和时间
GetLastWriteTime	返回上次写入指定文件或目录的日期和时间
Move	将指定文件移到新位置，并提供指定新文件名的选项
Open	打开指定路径上的 FileStream
OpenRead	打开现有文件以进行读取
OpenText	打开现有 UTF-8 编码文本文件以进行读取
OpenWrite	打开现有文件以进行写入

2. FileInfo 类

FileInfo 类和 File 类之间许多方法调用都是相同的，但是 FileInfo 类没有静态方法，仅可以用于实例化对象。File 类是静态类，所以它的调用需要字符串参数为每一个方法调用规定文件位置，因此如果要在对象上进行单一方法调用，则可以使用静态 File 类，反之则使用 FileInfo 类。

FileInfo 类的常用属性说明如表 6-4 所示。

表 6-4 FileInfo 类的常用属性说明

属性	说明
CreationTime	获取或设置当前 FileSystemInfo 对象的创建时间
DirectoryName	获取表示目录的完整路径的字符串
Exists	获取指示文件是否存在的值
Extension	获取表示文件扩展名部分的字符串
FullName	获取目录或文件的完整目录
Length	获取当前文件的大小
Name	获取文件名

FileInfo 类所使用的相关方法请参见表 6-3。

【例 6-1】 创建一个 Windows 应用程序，使用 File 类在项目文件夹下创建文件，在创建文件时，需要判断该文件是否已经存在，如果存在，弹出信息提示；否则，创建文件，并在 ListView 列表中显示文件的名称、扩展名、大小及修改时间等信息。代码如下。

```
private void button1_Click(object sender, EventArgs e)
{
    if (File.Exists(textBox1.Text))                         //判断要创建的文件是否存在
    {
        MessageBox.Show("该文件已经存在, 请重新输入");
    }
    else
```

```
    {
        File.Create(textBox1.Text);                        //创建文件
        FileInfo fInfo = new FileInfo(textBox1.Text);      //创建 FileInfo 对象
        ListViewItem li = new ListViewItem();
        li.SubItems.Clear();
        li.SubItems[0].Text = fInfo.Name;                  //显示文件名称
        li.SubItems.Add(fInfo.Extension);                  //显示文件扩展名
        li.SubItems.Add(fInfo.Length / 1024 + "KB");       //显示文件大小
        li.SubItems.Add(fInfo.LastWriteTime.ToString());   //显示文件修改时间
        listView1.Items.Add(li);
    }
}
```

程序运行结果如图 6-1 所示。

图 6-1　使用 File 类创建文件，并获取文件的详细信息

　　　　使用 File 类和 FileInfo 类创建文本文件时，其默认的字符编码为 UTF-8，而在 Windows 环境中手动创建文本文件时，其字符编码为 ANSI。

6.1.3　Directory 类和 DirectoryInfo 类

Directory 类和 DirectoryInfo 类都可以对文件夹进行创建、移动、浏览等操作。下面对这两个类和文件夹的基本操作进行介绍。

1. Directory 类

Directory 类用于文件夹的典型操作，如复制、移动、重命名、创建和删除等，另外，也可将其用于获取和设置与目录的创建、访问及写入操作相关的 DateTime 信息。

Directory 类的常用方法说明如表 6-5 所示。

表 6-5　　　　　　　　　　　　　　Directory 类的常用方法说明

方法	说明
CreateDirectory	创建指定路径中的目录
Delete	删除指定的目录
Exists	确定给定路径是否引用磁盘上的现有目录
GetCreationTime	获取目录的创建日期和时间
GetCurrentDirectory	获取应用程序的当前工作目录

续表

方法	说明
GetDirectories	获取指定目录中子目录的名称
GetFiles	返回指定目录中的文件的名称
GetLogicalDrives	检索此计算机上格式为 "<驱动器号>:\" 的逻辑驱动器的名称
GetParent	检索指定路径的父目录，包括绝对路径和相对路径
Move	将文件或目录及其内容移到新位置
SetCreationTime	为指定的文件或目录设置创建日期和时间
SetCurrentDirectory	将应用程序的当前工作目录设置为指定的目录

2. DirectoryInfo 类

DirectoryInfo 类和 Directory 类之间的关系与 FileInfo 类和 File 类之间的关系十分类似，这里不再赘述。下面介绍 DirectoryInfo 类的常用属性，如表 6-6 所示。

表 6-6　　　　　　　　　　　　　DirectoryInfo 类的常用属性说明

属性	说明
Attributes	获取或设置当前文件或目录的属性的集合
CreationTime	获取或设置当前 FileSystemInfo 对象的创建时间
Exists	获取指示目录是否存在的值
FullName	获取目录或文件的完整目录
Parent	获取指定子目录的父目录
Name	获取 DirectoryInfo 实例的名称

DirectoryInfo 类所使用的相关方法请参见表 6-5 所示。

【例 6-2】　创建一个 Windows 应用程序，用来遍历指定驱动器下的所有文件夹及文件名称。在默认窗体中添加一个 ComboBox 控件和一个 TreeView 控件，其中，ComboBox 控件用来显示并选择驱动器，TreeView 控件用来显示指定驱动器下的所有文件夹及文件。代码如下。

```
//获取所有驱动器，并显示在 ComboBox 中
private void Form1_Load(object sender, EventArgs e)
{
    string[] dirs = Directory.GetLogicalDrives();          //获取计算上的逻辑驱动器的名称
    if (dirs.Length > 0)                                   //如果有驱动器
    {
        for (int i = 0; i < dirs.Length; i++)             //遍历驱动器
        {
            comboBox1.Items.Add(dirs[i]);                 //将驱动名称添加到下拉项中
        }
    }
}
//选择驱动器
private void comboBox1_SelectedValueChanged(object sender, EventArgs e)
{
```

```
        if (((ComboBox)sender).Text.Length > 0)          //如果在下拉项中选择了值
        {
            treeView1.Nodes.Clear();                      //清空 treeView1 控件
            TreeNode TNode = new TreeNode();              //实例化 TreeNode
            //将驱动器下的文件夹及文件名称添加到 treeView1 控件上
            Folder_List(treeView1, ((ComboBox)sender).Text, TNode, 0);
        }
}
/// <summary>
/// 显示文件夹下所有子文件夹及文件的名称
/// </summary>
/// <param Sdir="string">文件夹的目录</param>
/// <param TNode="TreeNode">节点</param>
/// <param n="int">标识，判断当前是文件夹，还是文件</param>
private void Folder_List(TreeView TV, string Sdir, TreeNode TNode, int n)
{
    if (TNode.Nodes.Count > 0)                            //如果当前节点下有子节点
        if (TNode.Nodes[0].Text != "")                   //如果第一个子节点的文本为空
            return;                                      //退出本次操作
    if (TNode.Text == "")                                //如果当前节点的文本为空
        Sdir += "\\";                                    //设置驱动器的根路径
    DirectoryInfo dir = new DirectoryInfo(Sdir);         //实例化 DirectoryInfo 类
    try
    {
        if (!dir.Exists)                                 //判断文件夹是否存在
        {
            return;
        }
        //如果给定参数不是文件夹，则退出
        DirectoryInfo dirD = dir as DirectoryInfo;
        if (dirD == null)                                //如果文件夹是否为空
        {
            TNode.Nodes.Clear();                         //清空当前节点
            return;
        }
        else
        {
            if (n == 0)                                  //如果当前是文件夹
            {
                if (TNode.Text == "")                    //如果当前节点为空
                    TNode = TV.Nodes.Add(dirD.Name);     //添加文件夹的名称
                else
                {
                    TNode.Nodes.Clear();                 //清空当前节点
                }
                TNode.Tag = 0;                           //设置文件夹的标识
            }
        }
        FileSystemInfo[] files = dirD.GetFileSystemInfos();//获取文件夹中所有文件和文件夹
        //对单个 FileSystemInfo 进行判断,遍历文件和文件夹
```

```
        foreach (FileSystemInfo FSys in files)
        {
            FileInfo file = FSys as FileInfo;                //实例化 FileInfo 类
            //如果是文件的话，将文件名添加到节点下
            if (file != null)
            {
                //获取文件所在路径
                FileInfo SFInfo = new FileInfo(file.DirectoryName + "\\" + file.Name);
                TNode.Nodes.Add(file.Name);                  //添加文件名
                TNode.Tag = 0;                               //设置文件标识
            }
            else                                             //如果是文件夹
            {
                TreeNode TemNode = TNode.Nodes.Add(FSys.Name); //添加文件夹名称
                TNode.Tag = 1;                               //设置文件夹标识
                //在该文件夹的节点下添加一个空文件夹，表示文件夹下有子文件夹或文件
                TemNode.Nodes.Add("");
            }
        }
    }
    catch (Exception ex)
    {
        MessageBox.Show(ex.Message);
        return;
    }
}
private  void  treeView1_NodeMouseDoubleClick(object  sender,  TreeNodeMouseClick
EventArgs e)
{
    if (((TreeView)sender).SelectedNode == null)            //如当前节点为空
        return;
    //将指定目录下的文件夹及文件名称清加到 treeView1 控件的指定节点下
    Folder_List(treeView1, ((TreeView)sender).SelectedNode.FullPath.Replace("\\\\",
"\\"),((TreeView)sender).SelectedNode, 0);
}
```

程序运行结果如图 6-2 所示。

图 6-2　遍历驱动器中的文件及文件夹

6.1.4　Path 类

Path 类对包含文件或目录路径信息的 String 实例执行操作。这些操作是以跨平台的方式执行的。路径是提供文件或目录位置的字符串，路径不必指向磁盘上的位置。例如，路径可以映射到内存中或设备上的位置，路径的准确格式是由当前平台确定的；例如，在某些系统上，文件路径可以包含扩展名，扩展名指示在文件中存储的信息的类型，但文件扩展名的格式是与平台相关的；例如，某些系统将扩展名的长度限制为 3 个字符，而其他系统则没有这样的限制。因为这些差异，所以 Path 类的字段以及 Path 类的某些成员的准确行为是与平台相关的。

Path 类的常用方法说明如表 6-7 所示。

表 6-7　　　　　　　　　　　　　　　Path 类的常用方法说明

方法	说明
ChangeExtension	更改路径字符串的扩展名
Combine	将字符串数组或者多个字符串组合成一个路径
GetDirectoryName	返回指定路径字符串的目录信息
GetExtension	返回指定的路径字符串的扩展名
GetFileName	返回指定路径字符串的文件名和扩展名
GetFileNameWithoutExtension	返回不具有扩展名的指定路径字符串的文件名
GetFullPath	返回指定路径字符串的绝对路径
GetInvalidFileNameChars	获取包含不允许在文件名中使用的字符的数组
GetInvalidPathChars	获取包含不允许在路径名中使用的字符的数组
GetPathRoot	获取指定路径的根目录信息
GetRandomFileName	返回随机文件夹名或文件名
GetTempFileName	创建磁盘上唯一命名的零字节的临时文件并返回该文件的完整路径
GetTempPath	返回当前用户的临时文件夹的路径
HasExtension	确定路径是否包括文件扩展名
IsPathRooted	获取指示指定的路径字符串是否包含根的值

　　　　　　Path 类的所有方法都是静态的，因此，需要直接使用 Path 类名调用。

例如，下面代码定义一个文件名，然后分别使用 Path 类的 HasExtension 方法和 GetFullPath 方法判断该文件是否有扩展名，及其完整路径。代码如下。

```
string path = @"Test.txt";
if (Path.HasExtension(path))                          //判断是否有扩展名
{
    Console.WriteLine("{0} 有扩展名", path);
}
//获取指定文件的完整路径
Console.WriteLine("{0} 的完整路径是: {1}.", path, Path.GetFullPath(path));
```

6.1.5　DriveInfo 类

DriveInfo 类用来提供对有关驱动器的信息的访问，使用 DriveInfo 类可以确定哪些驱动器可用，以及这些驱动器的类型，还可以通过查询来确定驱动器的容量和可用空闲空间。

DriveInfo 类的常用属性说明如表 6-8 所示。

表 6-8　　　　　　　　　　　　　　　　DriveInfo 类的常用属性说明

属性	说明
AvailableFreeSpace	指示驱动器上的可用空闲空间量
DriveFormat	获取文件系统的名称，例如 NTFS 或 FAT32
DriveType	获取驱动器类型
IsReady	获取一个指示驱动器是否已准备好的值
Name	获取驱动器的名称
RootDirectory	获取驱动器的根目录
TotalFreeSpace	获取驱动器上的可用空闲空间总量
TotalSize	获取驱动器上存储空间的总大小
VolumeLabel	获取或设置驱动器的卷标

DriveInfo 类最主要的一个方法是 GetDrives 方法，该方法用来检索计算机上的所有逻辑驱动器的驱动器名称，其语法格式如下。

```
public static DriveInfo[] GetDrives()
```

该方法的返回值是一个 DriveInfo 类型的数组，表示计算机上的逻辑驱动器。

【例 6-3】　创建一个 Windows 应用程序，使用 DriveInfo 类获取本地计算机上的所有磁盘驱动器，当用户选择某个驱动器时，将其包含的所有文件夹名称及创建时间显示到 ListView 列表中。

首先在 Form1 窗体的 Load 事件中，使用 DriveInfo 类的 GetDrives 方法获取本地所有驱动器，并显示到 ComboBox 控件中。代码如下。

```
private void Form1_Load(object sender, EventArgs e)
{
    DriveInfo[] dInfos = DriveInfo.GetDrives();          //获取本地所有驱动器
    foreach (DriveInfo dInfo in dInfos)                  //遍历获取到的驱动器
    {
        comboBox1.Items.Add(dInfo.Name);                 //将驱动器名称添加到下拉列表中
    }
}
```

在 comboBox1 控件的 SelectedIndexChanged 事件中，获取指定磁盘驱动器下的文件夹信息，并显示到 ListView 列表中。代码如下。

```
private void comboBox1_SelectedIndexChanged(object sender, EventArgs e)
{
//获取指定磁盘下的所有文件夹
    string[] strDirs = Directory.GetDirectories(comboBox1.Text);
    foreach (string strDir in strDirs)                   //遍历获取到的文件夹
    {
        ListViewItem li = new ListViewItem();
```

```
        li.SubItems.Clear();
//使用遍历到的文件夹创建 DirectoryInfo 对象
        DirectoryInfo dirInfo = new DirectoryInfo(strDir);
        li.SubItems[0].Text = dirInfo.Name;                    //显示文件夹名称
        li.SubItems.Add(dirInfo.CreationTime.ToString()); //显示文件夹创建时间
        listView1.Items.Add(li);
    }
}
```

程序运行结果如图 6-3 所示。

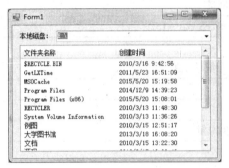

图 6-3　获取本地磁盘驱动器及指定驱动器下的所有文件夹信息　　　　　　C#的 IO 操作

6.2　文件的读写操作

6.2.1　流操作类

.NET Framework 使用流来支持读取和写入文件，开发人员可以将流视为一组连续的一维数组，包含开头和结尾，并且其中的游标指示了流中的当前位置。

1. 流操作

流中包含的数据可能来自内存、文件或 TCP/IP 套接字，流包含以下 3 种可应用于自身的基本操作。

（1）读取（read）表示把数据从流输出到某种数据结构中，例如输出到字节数组。

（2）写入（write）表示把数据从某种数据结构输入到流中，例如把字节数组中的数据输入到流中。

（3）定位（seek）表示在流中查询或重新定位当前位置。

2. 流的类型

在.NET Framework 中，流由 Stream 类来表示，该类构成了所有其他流的抽象类。不能直接创建 Stream 类的实例，但是必须使用它实现的其中一个类。

C#中有许多类型的流，但在处理文件输入/输出（I/O）时，最重要的类型为 FileStream 类，它提供读取和写入文件的方式。可在处理文件 I/O 时使用的其他流主要包括 BufferedStream、CryptoStream、MemoryStream 和 NetworkStream 等。

6.2.2　文件流

C#中，文件流类使用 FileStream 类表示，该类公开以文件为主的 Stream，它表示在磁盘或网络路径上指向文件的流。一个 FileStream 类的实例实际上代表一个磁盘文件，它通过 Seek 方法进行对文件的随机访问，也同时包含了流的标准输入、标准输出和标准错误等。FileStream 默认对文件的打开方式是同步的，但它同样很好地支持异步操作。

对文件流的操作，实际上可以将文件看作是电视信号发送塔要发送的一个电视节目（文件），将电视节目转换成模拟数字信号（文件的二进制流），按指定的发送序列发送到指定的接收地点（文件的接收地址）。

1. FileStream 类的常用属性

FileStream 类的常用属性说明如表 6-9 所示。

表 6-9　　　　　　　　　　　　FileStream 类的常用属性说明

属性	说明
Length	获取用字节表示的流长度
Name	获取传递给构造函数的 FileStream 的名称
Position	获取或设置此流的当前位置
ReadTimeout	获取或设置一个值，该值确定流在超时前尝试读取多长时间
WriteTimeout	获取或设置一个值，该值确定流在超时前尝试写入多长时间

2. FileStream 类的常用方法

FileStream 类的常用方法说明如表 6-10 所示。

表 6-10　　　　　　　　　　　　FileStream 类的常用方法说明

属性	说明
Close	关闭当前流并释放与之关联的所有资源
Lock	允许读取访问的同时防止其他进程更改 FileStream
Read	从流中读取字节块并将该数据写入给定缓冲区中
ReadByte	从文件中读取一个字节，并将读取位置提升一个字节
Seek	将该流的当前位置设置为给定值
SetLength	将该流的长度设置为给定值
Unlock	允许其他进程访问以前锁定的某个文件的全部或部分
Write	使用从缓冲区读取的数据将字节块写入该流

【例 6-4】　创建一个 Windows 应用程序，使用不同的方式打开文件，其中包含"读写方式打开""追加方式打开""清空后打开"和"覆盖方式打开"，然后对其进行写入和读取操作。在默认窗体中添加两个 TextBox 控件、4 个 RadioButton 控件和一个 Button 控件，其中，TextBox 控件用来输入文件路径和要添加的内容，RadionButton 控件用来选择文件的打开方式，Button 控件用来执行文件读写操作。代码如下。

```
FileMode fileM = FileMode.Open;                          //用来记录要打开的方式
//执行读写操作
private void button1_Click(object sender, EventArgs e)
{
    string path = textBox1.Text;                         //获取打开文件的路径
    try
    {
        using (FileStream fs = File.Open(path, fileM))   //以指定的方式打开文件
```

```
        {
            if (fileM != FileMode.Truncate)                //如果在打开文件后不清空文件
            {
                //将要添加的内容转换成字节
                Byte[] info = new UTF8Encoding(true).GetBytes(textBox2.Text);
                fs.Write(info, 0, info.Length);            //向文件中写入内容
            }
        }
        using (FileStream fs = File.Open(path, FileMode.Open))//以读/写方式打开文件
        {
            byte[] b = new byte[1024];                     //定义一个字节数组
            UTF8Encoding temp = new UTF8Encoding(true);    //实现 UTF-8 编码
            string pp = "";
            while (fs.Read(b, 0, b.Length) > 0)            //读取文本中的内容
            {
                pp += temp.GetString(b);                   //累加读取的结果
            }
            MessageBox.Show(pp);                           //显示文本中的内容
        }
    }
    catch                                                  //如果文件不存在，则发生异常
    {
    if (MessageBox.Show("该文件不存在,是否创建文件。", "提示", MessageBoxButtons.YesNo)
== DialogResult.Yes)                                       //显示提示框，判断是否创建文件
        {
            FileStream fs = File.Open(path, FileMode.CreateNew);//在指定的路径下创建文件
            fs.Dispose();                                  //释放流
        }
    }
}
//选择打开方式
private void radioButton1_CheckedChanged(object sender, EventArgs e)
{
    if (((RadioButton)sender).Checked == true)            //如果单选按钮被选中
    {
        //判断单选项的选中情况
        switch (Convert.ToInt32(((RadioButton)sender).Tag.ToString()))
        {
            //记录文件的打开方式
            case 0: fileM = FileMode.Open; break;          //以读/写方式打开文件
            case 1: fileM = FileMode.Append; break;        //以追加方式打开文件
            case 2: fileM = FileMode.Truncate; break;      //打开文件后清空文件内容
            case 3: fileM = FileMode.Create; break;        //以覆盖方式打开文件
        }
    }
}
```

程序运行结果如图 6-4 所示。

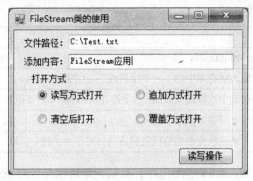

图 6-4　FileStream 类的使用

6.2.3　文本文件的读写

文本文件的写入与读取主要是通过 StreamWriter 类和 StreamReader 类来实现的。下面对这两个类进行详细讲解。

1. StreamWriter 类

StreamWriter 类是专门用来处理文本文件的类，可以方便地向文本文件中写入字符串，同时也负责重要的转换和处理向 FileStream 对象写入工作。

　　StreamWriter 类默认使用 UTF8Encoding 编码来进行创建。

StreamWriter 类的常用属性说明如表 6-11 所示。

表 6-11　　　　　　　　　　　　StreamWriter 类的常用属性说明

属性	说明
Encoding	获取将输出写入到其中的 Encoding
Formatprovider	获取控制格式设置的对象
NewLine	获取或设置由当前 TextWriter 使用的行结束符字符串

StreamWriter 类的常用方法说明如表 6-12 所示。

表 6-12　　　　　　　　　　　　StreamWriter 类的常用方法说明

方法	说明
Close	关闭当前的 StringWriter 和基础流
Write	写入到 StringWriter 的此实例中
WriteLine	写入重载参数指定的某些数据，后跟行结束符

2. StreamReader 类

StreamReader 类是专门用来读取文本文件的类，StreamReader 可以从底层 Stream 对象创建 StreamReader 对象的实例，而且也能指定编码规范参数。创建 StreamReader 对象后，它提供了许多用于读取和浏览字符数据的方法。

StreamReader 类的常用方法说明如表 6-13 所示。

表 6-13 　　　　　　　　　　　StreamReader 类的常用方法说明

方法	说明
Close	关闭 StringReader
Read	读取输入字符串中的下一个字符或下一组字符
ReadBlock	从当前流中读取最大 count 的字符并从 index 开始将该数据写入 Buffer
ReadLine	从基础字符串中读取一行
ReadToEnd	将整个流或从流的当前位置到流的结尾作为字符串读取

【例 6-5】　创建一个 Windows 应用程序，模拟记录进销存管理系统的登录日志。

（1）新建一个 Windows 窗体，命名为 Login，将该窗体设置为启动窗体，该窗体中添加两个 TextBox 控件，用来输入用户名和密码；添加一个 Button 控件，用来实现登录操作，登录过程中记录登录日志。

（2）触发 Button 控件的 Click 事件，该事件中创建登录日志文件，并使用 StreamWriter 对象的 WriteLine 方法将登录日志写入创建的日志文件中。代码如下。

```
private void button1_Click(object sender, EventArgs e)
{
    if (!File.Exists("Log.txt"))                        //判断日志文件是否存在
    {
        File.Create("Log.txt");                         //创建日志文件
    }
    string strLog = "登录用户: " + textBox1.Text + "   登录时间: " + DateTime.Now;
    if (textBox1.Text != "" && textBox2.Text != "")
    {
//创建 StreamWriter 对象
        using (StreamWriter sWriter = new StreamWriter("Log.txt", true))
        {
            sWriter.WriteLine(strLog);                  //写入日志
        }
        Form1 frm = new Form1();                        //创建 Form1 窗体
        this.Hide();                                    //隐藏当前窗体
        frm.Show();                                     //显示 Form1 窗体
    }
}
```

（3）在默认的 Form1 窗体中添加一个 ListView 控件，用来显示登录日志信息，在该窗体的 Load 事件中，使用 StreamReader 对象的 ReadLine 方法逐行读取登录日志信息，并显示在 ListView 控件中。代码如下。

```
private void Form1_Load(object sender, EventArgs e)
{
    //创建 StreamReader 对象
    StreamReader SReader = new StreamReader("Log.txt", Encoding.UTF8);
    string strLine = string.Empty;
    while ((strLine = SReader.ReadLine()) != null)//逐行读取日志文件
    {
    //获取单条日志信息
    string[] strLogs = strLine.Split(new string[] { "          " },
StringSplitOptions.RemoveEmptyEntries);
```

```
        ListViewItem li = new ListViewItem();
        li.SubItems.Clear();
        //显示登录用户
        li.SubItems[0].Text = strLogs[0].Substring(strLogs[0].IndexOf(': ')+1);
        //显示登录时间
        li.SubItems.Add(strLogs[1].Substring(strLogs[1].IndexOf(': ')+1));
        listView1.Items.Add(li);
    }
}
```

运行程序，在"系统登录"窗体中输入用户名和密码，如图 6-5 所示，单击"登录"按钮进入"系统日志"窗体，该窗体中显示系统的登录日志信息，如图 6-6 所示。

图 6-5   输入用户名和密码

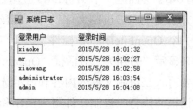

图 6-6   显示系统登录日志信息

6.2.4　二进制文件的读写

二进制文件的写入与读取主要是通过 BinaryWriter 类和 BinaryReader 类来实现的。下面对这两个类进行详细讲解。

1. BinaryWriter 类

BinaryWriter 类以二进制形式将基元类型写入流，并支持用特定的编码写入字符串，其常用方法说明如表 6-14 所示。

表 6-14　　　　　　　　　　　　　　　　BinaryWriter 类的常用方法说明

方法	说明
Close	关闭当前的 BinaryWriter 和基础流
Seek	设置当前流中的位置
Write	将值写入当前流

2. BinaryReader 类

BinaryReader 类用特定的编码将基元数据类型读作二进制值，其常用方法说明如表 6-15 所示。

表 6-15　　　　　　　　　　　　　　　　BinaryReader 类的常用方法说明

方法	说明
Close	关闭当前阅读器及基础流
PeekChar	返回下一个可用的字符，并且不提升字节或字符的位置
Read	从基础流中读取字符，并提升流的当前位置
ReadByte	从当前流中读取下一个字节，并使流的当前位置提升一个字节
ReadBytes	从当前流中将 count 个字节读入字节数组，并使当前位置提升 count 个字节

续表

方法	说明
ReadChar	从当前流中读取下一个字符，并根据所使用的 Encoding 和从流中读取的特定字符，提升流的当前位置
ReadChars	从当前流中读取 count 个字符，以字符数组的形式返回数据，并根据所使用的 Encoding 和从流中读取的特定字符，提升当前位置
ReadInt32	从当前流中读取 4 字节有符号整数，并使流的当前位置提升 4 个字节
ReadString	从当前流中读取一个字符串。字符串有长度前缀，一次将 6 位编码为整数

下面通过一个实例来说明如何使用 BinaryWriter 类和 BinaryReader 类来读写文本文件。

【例 6-6】 创建一个 Windows 应用程序，主要使用 BinaryWriter 类和 BinaryReader 类的相关属性和方法实现向二进制文件中写入和读取数据的功能。在默认窗体中添加一个 SaveFileDialog 控件、一个 OpenFileDialog 控件、一个 TextBox 控件和两个 Button 控件，其中，SaveFileDialog 控件用来显示"另存为"对话框，OpenFileDialog 控件用来显示"打开"对话框，TextBox 控件用来输入要写入二进制文件的内容和显示选中二进制文件的内容，Button 控件分别用来打开"另存为"对话框并执行二进制文件写入操作和打开"打开"对话框并执行二进制文件读取操作。代码如下。

```csharp
private void button1_Click(object sender, EventArgs e)
{
    if (textBox1.Text == string.Empty)                          //判断文本框是否为空
    {
        MessageBox.Show("要写入的文件内容不能为空");
    }
    else
    {
        saveFileDialog1.Filter = "二进制文件(*.dat)|*.dat";        //设置保存文件的格式
        if (saveFileDialog1.ShowDialog() == DialogResult.OK)     //判断是否选择了文件
        {
            //使用"另存为"对话框中输入的文件名创建 FileStream 对象
            FileStream    myStream    =    new    FileStream(saveFileDialog1.FileName,
FileMode.OpenOrCreate, FileAccess.ReadWrite);
            //使用 FileStream 对象创建 BinaryWriter 二进制写入流对象
            BinaryWriter myWriter = new BinaryWriter(myStream);
            //以二进制方式向创建的文件中写入内容
            myWriter.Write(textBox1.Text);
            myWriter.Close();                                    //关闭当前二进制写入流
            myStream.Close();                                    //关闭当前文件流
            textBox1.Text = string.Empty;                        //清空文本框
        }
    }
}
private void button2_Click(object sender, EventArgs e)
{
    openFileDialog1.Filter = "二进制文件(*.dat)|*.dat";           //设置打开文件的格式
    if (openFileDialog1.ShowDialog() == DialogResult.OK)        //判断是否选择了文件
    {
        textBox1.Text = string.Empty;                           //清空文本框
```

```
                //使用"打开"对话框中选择的文件名创建 FileStream 对象
                FileStream myStream = new FileStream(openFileDialog1.FileName, FileMode.Open,
FileAccess.Read);
                //使用 FileStream 对象创建 BinaryReader 二进制写入流对象
                BinaryReader myReader = new BinaryReader(myStream);
                if (myReader.PeekChar() != -1)                          //判断是否有数据
                {
                    //以二进制方式读取文件中的内容
                    textBox1.Text = Convert.ToString(myReader.ReadInt32());
                }
                myReader.Close();                                       //关闭当前二进制读取流
                myStream.Close();                                       //关闭当前文件流
            }
        }
```

C#读取文件操作

C#写入文件操作

小　结

　　本章首先对文件进行了简单的描述，然后对 System.IO 命名空间及其包含的文件、目录类进行了重点讲解，最后对数据库操作技术进行了介绍，包括对文本文件和二进制文件的读写操作。文件操作是程序开发中经常遇到的一种操作，在学习完本章后，应该能够熟悉文件及数据流操作的理论知识，并能在实际开发中熟练利用这些理论知识对文件及数据流进行各种操作。

上机指导

　　设计一个 Windows 程序，实现复制文件时显示复制进度的功能。要求：使用文件流来复制文件，并在每一块文件复制后，用进度条来显示文件的复制情况。程序运行效果如图 6-7 所示。

图 6-7　复制文件时显示复制进度

程序开发步骤如下。

（1）新建一个 Windows 窗体应用程序，命名为 FileCopyPlan。

（2）更改默认窗体 Form1 的 Name 属性为 Frm_Main，在该窗体中添加一个 OpenFileDialog 控件，用来选择源文件；添加一个 FolderBrowserDialog 控件，用来选择目的文件的路径；添加两个 TextBox 控件，分别用来显示源文件与目的文件的路径；添加 3 个 Button 控件，分别用来选择源文件和目的文件的路径，以及实现文件的复制功能；添加一个 ProgressBar 控件，用来显示复制进度条。

（3）在窗体的后台代码中编写 CopyFile 方法，用来实现复制文件，并显示复制进度条，具体代码如下。

```csharp
public void CopyFile(string FormerFile, string toFile, int SectSize, ProgressBar progressBar1)
{
    progressBar1.Value = 0;
    progressBar1.Minimum = 0;
    FileStream fileToCreate = new FileStream(toFile, FileMode.Create);
    fileToCreate.Close();
    fileToCreate.Dispose();
    FormerOpen = new FileStream(FormerFile, FileMode.Open, FileAccess.Read);
    ToFileOpen = new FileStream(toFile, FileMode.Append, FileAccess.Write);
    int      max     =      Convert.ToInt32(Math.Ceiling((double)FormerOpen.Length / (double)SectSize));
    progressBar1.Maximum = max;
    int FileSize;
    if (SectSize < FormerOpen.Length)
    {
        byte[] buffer = new byte[SectSize];
        int copied = 0;
        int tem_n = 1;
        while (copied <= ((int)FormerOpen.Length - SectSize))
        {
            FileSize = FormerOpen.Read(buffer, 0, SectSize);
            FormerOpen.Flush();
            ToFileOpen.Write(buffer, 0, SectSize);
            ToFileOpen.Flush();
            ToFileOpen.Position = FormerOpen.Position;
            copied += FileSize;
            progressBar1.Value = progressBar1.Value + tem_n;
        }
        int left = (int)FormerOpen.Length - copied;
        FileSize = FormerOpen.Read(buffer, 0, left);
        FormerOpen.Flush();
        ToFileOpen.Write(buffer, 0, left);
        ToFileOpen.Flush();
    }
    else
    {
        byte[] buffer = new byte[FormerOpen.Length];
        FormerOpen.Read(buffer, 0, (int)FormerOpen.Length);
        FormerOpen.Flush();
        ToFileOpen.Write(buffer, 0, (int)FormerOpen.Length);
        ToFileOpen.Flush();
    }
```

```
FormerOpen.Close();
ToFileOpen.Close();
if (MessageBox.Show("复制完成") == DialogResult.OK)
{
    progressBar1.Value = 0;
    textBox1.Clear();
    textBox2.Clear();
    str = "";
}
}
```

习　　题

1. 简述文件的主要分类，并分别进行简单描述。
2. 对文件或者流进行操作时，主要用到什么命名空间?
3. 如何创建文件?
4. 常见的流操作有哪些?
5. 如何对文本文件进行读写操作?
6. 如何对二进制文件进行读写操作?

第7章

ADO.NET 数据库编程

本章要点:

- ADO.NET 对象模型
- Connection 数据连接对象
- Command 命令执行对象
- DataReader 数据读取对象
- DataSet 数据集对象
- DataAdapter 数据适配器对象
- DataGridView 数据表格视图控件
- BindingSource 数据源绑定控件

在开发 Windows 程序时,为了使客户端能够访问服务器中的数据库,根据应用的需要完成数据库的各种操作,应用程序必须与数据库服务器通信与交互,而这就需要借助数据库访问中间件技术。其中,ADO.NET 就是一种最常用的数据库访问中间件技术。ADO.NET 技术是一组向.NET 程序员公开数据访问服务的类,它为创建分布式数据共享应用程序提供了一组丰富的组件。

7.1 数据库与 ADO.NET 基础

7.1.1 数据库概述

数据库是按照数据结构来组织、存储和管理数据的仓库,是存储在一起的相关数据的集合。使用数据库可以减少数据的冗余度,节省数据的存储空间。其具有较高的数据独立性和易扩充性,实现了数据资源的充分共享。计算机系统中只能存储二进制的数据,而数据存在的形式却是多种多样的。数据库可以将多样化的数据转换成二进制的形式,使其能够被计算机识别。同时,可以将存储在数据库中的二进制数据以合理的方式转化为人们可以识别的逻辑数据。

随着数据库技术的发展,为了进一步提高数据库存储数据的高效性和安全性,随之产生了关系型数据库。关系型数据库是由许多数据表组成的,数据表又是由许多条记录组成的,而记录又是由许多的字段组成的,每个字段对应一个对象。根据实际的要求,设置字段的长度、数据类型、是否必须存储数据。

数据库的种类有很多,常见的分类有以下 3 种。

(1)按照是否支持联网分为单机版数据库和网络版数据库。

(2)按照存储的容量分为小型数据库、中型数据库、大型数据库和海量数据库。

（3）按照是否支持关系分为非关系型数据库和关系型数据库。

常见的数据库有 SQL Server、Oracle、MySQL、Access、Sybase 和 DB2 等。

7.1.2　数据库表的创建与删除

数据库主要用于存储数据及数据库对象（如表、索引）。下面以 Microsoft SQL Server 2012 为例，介绍如何通过管理器来创建和删除数据库。

1. 创建数据库

（1）找到 SQL Server 2012 的 SQL Server Management Studio，单击打开图 7-1 所示的"连接到服务器"对话框，在该对话框中选择登录的服务器名称和身份验证方式，然后输入登录用户名和登录密码。

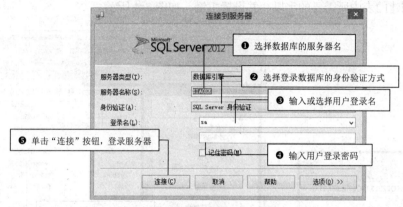

图 7-1　"连接到服务器"对话框

（2）单击"连接"按钮，连接到指定的 SQL Server 2012 服务器，然后展开服务器节点，选中"数据库"节点，单击鼠标右键，在弹出的快捷菜单中选择"新建数据库"命令，打开图 7-2 所示的"新建数据库"对话框，在该对话框中输入新建的数据库的名称，这里输入 db_EMS，表示进销存管理系统数据库，选择数据库所有者和存放路径，这里的数据库所有者一般为默认。

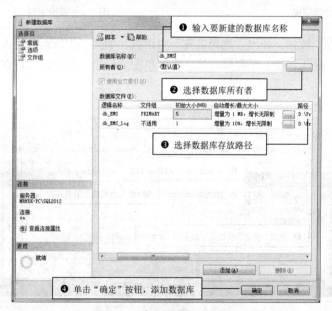

图 7-2　"新建数据库"对话框

（3）单击"确定"按钮，即可新建一个数据库，如图 7-3 所示。

2. 删除数据库

删除数据库的方法很简单，只需在要删除的数据库上单击鼠标右键，在弹出的快捷菜单中选择"删除"命令即可。

3. 创建数据表

数据库创建完毕，接下来要在数据库中创建数据表。下面还是以上述的数据库为例，介绍如何在数据库中创建和删除数据表。

（1）单击数据库名左侧的"＋"，打开该数据库的子项目，在子项目中的"表"项上单击鼠标右键，在弹出的快捷菜单中选择"新建表"命令，在 SQL Server 2012 管理器的右边显示一个新表，这里输入要创建的表中所需要的字段，并设置主键，如图 7-4 所示。

图 7-3 新建的数据库

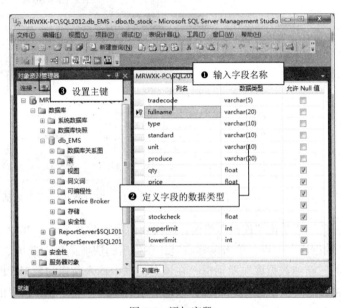

图 7-4 添加字段

（2）单击"保存"按钮，弹出"选择名称"对话框，如图 7-5 所示，输入要新建的数据表的名称，这里输入 tb_stock，表示库存商品信息表，单击"确定"按钮，即可在数据库中添加一个 tb_stock 数据表。

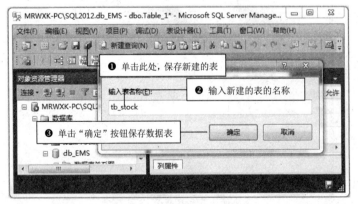

图 7-5 "选择名称"对话框

说明

在创建表结构时，有些字段可能需要设置初始值（如 int 型字段），可以在默认值文本框中输入相应的值。

4. 删除数据表

如果要删除数据库中的某个数据表，只需右击数据表，在弹出的快捷菜单中选择"删除"命令即可。

7.1.3 SQL 入门

1. SQL 简介

SQL（Structured Query Language）语言是一个综合的、通用的关系数据库语言，其功能包括查询、操纵、定义和控制。

从 1982 年开始，美国国家标准局（ANSI）开始着手 SQL 的标准化工作。1986 年 10 月，ANSI 的数据库委员会 X3H2 批准了 SQL 作为关系数据库的美国标准，同年公布了标准 SQL 文本。此后不久，国际标准化组织（ISO）也做了同样的决定。目前，SQL 标准有 3 个版本。基本的 SQL 定义是 ANSI X3 135-89，一般叫做 SQL-89。SQL-89 定义了模式定义、数据操作和事务处理。SQL-89 和随后的 ANSI X3 168-1989 构成了第一代 SQL 标准。ANSI X3 135-1992 描述了一种增强功能的 SQL，现在叫 SQL-92 标准。SQL-92 包含模式操作、动态创建、SQL 语句动态执行和网络环境支持等增强特性。在完成 SQL-92 标准后，ANSI 和 ISO 开始合作开发 SQL3 标准。SQL3 的主要特点在于抽象数据类型的支持，为新一代对象关系数据库提供了标准。

目前，各数据库厂商都纷纷推出各自的支持 SQL 语言的数据库系统，但完全按 SQL 标准实现的并不多。由于不同的数据库系统在支持 SQL 标准的同时均对 SQL 标准做了许多的扩充，因而形成了各种不同的"方言"。例如，Microsoft SQL Server 使用的 Transact-SQL 就是在 SQL-92 标准基础上扩充的"方言"。

2. SQL 的构成

SQL 由命令、子句和运算符等元素所构成的，这些元素结合起来组成用于创建、更新和操作数据的语句。SQL 命令分两大类，即 DDL（数据定义语言）命令和 DML（数据操纵语言）命令。DDL 命令用于创建和定义新的数据库、字段和索引，主要包含以下语句。

（1）create：创建新的表、字段和索引。

（2）drop：删除数据库中的表和索引。

（3）alter：通过添加字段或改变字段定义来修改表。

DML 命令用于创建查询，以便从数据库中排序、筛选和抽取数据，主要包含以下语句。

（1）select：在数据库中查找满足特定条件的记录。

（2）insert：在数据库中插入新的记录。

（3）update：更新特定的记录和字段。

（4）delete：从数据库表中删除记录。

SQL 子句用于定义要选择或操作的数据，主要包含以下语句。

（1）from：指定要操作的表。

（2）where：指定选择记录时要满足的条件。

（3）group by：将选择的记录分组。

（4）into：创建新表并将结果行插入新表中。

（5）having：指定分组条件。

（6）order by：按特定的顺序排序记录。

（7）union：将两个或多个查询结果组合为单个结果集，该结果集包含联合查询中的所有查询的全部行。

（8）compute：生成合计，作为附加的汇总列，出现在结果集的最后。

（9）for：用于指定 browse 或 xml 选项。xml 选项将查询结果作为 XML 文档返回。

(10) option：指定要在整个查询中使用的查询提示。

SQL 运算符包括逻辑运算符和比较运算符等。逻辑运算符（and、or 和 not）用于连接两个表达式，比较运算符（<、<=、>、>=、=、<>、between、like 和 in）用于比较两个表达式的值。

SQL 还有一些用来计算的函数，即合计函数。例如，avg 函数计算平均值，count 函数返回记录数，sum 函数计算总和，max 函数计算最大值等。

3. 常用 SQL 语句

（1）select 语句

select 语句的功能是从现有的数据库中检索数据，即将满足一定约束条件的一个或多个表中的字段从数据库中挑选出来，并按一定的分组和排序方法显示出来。简单的选择查询只有 from 子句，from 子句用来指定数据的来源，即指出记录来自哪些表。如果某一字段出现在多个表中，则要用.（下圆点）来指定字段所属的表。例如，以下语句检索 List 表的所有记录和字段。

```
select * from List
```

可以只显示部份字段，例如，以下语句检索 List 表的所有记录，但结果只含收支金额、收支日期和说明。

```
select Amount,TradeDate,Explain from List
```

select 语句的 where 子句用来指定选择记录时要满足的条件。若没有指定 where 子句，则查询将返回表中的所有记录。where 子句必须在 from 子句的后面。例如，以下语句用来查询 2011 年 11 月份的收支明细。

```
select * from List where TradeDate between '2011-11-1'and '2011-11-30'
```

如果要模糊查询，可以使用 like 关键字，以下语句用来查询说明中包含"电影"的收支明细。

```
select * from List where Explain like '%电影%'
```

如要在多个表之间联合查询，也可以使用 where 子句。例如，以下语句用于在收支类别表、收支项表和收支明细表三个表中检索收支明细。

```
select a.ListID,c.ItemName,b.CategoryName,b.IsPayout,a.Amount,a.TradeDate,a.Explain
from List as a,Category as b,Item as c
where a.ItemID=c.ItemID and c.CategoryID=b.CategoryID
```

select 语句的 group by 子句用于对记录分组，即将指定字段列表中具有相同值的记录合并成一组。例如，以下语句按收支项分组统计每个收支项的收支总额。

```
select sum(Amount) as 每项总收支 from List group by ItemID
```

select 语句的 having 子句用于确定在带 group by 子句的查询中具体显示哪些记录，即用 group by 子句完成记录分组后，可以用 having 子句来显示满足指定条件的分组。例如，以下语句以显示汇总后金额大于 500 的记录。

```
select sum(Amount) as 每项总收支 from List group by ItemID having sum(Amount)>500
```

select 语句的 order by 子句用于对记录排序。例如：

```
select * from List order by Amount
```

默认是升序。若想降序，则要在作为排序的字段后加 desc 关键字，例如：

```
select * from List order by Amount desc
```

order by 子句中还可包含多个字段，这样记录先按第一个字段排序，然后对值相等的记录再按第二个字段排序，依此类推。

（2）delete 语句

delete 语句的功能是删除 from 子句列出的满足 where 子句条件的一个或多个表中的记录。例如，以下语句用于从 Orders 表中删除收支明细编号为 16 的记录。

```
delete from List Where ListID=16
```

（3）insert 语句

insert 语句用于添加记录到表中。例如，以下语句用于向 List 表中添加一条新记录。

```
insert into List(ItemID,Amount,TradeDate,Explain)values (1,58.8,'2011-11-03','蔬菜和肉类')
```

（4）update 语句

update 语句用于按某个条件来更新特定表中的字段值。例如，以下语句将 List 表中收支明细编号为 3 的收支金额改为 89。

```
update List set Amount=89 where ListID=3
```

7.1.4 ADO.NET 概述

ADO.NET 是微软.NET 数据库的访问架构，它是数据库应用程序和数据源之间沟通的桥梁，主要提供一个面向对象的数据访问架构，用来开发数据库应用程序。

在.NET Framework 中，ADO.NET 主要封装于以下命名空间中。

（1）System.Data：提供对表示 ADO.NET 结构的类的访问。通过 ADO.NET 可以生成一些组件，用于有效管理多个数据源的数据。

（2）System.Data.Common：包含由各种.NET Framework 数据提供程序共享的类。

（3）System.Data.Odbc：ODBC .NET Framework 数据提供程序，描述用来访问托管空间中的 ODBC 数据源的类集合。

（4）System.Data.OleDb：OLE DB .NET Framework 数据提供程序，描述了用于访问托管空间中的 OLE DB 数据源的类集合。

（5）System.Data.SqlClient：SQL 服务器.NET Framework 数据提供程序，描述了用于在托管空间中访问 SQL Server 数据库的类集合。

（6）System.Data.SqlTypes：提供 SQL Server 中本机数据类型的类，SqlTypes 中的每个数据类型在 SQL Server 中具有其等效的数据类型。

（7）System.Data.OracleClient：用于 Oracle 的.NET Framework 数据提供程序，描述了用于在托管空间中访问 Oracle 数据源的类集合。

ADO.NET 用于访问数据库的对象主要有：Connection、Command、DataReader、DataAdapter、DataSet 和 DataTable 等，它们的关系如图 7-6 所示。

其中，各对象在 ADO.NET 中的功能如下。

（1）Connection 对象主要提供与数据库的连接功能。

（2）Command 对象用于返回数据、修改数据、运行存储过程以及发送或检索参数信息的数据库命令。

（3）DataReader 对象通过 Command 对象提供从数据库检索信息的功能，它以一种只读的、向前的、快速的方式访问数据库。

（4）DataAdapter 对象提供连接 DataSet 对象和数据源的桥梁，它主要使用 Command 对象在数据源中执行 SQL 命令，以便将数据加载

图 7-6　ADO.NET 对象模型

到 DataSet 数据集中，并确保 DataSet 数据集中数据的更改与数据源保持一致。

（5）DataSet 对象是 ADO.NET 的核心概念，它是支持 ADO.NET 断开式、分布式数据方案的核心对象。DataSet 对象是一个数据库容器，可以把它当作是存在于内存中的数据库，无论数据源是什么，它都会提供一致的关系编程模型。

（6）DataTable 对象表示内存中数据的一个表。

7.2　数据库的连接

所有对数据库的访问操作都是从建立数据库连接开始的。在打开数据库之前，必须先设置好连接字符串（ConnectionString），然后再调用 Open 方法打开连接，此时便可对数据库进行访问，最后调用 Close 方法关闭连接。

7.2.1　Connection 对象介绍

Connection 对象用于连接到数据库和管理对数据库的事务，它的一些属性描述数据源和用户身份验证。Connection 对象还提供一些方法允许程序员与数据源建立连接或者断开连接。并且微软公司提供了 4 种数据提供程序的连接对象，分别为：

SQL Server .NET 数据提供程序的 SqlConnection 连接对象，命名空间 System.Data.SqlClient.SqlConnection。

OLE DB .NET 数据提供程序的 OleDbConnection 连接对象，命名空间 System.Data.OleDb.OleDbConnection。

ODBC .NET 数据提供程序的 OdbcConnection 连接对象，命名空间 System.Data.Odbc.OdbcConnection。

Oracle .NET 数据提供程序的 OracleConnection 连接对象，命名空间 System.Data.OracleClient.OracleConnection。

　　本章所涉及关于 ADO.NET 相关技术的所有实例都将以 SQL Server 数据库为例，引入的命名空间即 System.Data.SqlClient。

7.2.2　数据库连接字符串

为了让连接对象知道欲访问的数据库文件在哪里，用户必须将这些信息用一个字符串加以描述。数据库连接字符串中需要提供的必要信息包括服务器的位置、数据库的名称和数据库的身份

验证方式（Windows 集成身份验证或 SQL Server 身份验证），另外，还可以指定其他信息（诸如连接超时等）。

数据库连接字符串常用的参数说明如表 7-1 所示。

表 7-1　　　　　　　　　　　数据库连接字符串常用的参数说明

参数	说明
Provider	这个属性用于设置或返回连接提供程序的名称，仅用于 OleDbConnection 对象
Connection Timeout	在终止尝试并产生异常前，等待连接到服务器的连接时间长度（以秒为单位）。默认值是 15 秒
Initial Catalog 或 Database	数据库的名称
Data Source 或 Server	连接打开时使用的 SQL Server 名称，或者是 Microsoft Access 数据库的文件名
Password 或 pwd	SQL Server 账户的登录密码
User ID 或 uid	SQL Server 登录账户
Integrated Security	此参数决定连接是否是安全连接。可能的值有 True，False 和 SSPI（SSPI 是 True 的同义词）

下面分别以连接 SQL Server 2000/2005 数据库和 Access 数据库为例介绍如何书写数据库连接字符串。

1. 连接 SQL Server 数据库

语法格式如下。

```
string connStr="Server=服务器名;User Id=用户;Pwd=密码;DataBase=数据库名称"
```

例如，通过 ADO.NET 技术连接本地 SQL Server 的 db_EMS 数据库。代码如下。

```
//创建连接数据库的字符串
string connStr = "Server=localhost;User Id=sa;Pwd=;DataBase=db_EMS";
```

2. 连接 Access 数据库

语法格式如下。

```
string connStr = "provide=提供者; Data Source=Access 文件路径";
```

例如，连接 C 盘根目录下的 mydb.mdb 数据库。代码如下。

```
String connStr = "provide=Microsoft.Jet.OLEDB.4.0;"+@"Data Source=C:\mydb.mdb";
```

7.2.3　应用 SqlConnection 对象连接数据库

调用 Connection 对象的 Open 方法或 Close 方法可以打开或关闭数据库连接，而且必须在设置好数据库连接字符串后才能调用 Open 方法，否则 Connection 对象不知道要与哪一个数据库建立连接。

数据库联机资源是有限的，因此在需要的时候才打开连接，且一旦使用完就应该尽早地关闭连接，把资源归还给系统。

下面通过一个例子讲解如何使用 SqlConnection 对象连接 SQL Server 2007 数据库。

【例 7-1】　创建一个 Windows 应用程序，在默认窗体中添加两个 Label 控件，分别用来显示数据库连接的打开和关闭状态，然后在窗体的加载事件中，通过 SqlConnection 对象的 State 属性来判断数据库的连接状态。代码如下。

```
private void Form1_Load(object sender, EventArgs e)
{
    //创建数据库连接字符串
    string connStr = "Server=localhost;User Id=sa;Pwd=;DataBase=db_EMS";
    SqlConnection conn = new SqlConnection(connStr);  //创建数据库连接对象
    conn.Open();                                      //打开数据库连接
    if (conn.State == ConnectionState.Open)           //判断连接是否打开
    {
        label1.Text = "SQL Server 数据库连接开启！";
        conn.Close();                                 //关闭数据库连接
    }
    if (conn.State == ConnectionState.Closed)         //判断连接是否关闭
    {
        label2.Text = "SQL Server 数据库连接关闭！";
    }
}
```

　　上面的程序中由于用到 SqlConnection 类，所以首先需要添加 System.Data.SqlClient 命名空间，下面遇到这种情况时将不再说明。

程序运行结果如图 7-7 所示。

图 7-7　使用 SqlConnection 对象连接数据库

7.3　SQL 命令的执行

7.3.1　Command 对象概述

　　使用 Connection 对象与数据源建立连接后，可以使用 Command 对象对数据源执行 SQL 命令，完成数据查询、添加、删除和修改等各种操作，操作实现的方式可以是直接使用 SQL 语句，也可以是引用包含 SQL 语句的存储过程。根据.NET Framework 数据提供程序的不同，Command 对象也可以分成 4 种，分别是 SqlCommand、OleDbCommand、OdbcCommand 和 OracleCommand，在实际的编程过程中应该根据访问的数据源不同，选择相对应的 Command 对象。

　　Command 对象的常用属性说明如表 7-2 所示。

表 7-2　　　　　　　　　　　　　　　Command 对象的常用属性说明

属性	说明
CommandType	获取或设置 Command 对象要执行命令的类型
CommandText	获取或设置要对数据源执行的 SQL 语句或存储过程名或表名

续表

属性	说明
CommandTimeOut	获取或设置在终止对执行命令的尝试并生成错误之前的等待时间
Connection	获取或设置 Command 对象使用的 Connection 对象的名称
Parameters	获取 Command 对象需要使用的参数集合

例如，使用 SqlCommand 对象对 SQL Server 数据库执行查询操作。代码如下。

```
//创建数据库连接对象
SqlConnection conn = new SqlConnection("Server=localhost;User Id=sa;Pwd=;DataBase=
db_EMS");
    SqlCommand comm = new SqlCommand();              //创建对象 SqlCommand
    comm.Connection = conn;                          //指定数据库连接对象
    comm.CommandType = CommandType.Text;             //设置要执行命令类型
    comm.CommandText = "select * from tb_stock";     //设置要执行的 SQL 语句
```

Command 对象的常用方法说明如表 7-3 所示。

表 7-3　　　　　　　　　　　　　Command 对象的常用方法说明

方法	说明
ExecuteNonQuery	用于执行非 SELECT 命令，比如 INSERT、DELETE 或者 UPDATE 命令，并返回 3 个命令所影响的数据行数；另外也可以用来执行一些数据定义命令，比如新建、更新、删除数据库对象（如表、索引等）
ExecuteScalar	用于执行 SELECT 查询命令，返回数据中第一行第一列的值，该方法通常用来执行那些用到 COUNT 或 SUM 函数的 SELECT 命令
ExecuteReader	执行 SELECT 命令，并返回一个 DataReader 对象，这个 DataReader 对象是一个只读向前的数据集

说明

表 7-3 中这 3 种方法非常重要，如果要使用 ADO.NET 完成某种数据库操作，一定会用到上面这些方法，这 3 种方法没有任何的优劣之分，只是使用的场合不同罢了，所以一定要弄清楚它们的返回值类型以及使用方法，以便适当地使用它们。

7.3.2　执行 SQL 语句

以操作 SQL Server 数据库为例，向数据库中添加记录时，首先要创建 SqlConnection 对象连接数据库，然后定义添加数据的 SQL 字符串，最后调用 SqlCommand 对象的 ExecuteNonQuery 方法执行数据的添加操作。

【例 7-2】　创建一个 Windows 应用程序，在默认窗体中添加两个 TextBox 控件、一个 Label 控件和一个 Button 控件，其中，TextBox 控件用来输入要添加的信息，Label 控件用来显示添加成功或失败信息，Button 控件用来执行数据添加操作。代码如下。

```
private void button1_Click(object sender, EventArgs e)
{
    //创建数据库连接对象
    SqlConnection conn = new SqlConnection("Server=localhost;User Id=sa;Pwd=;
DataBase=db_EMS");
    //定义添加数据的 SQL 语句
    string strsql = "insert into tb_PDic(Name,Money) values('" + txtVersion.Text + "',"
```

```
+ Convert.ToDecimal(txtPrice.Text) + ")";
        SqlCommand comm = new SqlCommand(strsql, conn);        //创建 SqlCommand 对象
        if (conn.State == ConnectionState.Closed)              //判断连接是否关闭
        {
            conn.Open();                                        //打开数据库连接
        }
        //判断 ExecuteNonQuery 方法返回的参数是否大于 0，大于 0 表示添加成功
        if (Convert.ToInt32(comm.ExecuteNonQuery()) > 0)
        {
            label3.Text = "添加成功! ";
        }
        else
        {
            label3.Text = "添加失败! ";
        }
        conn.Close();                                          //关闭数据库连接
}
```

程序运行结果如图 7-8 所示。

图 7-8 使用 Command 对象添加数据

7.3.3 调用存储过程

存储过程可以使管理数据库和显示数据库信息等操作变得非常容易，它是 SQL 语句和可选控制流语句的预编译集合，它存储在数据库内，在程序中可以通过 Command 对象来调用，其执行速度比 SQL 语句快，同时还保证了数据的安全性和完整性。

【例 7-3】 创建一个 Windows 应用程序，在默认窗体中添加两个 TextBox 控件、一个 Label 控件和一个 Button 控件，其中，TextBox 控件用来输入要添加的信息，Label 控件用来显示添加成功或失败信息，Button 控件用来调用存储过程执行数据添加操作。代码如下。

```
    private void button1_Click(object sender, EventArgs e)
    {
        //创建数据库连接对象
    SqlConnection conn = new SqlConnection("Server=localhost;User Id=sa;Pwd=;DataBase=
db_EMS");
        SqlCommand cmd = new SqlCommand();                      //创建 SqlCommand 对象
        cmd.Connection = conn;                                  //指定数据库连接对象
        cmd.CommandType = CommandType.StoredProcedure;//指定执行对象为存储过程
        cmd.CommandText = "proc_AddData";                      //指定要执行的存储过程名称
        //为@name 参数赋值
        cmd.Parameters.Add("@name", SqlDbType.VarChar, 20).Value = txtVersion.Text;
        //为@money 参数赋值
        cmd.Parameters.Add("@money", SqlDbType.Decimal).Value = Convert.ToDecimal(txtPrice.Text);
```

```
    if (conn.State == ConnectionState.Closed)          //判断连接是否关闭
    {
        conn.Open();                                    //打开数据库连接
    }
    //判断 ExecuteNonQuery 方法返回的参数是否大于 0，大于 0 表示添加成功
    if (Convert.ToInt32(cmd.ExecuteNonQuery()) > 0)
    {
        label3.Text = "添加成功! ";
    }
    else
    {
        label3.Text = "添加失败! ";
    }
    conn.Close();                                       //关闭数据库连接
}
```

提示，本例所用的存储过程代码如下。

```
CREATE proc proc_AddData
(
@name varchar(20),
@money decimal
)
as
insert into tb_PDic(Name,Money) values(@name,@money)
GO
```

程序运行结果如图 7-9 所示。

图 7-9 使用 Command 对象调用存储过程添加数据

在 proc_AddData 存储过程中使用@符号定义参数，包括@name 和@money，对于存储过程参数名称的定义，通常会参考数据表中的列的名称（本例用到的数据表 tb_PDic 中的列分别为 Name 和 Money），这样可以比较容易地辨别某个参数对应表的哪个字段。当然，参数名称可以自定义，但一般都参考数据表中的字段进行定义。

7.4 数据记录的读取操作

7.4.1 DataReader 对象概述

DataReader 对象是一个简单的数据集，它主要用于从数据源中读取只读的数据集，其常用于检索大量数据。根据.NET Framework 数据提供程序的不同，DataReader 对象也可以分为

SqlDataReader、OleDbDataReader、OdbcDataReader 和 OracleDataReader 等 4 大类。

由于 DataReader 对象每次只能在内存中保留一行，所以使用它的系统开销非常小。

使用 DataReader 对象读取数据时，必须一直保持与数据库的连接，所以也被称为连线模式，其架构如图 7-10 所示（这里以 SqlDataReader 为例）。

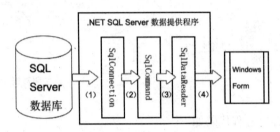

图 7-10　使用 SqlDataReader 对象读取数据

DataReader 对象是一个轻量级的数据对象，如果只需要将数据读出并显示，那么它是最合适的工具，因为它的读取速度比稍后要讲解到的 DataSet 对象要快，占用的资源也更少；但是，一定要铭记：DataReader 对象在读取数据时，要求数据库一直保持在连接状态，只有在读取完数据之后才能断开连接。

开发人员可以通过 Command 对象的 ExecuteReader 方法从数据源中检索数据来创建 DataReader 对象，DataReader 对象常用属性说明如表 7-4 所示。

表 7-4　　　　　　　　　　　　DataReader 对象常用属性说明

属性	说明
HasRows	判断数据库中是否有数据
FieldCount	获取当前行的列数
RecordsAffected	获取执行 SQL 语句所更改、添加或删除的行数

DataReader 对象常用方法说明如表 7-5 所示。

表 7-5　　　　　　　　　　　　DataReader 对象常用方法说明

方法	说明
Read	使 DataReader 对象前进到下一条记录
Close	关闭 DataReader 对象
Get	用来读取数据集的当前行的某一列的数据

7.4.2　使用 DataReader 对象检索数据

使用 DataReader 对象读取数据时，首先需要使用其 HasRows 属性判断是否有数据可供读取，如果有数据，返回 true，否则返回 false；然后再使用 DataReader 对象的的 Read 方法来循环读取数据表中的数据；最后通过访问 DataReader 对象的列索引来获取读取到的值，例如，sqldr["ID"] 用来获取数据表中 ID 列的值。

【例 7-4】 　创建一个 Windows 应用程序，在默认窗体中添加一个 RichTextBox 控件，用来显示使用 SqlDataReader 对象读取到的数据表中的数据。代码如下。

```
private void Form1_Load(object sender, EventArgs e)
{
    SqlConnection  conn  =  new  SqlConnection("Server=localhost;User  Id=sa;Pwd=;
DataBase=db_EMS");                                       //创建数据库连接对象
    //创建 SqlCommand 对象
    SqlCommand cmd = new SqlCommand("select * from tb_PDic order by ID asc", conn);
    if (conn.State == ConnectionState.Closed)            //判断连接是否关闭
    {
        conn.Open();                                     //打开数据库连接
    }
    //使用 ExecuteReader 方法的返回值创建 SqlDataReader 对象
    SqlDataReader sdr = cmd.ExecuteReader();
    richTextBox1.Text = "编号        版本          价格\n"; //为文本框赋初始值
    try
    {
        if (sdr.HasRows)                                 //判断 SqlDataReader 中是否有数据
        {
            while (sdr.Read())                           //循环读取 SqlDataReader 中的数据
            {
                richTextBox1.Text += "" + sdr["ID"] + "    " + sdr["Name"] + "     " +
sqldr["Money"] + "\n";
            }
        }
    }
    catch (SqlException ex)                              //捕获数据库异常
    {
        MessageBox.Show(ex.ToString());
    }
    finally
    {
        sdr.Close();                                     //关闭 SqlDataReader 对象
        conn.Close();
    }
}
```

程序运行结果如图 7-11 所示。

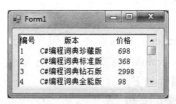

图 7-11　使用 DataReader 对象读取数据

　　　　使用 DataReader 对象读取数据之后，务必将其关闭，否则如果 DataReader 对象未关闭，则其所使用的 Connection 对象将无法再执行其他的操作。

7.5　数据集和数据适配器

7.5.1　DataSet 对象

DataSet 对象是 ADO.NET 的核心成员，它是支持 ADO.NET 断开式、分布式数据方案的核心对象，也是实现基于非连接的数据查询的核心组件。DataSet 对象是创建在内存中的集合对象，它可以包含任意数量的数据表以及所有表的约束、索引和关系等，它实质上相当于在内存中的一个小型关系数据库。一个 DataSet 对象包含一组 DataTable 对象和 DataRelation 对象，其中每个 DataTable 对象都由 DataColumn、DataRow 和 Constraint 集合对象组成，如图 7-12 所示。

对于 DataSet 对象，可以将其看作是一个数据库容器，它将数据库中的数据复制了一份放在了用户本地的内存中，供用户在不连接数据库的情况下读取数据，以便充分利用客户端资源，降低数据库服务器的压力。

如下图 7-13 所示，当把 SQL Server 数据库的数据通过起"桥梁"作用的 SqlDataAdapter 对象填充到 DataSet 数据集中后，就可以对数据库进行一个断开连接、离线状态的操作。

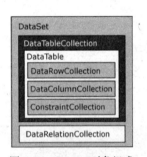
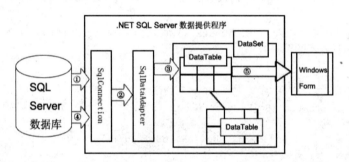

图 7-12　DataSet 对象组成　　　　图 7-13　离线模式访问 SQL Server 数据库

DataSet 对象的用法主要有以下 3 种，这些用法可以单独使用，也可以综合使用。

（1）以编程方式在 DataSet 中创建 DataTable、DataRelation 和 Constraint，并使用数据填充表。

（2）通过 DataAdapter 对象用现有关系数据源中的数据表填充 DataSet。

（3）使用 XML 文件加载和保持 DataSet 内容。

DataSet 数据集中主要包括以下 3 种子类。

1.　数据表集合和数据表

DataTableCollection 表示 DataSet 的表的集合，它包含特定 DataSet 的所有 DataTable 对象，如果要访问 DataSet 的 DataTableCollection，需要使用 Tables 属性。

DataTableCollection 的常用属性如下。

- Count：获取集合中的元素的总数。
- Item[Int32]：获取位于指定索引位置的 DataTable 对象。
- Item[String]：获取具有指定名称的 DataTable 对象。
- Item[String, String]：获取指定命名空间中具有指定名称的 DataTable 对象。

DataTableCollection 的常用方法如下。

- Add：向 DataTableCollection 中添加数据表。

- Clear：清除所有 DataTable 对象的集合。
- Contains：指示 DataTableCollection 中是否存在具有指定名称的 DataTable 对象。
- IndexOf：获取指定 DataTable 对象的索引。
- Remove：从集合中移除指定的 DataTable 对象。
- RemoveAt：从集合中移除位于指定索引位置的 DataTable 对象。

DataTableCollection 中的每个数据表都是一个 DataTable 对象，DataTable 表示一个内存中的数据表。DataTable 是 ADO.NET 库中的核心对象，当访问 DataTable 对象时，请注意它们是按条件区分大小写的。

DataTable 的常用属性如下。

- Columns：获取属于该表的列的集合。
- DataSet：获取此表所属的 DataSet。
- DefaultView：获取可能包括筛选视图或游标位置的表的自定义视图。
- HasErrors：获取一个值，该值指示该表所属的 DataSet 的任何表的任何行中是否有错误。
- PrimaryKey：获取或设置充当数据表主键的列的数组。
- Rows：获取属于该表的行的集合。
- TableName：获取或设置 DataTable 的名称。

DataTable 的常用方法如下。

- Clear：清除所有数据的 DataTable。
- Copy：复制该 DataTable 的结构和数据。
- Merge：将指定的 DataTable 与当前的 DataTable 合并。
- NewRow：创建与该表具有相同架构的新 DataRow。

2. **数据列集合和数据列**

DataColumnCollection 表示 DataTable 的 DataColumn 对象的集合，它定义 DataTable 的架构，并确定每个 DataColumn 可以包含什么种类的数据。 可以通过 DataTable 对象的 Columns 属性访问 DataColumnCollection。

DataColumnCollection 的常用属性如下。

- Count：获取集合中的元素的总数。
- Item[Int32]：获取位于指定索引位置的 DataColumn。
- Item[String]：获取具有指定名称的 DataColumn。

DataColumnCollection 的常用方法如下。

- Add：向 DataColumnCollection 中添加 DataColumn。
- Clear：清除集合中的所有列。
- Contains：检查集合是否包含具有指定名称的列。
- IndexOf：获取按名称指定的列的索引。
- Remove：从集合中移除指定的 DataColumn 对象。
- RemoveAt：从集合中移除指定索引位置的列。

数据表中的每个字段都是一个 DataColumn 对象，它是用于创建 DataTable 的架构的基本构造块。通过向 DataColumnCollection 中添加一个或多个 DataColumn 对象来生成这个架构。

DataColumn 的常用属性如下。

- Caption：获取或设置列的标题。

197

- ColumnName：获取或设置 DataColumnCollection 中的列的名称。
- DataType：获取或设置存储在列中的数据的类型。
- DefaultValue：在创建新行时获取或设置列的默认值。
- MaxLength：获取或设置文本列的最大长度。
- Table：获取列所属的 DataTable。

3. 数据行集合和数据行

DataRowCollection 是 DataTable 的主要组件，当 DataColumnCollection 定义表的架构时，DataRowCollection 中包含表的实际数据，在该表中，DataRowCollection 中的每个 DataRow 表示单行。

DataRowCollection 的常用属性如下。

- Count：获取该集合中 DataRow 对象的总数。
- Item：获取指定索引处的行。

DataRowCollection 的常用方法如下。

- Add：将指定的 DataRow 添加到 DataRowCollection 对象中。
- Clear：清除所有行的集合。
- Contains：该值指示集合中任何行的主键中是否包含指定的值。
- Find：获取包含指定的主键值的行。
- IndexOf：获取指定 DataRow 对象的索引。
- InsertAt：将新行插入到集合中的指定位置。
- Remove：从集合中移除指定的 DataTable 对象。
- RemoveAt：从集合中移除位于指定索引位置的 DataTable 对象。

DataRow 表示 DataTable 中的一行数据，它和 DataColumn 对象是 DataTable 的主要组件。使用 DataRow 对象及其属性和方法可以检索、评估、插入、删除和更新 DataTable 中的值。

DataRow 常用属性如下。

- HasErrors：获取一个值，该值指示某行是否包含错误。
- Item[DataColumn]：获取或设置存储在指定的 DataColumn 中的数据。
- Item[Int32]：获取或设置存储在由索引指定的列中的数据。
- Item[String]：获取或设置存储在由名称指定的列中的数据。
- ItemArray：通过一个数组来获取或设置此行的所有值。
- Table：获取该行拥有其架构的 DataTable。

DataRow 的常用方法如下。

- BeginEdit：对 DataRow 对象开始编辑操作。
- CancelEdit：取消对该行的当前编辑。
- Delete：删除 DataRow。
- EndEdit：终止发生在该行的编辑。
- IsNull：指示指定的 DataColumn 是否包含 null 值。

7.5.2 DataAdapter 对象

DataAdapter 对象（即数据适配器）是一种用来充当 DataSet 对象与实际数据源之间桥梁的对象，可以说只要有 DataSet 对象的地方就有 DataAdapter 对象，它也是专门为 DataSet 对象服务的。

DataAdapter 对象的工作步骤一般有两种：一种是通过 Command 对象执行 SQL 语句，从而从数据源中检索数据，并将检索到的结果集填充到 DataSet 对象中；另一种是把用户对 DataSet 对象做出的更改写入到数据源中。

在.NET Framework 中使用 4 种 DataAdapter 对象，即 OleDbDataAdapter、SqlDataAdapter、ODBCDataAdapter 和 OracleDataAdapter。其中，OleDbDataAdapter 对象适用于 OLEDB 数据源；SqlDataAdapter 对象适用于 SQL Server 7.0 或更高版本的数据源；ODBCDataAdapter 对象适用于 ODBC 数据源；OracleDataAdapter 对象适用于 Oracle 数据源。

DataAdapter 对象常用属性说明如表 7-6 所示。

表 7-6　　　　　　　　　　　　DataAdapter 对象常用属性说明

属性	说明
SelectCommand	获取或设置用于在数据源中选择记录的命令
InsertCommand	获取或设置用于将新记录插入到数据源中的命令
UpdateCommand	获取或设置用于更新数据源中记录的命令
DeleteCommand	获取或设置用于从数据集中删除记录的命令

由于 DataSet 对象是一个非连接的对象，它与数据源无关，也就是说该对象并不能直接跟数据源产生联系，而 DataAdapter 对象则正好负责填充它并把它的数据提交给一个特定的数据源，它与 DataSet 对象配合使用来执行数据查询、添加、修改和删除等操作。

例如，对 DataAdapter 对象的 SelectCommand 属性赋值，从而实现数据的查询操作。代码如下。

```
SqlConnection conn=new SqlConnection(connStr);          //创建数据库连接对象
SqlDataAdapter sda = new SqlDataAdapter();              //创建 SqlDataAdapter 对象
//给 SqlDataAdapter 的 SelectCommand 赋值
sda.SelectCommand=new SqlCommand("select * from authors",conn);
……//省略后继代码
```

同样，可以使用上述方法给 DataAdapter 对象的 InsertCommand、UpdateCommand 和 DeleteCommand 属性赋值，从而实现数据的添加、修改和删除等操作。

例如，对 DataAdapter 对象的 UpdateCommand 属性赋值，从而实现数据的修改操作。代码如下。

```
SqlConnection conn=new SqlConnection(connStr);          //创建数据库连接对象
SqlDataAdapter sda = new SqlDataAdapter();              //创建 SqlDataAdapter 对象
//给 SqlDataAdapter 的 UpdateCommand 属性赋值，指定执行修改操作的 SQL 语句
sda.UpdateCommand = new SqlCommand("update tb_PDic set Name = @name where ID=@id",
conn);
    sda.UpdateCommand.Parameters.Add("@name",      SqlDbType.VarChar,    20).Value    =
textBox1.Text;                                    //为@name 参数赋值
    sda.UpdateCommand.Parameters.Add("@id",         SqlDbType.Int).Value           =
Convert.ToInt32(comboBox1.Text);                  //为@id 参数赋值
    ……//省略后继代码
```

DataAdapter 对象常用方法说明如表 7-7 所示。

表 7-7   DataAdapter 对象常用方法说明

方法	说明
Fill	从数据源中提取数据以填充数据集
Update	更新数据源

说明

使用 DataAdapter 对象的 Fill 方法填充 DataSet 数据集时，其中的表名称可以自定义，而并不是必须与原数据库中的表名称相同。

7.5.3 填充 DataSet 数据集

使用 DataAdapter 对象填充 DataSet 数据集时，需要用到其 Fill 方法，该方法最常用的 3 种重载形式如下。

- int Fill(DataSet dataset)：添加或更新参数所指定的 DataSet 数据集，返回值是影响的行数。
- int Fill(DataTable datatable)：将数据填充到一个数据表中。
- int Fill(DataSet dataset，String tableName)：填充指定的 DataSet 数据集中的指定表。

【例 7-5】 创建一个 Windows 应用程序，在默认窗体中添加一个 DataGridView 控件，用来显示使用 DataAdapter 对象填充后的 DataSet 数据集中的数据。代码如下。

```
private void Form1_Load(object sender, EventArgs e)
{
    //定义数据库连接字符串
    string connStr = "Server=localhost;User Id=sa;Pwd=;DataBase=db_EMS";
    SqlConnection conn = new SqlConnection(connStr); //创建数据库连接对象
    //创建数据库桥接器对象
    SqlDataAdapter sda = new SqlDataAdapter("select * from tb_PDic", conn);
    DataSet ds = new DataSet();                      //创建数据集对象
    sda.Fill(ds,"tabName");                          //填充数据集中的指定表
    dataGridView1.DataSource = ds.Tables["tabName"]; //为dataGridView1指定数据源
}
```

程序运行结果如图 7-14 所示。

图 7-14   使用 DataAdapter 对象填充 DataSet 数据集

7.5.4 DataSet 对象与 DataReader 对象的区别

ADO.NET 中提供了两个对象用于检索关系数据：DataSet 对象与 DataReader 对象，其中，DataSet 对象是将用户需要的数据从数据库中"复制"下来存储在内存中，用户是对内存中的数据直接操作；而 DataReader 对象则像一根管道，连接到数据库上，"抽"出用户需要的数据后，管

道断开，所以用户在使用 DataReader 对象读取数据时，一定要保证数据库的连接状态是开启的，而使用 DataSet 对象时就没有这个必要。

7.6　数据访问控件的使用

常用的数据访问控件主要有 DataGridView 控件和 BindingSource 组件。DataGridView 控件，又称为数据表格视图控件，它提供一种强大而灵活的以表格形式呈现数据的方式；BindingSource 组件主要用来管理数据源，通常与 DataGridView 控件配合使用。

7.6.1　DataGridView 控件

将数据绑定到 DataGridView 控件非常简单和直观，在大多数情况下，只需设置 DataSource 属性即可。另外，DataGridView 控件具有极高的可配置性和可扩展性，它提供有大量的属性、方法和事件，可以用来对该控件的外观和行为进行自定义。当需要在 Windows 窗体应用程序中显示表格数据时，首先考虑使用 DataGridView 控件。若要以小型网格显示只读值或者用户能够编辑具有数百万条记录的表，DataGridView 控件将提供可以方便地进行编程以及有效地利用内存的解决方案。

DataGridView 控件的常用属性说明如表 7-8 所示。

表 7-8　　　　　　　　　　　　DataGridView 控件的常用属性说明

属性	说明
Columns	获取一个包含控件中所有列的集合
CurrentCell	获取或设置当前处于活动状态的单元格
CurrentRow	获取包含当前单元格的行
DataSource	获取或设置 DataGridView 所显示数据的数据源
RowCount	获取或设置 DataGridView 中显示的行数
Rows	获取一个集合，该集合包含 DataGridView 控件中的所有行

DataGridView 控件的常用事件说明如表 7-9 所示。

表 7-9　　　　　　　　　　　　DataGridView 控件的常用事件说明

属性	说明
CellClick	在单元格的任何部分被单击时发生
CellDoubleClick	在用户双击单元格中的任何位置时发生

下面通过一个例子介绍如何使用 DataGridView 控件，该实例主要实现的功能有：禁止在 DataGridView 控件中添加/删除行、禁用 DataGridView 控件的自动排序、使 DataGridView 控件隔行显示不同的颜色、使 DataGridView 控件的选中行呈现不同的颜色和选中 DataGridView 控件控件中的某行时，将其详细信息显示在 TextBox 文本框中。

【例 7-6】　创建一个 Windows 应用程序，在默认窗体中添加两个 TextBox 控件和一个 DataGridView 控件，其中，TextBox 控件分别用来显示选中记录的版本和价格信息，DataGridView 控件用来显示数据表中的数据。代码如下。

```csharp
string connStr = "Server=localhost;User Id=sa;Pwd=;DataBase=db_EMS";
SqlConnection conn;
SqlDataAdapter sda;
DataSet ds;
private void Form1_Load(object sender, EventArgs e)
{
    dataGridView1.AllowUserToAddRows = false;          //禁止添加行
    dataGridView1.AllowUserToDeleteRows = false;       //禁止删除行
    conn = new SqlConnection(connStr);
    //创建数据库桥接器对象
    sda = new SqlDataAdapter("select * from tb_PDic", conn);
    ds = new DataSet();
    sda.Fill(ds);                                       //填充数据集
    dataGridView1.DataSource = ds.Tables[0];            //为 dataGridView1 指定数据源
    //禁用 DataGridView 控件的排序功能
    for (int i = 0; i < dataGridView1.Columns.Count; i++)
        dataGridView1.Columns[i].SortMode = DataGridViewColumnSortMode.NotSortable;
    //设置 SelectionMode 属性为 FullRowSelect 使控件能够整行选择
    dataGridView1.SelectionMode = DataGridViewSelectionMode.FullRowSelect;
    //设置 DataGridView 控件中的数据以各行换色的形式显示
    foreach (DataGridViewRow row in dataGridView1.Rows)//遍历所有行
    {
        if (row.Index % 2 == 0)                         //判断是否是偶数行
        {
            //设置偶数行颜色
            dataGridView1.Rows[row.Index].DefaultCellStyle.BackColor = Color.LightSalmon;
        }
        else                                            //奇数行
        {
            //设置奇数行颜色
            dataGridView1.Rows[row.Index].DefaultCellStyle.BackColor = Color.LightPink;
        }
    }
    //设置 dataGridView1 控件的 ReadOnly 属性，使其为只读
    dataGridView1.ReadOnly = true;
    //设置 dataGridView1 控件的 DefaultCellStyle.SelectionBackColor 属性，使选中行颜色变色
    dataGridView1.DefaultCellStyle.SelectionBackColor = Color.LightSkyBlue;
}
private void dataGridView1_CellClick(object sender, DataGridViewCellEventArgs e)
{
    if (e.RowIndex > 0)                                 //判断选中行的索引是否大于 0
    {
        //记录选中的 ID 号
        int intID = (int)dataGridView1.Rows[e.RowIndex].Cells[0].Value;
        conn = new SqlConnection(connStr);              //创建数据库连接对象
        //创建数据库桥接器对象
        sda = new SqlDataAdapter("select * from tb_PDic where ID=" + intID + "", conn);
        ds = new DataSet();                             //创建数据集对象
        sda.Fill(ds);                                   //填充数据集中
```

```
    if (ds.Tables[0].Rows.Count > 0)              //判断数据集中是否有记录
    {
        textBox1.Text = ds.Tables[0].Rows[0][1].ToString();        //显示版本
        textBox2.Text = ds.Tables[0].Rows[0][2].ToString();        //显示价格
    }
  }
}
```

程序运行结果如图 7-15 所示。

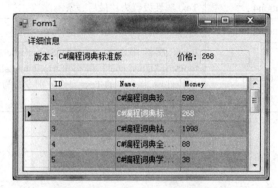

图 7-15　DataGridView 控件的使用

7.6.2　BindingSource 组件

BindingSource 组件，又称为数据源绑定组件，它主要用于封装和管理窗体中的数据源。

　　由于 BindingSource 是一个组件，因此它拖放到窗体中之后没有具体的可视化效果。

BindingSource 组件的常用属性说明如表 7-10 所示。

表 7-10　　　　　　　　　　　　BindingSource 控件的常用属性说明

属性	说明
Count	获取基础列表中的总项数
Current	获取列表中的当前项
DataMember	获取或设置连接器当前绑定到的数据源中的特定列表
DataSource	获取或设置连接器绑定到的数据源

　　下面通过一个例子看一下如何使用 BindingSource 组件实现对数据表中数据的分条查看。

【例 7-7】　　创建一个 Windows 应用程序，其默认窗体中用到的控件说明如表 7-11 所示。

表 7-11　　　　　　　　　　　　Form1 窗体中用到的控件说明

控件类型	控件 ID	主要属性设置	用途
A Label	label2	Font:Size 属性设置为 10，Font:Bold 属性设置为 true，ForeColor 属性设置为 Red	显示浏览到的记录编号

续表

控件类型	控件 ID	主要属性设置	用途
▣ TextBox	textBox1	ReadOnly 属性设置为 true	显示浏览到的版本
	textBox2	ReadOnly 属性设置为 true	显示浏览到的价格
▣ Button	button1	Text 属性设置为 "第一条"	浏览第一条记录
	button2	Text 属性设置为 "上一条"	浏览上一条记录
	button3	Text 属性设置为 "下一条"	浏览下一条记录
	button4	Text 属性设置为 "最后一条"	浏览最后一条记录
⊞ BindingSource	bindingSource1	无	绑定数据源
└ StatusStrip	statusStrip1	Items 属性中添加 toolStripStatusLabel1、toolStripStatusLabel2 和 toolStripStatusLabel3 子控件项,将它们的 Text 属性分别设置为空、"‖"和空	作为窗体的状态栏,显示总记录条数和当前浏览到的记录条数

实现代码如下。

```csharp
private void Form1_Load(object sender, EventArgs e)
{
    //定义数据库连接字符串
    string connStr = "Server=localhost;User Id=sa;Pwd=;DataBase=db_EMS";
    SqlConnection conn = new SqlConnection(strCon);//创建数据库连接对象
    SqlDataAdapter sda = new SqlDataAdapter("select * from tb_PDic", conn);
    DataSet ds = new DataSet();                     //创建数据集对象
    sda.Fill(ds);                                   //填充数据集
    bindingSource1.DataSource = ds.Tables[0];       //为 BindingSource 设置数据源
    bindingSource1.Sort = "ID";                     //设置 BindingSource 的排序列
    //获取总记录条数
    toolStripStatusLabel1.Text = "总记录条数: " + bindingSource1.Count;
    ShowInfo();                                     //显示信息
}
//第一条
private void button1_Click(object sender, EventArgs e)
{
    bindingSource1.MoveFirst();                     //转到第一条记录
    ShowInfo();                                     //显示信息
}
//上一条
private void button2_Click(object sender, EventArgs e)
{
    bindingSource1.MovePrevious();                  //转到上一条记录
    ShowInfo();                                     //显示信息
}
//下一条
private void button3_Click(object sender, EventArgs e)
{
    bindingSource1.MoveNext();                      //转到下一条记录
    ShowInfo();                                     //显示信息
```

```
}
//最后一条
private void button4_Click(object sender, EventArgs e)
{
    bindingSource1.MoveLast();                    //转到最后一条记录
    ShowInfo();                                   //显示信息
}
/// <summary>
/// 显示浏览到的记录的详细信息
/// </summary>
private void ShowInfo()
{
    int index = bindingSource1.Position;          //获取 BindingSource 数据源的当前索引
    //获取 BindingSource 数据源的当前行
    DataRowView view = (DataRowView)bindingSource1[index];
    label2.Text = view[0].ToString();             //显示编号
    textBox1.Text = view[1].ToString();           //显示版本
    textBox2.Text = view[2].ToString();           //显示价格
    //显示当前记录
    toolStripStatusLabel3.Text = "当前记录是第" + (index + 1) + "条";
}
```

程序运行结果如图 7-16 所示。

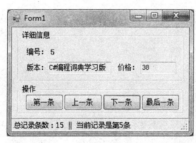

图 7-16　使用 BindingSource 组件分条查看数据表中的数据

BindingSource 组件通常与 DataGridView 控件一起组合使用。

小　结

本章首先介绍了数据库的基础知识；然后重点对 ADO.NET 数据访问技术进行了详细讲解。ADO.NET 提供了连接数据库对象（Connection）、执行 SQL 语句对象（Command）、读取数据对象（DataReader）、数据适配器对象（DataAdapter）以及数据集对象（DataSet），这些对象是 C# 操作数据库的主要对象，需要重点掌握；最后还对 Visual Studio 开发环境中的两个常用的数据绑定控件 DataGridView 控件和 BindingSource 组件进行了讲解。

上机指导

在进销存管理系统中，用户经常需要进行商品销售情况的月统计（包括统计产品名称、销售数量和销售金额等信息），所以月统计表在进销存系统中必不可少。请设计一个商品月销售统计程序，界面如图 7-17 所示。

图 7-17　月销售统计窗体

程序开发步骤如下。

（1）创建一个 Windows 窗体应用程序，命名为 SaleReportInMonth。

（2）在当前项目中添加一个类文件 DataBase.cs，在该文件中编写 DataBase 类，主要用于连接和操作数据库，主要代码如下。

```csharp
class DataBase:IDisposable
{
    private SqlConnection conn;                              //创建连接对象
    private void Open()                                     //创建并打开数据库连接
    {
        if (conn == null)                                   //判断连接对象是否为空
        {
            conn = new SqlConnection("Data Source=localhost;DataBase=db_EMS;User
ID=sa;PWD=");
        }
        if (conn.State == System.Data.ConnectionState.Closed) //判断数据库连接是否关闭
        conn.Open();
    }
    public SqlParameter MakeInParam(string ParamName, SqlDbType DbType, int Size,
object Value)                  //返回 SQL 参数对象
    {
        return MakeParam(ParamName, DbType, Size, ParameterDirection.Input, Value);
    }
    public SqlParameter MakeParam(string ParamName, SqlDbType DbType, Int32 Size,
ParameterDirection Direction, object Value)
    {
        SqlParameter param;
        if (Size > 0)                                       //判断参数字段是否大于 0
            param = new SqlParameter(ParamName, DbType, Size); //根据类型和大小创建参数
        else
            param = new SqlParameter(ParamName, DbType);     //根据指定的类型创建参数
        param.Direction = Direction;                        //设置 SQL 参数的方向类型
        //判断是否为输出参数
        if (!(Direction == ParameterDirection.Output && Value == null))
            param.Value = Value;
        return param;
```

```
    }
    //执行查询命令文本，并且返回 DataSet 数据集
    public DataSet RunProcReturn(string procName, SqlParameter[] prams,string tbName)
    {
        SqlDataAdapter sda = CreateDataAdaper(procName, prams);//创建桥接器对象
        DataSet ds = new DataSet();                         //创建数据集对象
        sda.Fill(ds, tbName);                               //填充数据集
        this.Close();                                       //关闭数据库连接
        return ds;                                          //返回数据集
    }
    ......//其他代码省略
}
```

（3）在当前项目下再添加第二个类文件 BaseInfo.cs，在该文件中编写 BaseInfo 类和 cBillInfo 类，分别用于获得销售统计数据和定义数据表的实体结构，主要代码如下。

```
//封装了商品销售数据信息
class BaseInfo
{
    DataBase data = new DataBase();                         //创建 DataBase 类的对象
    public DataSet SellStockSumDetailed(cBillInfo billinfo, string tbName, DateTime
starDateTime, DateTime endDateTime)                        //统计商品销售明细数据
    {
        SqlParameter[] prams = {
            data.MakeInParam("@units",            SqlDbType.VarChar,      30,"%"+
billinfo.Units+"%"), //初始化第一个元素
            data.MakeInParam("@handle",           SqlDbType.VarChar,      10,"%"+
billinfo.Handle+"%"),//初始化第二个元素
            };
        return (data.RunProcReturn("SELECT b.tradecode AS 商品编号, b.fullname AS 商品
名称, SUM(b.qty) AS 销售数量,SUM(b.tsum) AS 销售金额 FROM tb_sell_main a INNER JOIN (SELECT
billcode, tradecode, fullname, SUM(qty) AS qty, SUM(tsum) AS tsum FROM tb_sell_detailed GROUP
BY tradecode, billcode, fullname) b ON a.billcode = b.billcode AND a.units LIKE @units AND
a.handle LIKE @units WHERE (a.billdate BETWEEN '" + starDateTime + "' AND '" + endDateTime
+ "') GROUP BY b.tradecode, b.fullname", prams, tbName));//返回包含销售明细表数据的 DataSet
    }
    public DataSet getSells(string tbName)   //获取所有的商品销售数据
    {
        return (data.RunProcReturn("select tradecode as 商品编号,fullname as 商品名
称,sum(qty) as 销售数量,sum(tsum) as 销售金额 from tb_sell_detailed group by tradecode,
fullname", tbName));                          //返回包含所有的商品销售数据的 DataSet
    }
}
//定义商品销售数据表的实体结构
public class cBillInfo
{
    //主表结构
    private DateTime billdate=DateTime.Now;
    private string billcode = "";
    private string units = "";
    private string handle = "";
    private string summary = "";
    private float fullpayment = 0;
    private float payment = 0;
    ......  //其他字段的定义省略掉
    public DateTime BillDate                 //定义单据录入日期属性
    {
        get { return billdate; }
        set { billdate = value; }
```

```
            }
        public string BillCode                          //定义单据号属性
        {
            get { return billcode; }
            set { billcode = value; }
        }
        public string Units                             //定义供货单位属性
        {
            get { return units; }
            set { units = value; }
        }
    ......  //其他属性的定义省略掉
    }
```

（4）将默认的 Form1 窗体更名为 SellStockSumForm.cs，然后在其上面添加一个 ToolStrip 和一个 DataGridView 控件，分别用来制作工具栏和显示销售数据，该窗体主要代码如下。

```
public partial class SellStockSumForm : Form
{
    BaseInfo baseinfo = new BaseInfo();              //获取商品销售信息
    cBillInfo billinfo = new cBillInfo();            //获取商品实体信息
    public SellStockSumForm()
    {
        InitializeComponent();
    }
    //单击"详细统计"按钮，统计销售数据
    private void btnDetailed_Click(object sender, EventArgs e)
    {
        DataSet ds = null;                          //声明 DataSet 的引用
        billinfo.Handle = txtHandle.Text;           //获得经手人
        billinfo.Units = txtUnits.Text;             //获得供货单位
        ds = baseinfo.SellStockSumDetailed(billinfo, "tb_SellStockSumDetailed",
dtpStar.Value, dtpEnd.Value);                       //获得商品销售明细
        dgvStockList.DataSource = ds.Tables[0].DefaultView;   //显示商品销售数据
    }
    //单击"统计所有"按钮，统计销售数据
    private void tlbtnSum_Click(object sender, EventArgs e)
    {
        DataSet ds = null;                          //声明 DataSet 的引用
        ds = baseinfo.getSells("tb_SellStock");     //获得所有商品的销售数据
        dgvStockList.DataSource = ds.Tables[0].DefaultView;   //显示商品销售数据
    }
}
```

习　　题

1. 对数据表执行添加、修改和删除操作时，分别使用什么语句？
2. ADO.NET 中主要包含哪几个对象？
3. 举例说明连接 SQL Server 数据库的方法。
4. DataAdapter 对象和 DataSet 对象有什么关系？
5. 举例说明获取 DataSet 数据集的实现步骤。
6. 简述 DataSet 对象与 DataReader 对象的区别。

第8章
LINQ 数据库编程

本章要点：
- LINQ 的基本概念
- var 和 Lanbda 表达式的使用
- LINQ 查询表达式的常用操作
- 使用 LINQ 查询 SQL Server 数据库
- 使用 LINQ 更新 SQL Server 数据库

LINQ，即 Language-Integrated Query（语言集成查询），能够将查询功能直接引入到.NET Framework 所支持的编程语言中。查询操作可以通过编程语言自身来传达，而不是以字符串形式嵌入到应用程序代码中。本章将详细介绍 LINQ 技术及如何使用 LINQ 操作 SQL Server 数据库。

8.1 LINQ 基础

8.1.1 LINQ 概述

语言集成查询（LINQ）为 C#和 Visual Basic 提供比 ADO.NET 更强大的查询功能。LINQ 引入了标准的、易于学习的查询和更新数据模式，可以对其技术进行扩展以支持几乎任何类型的数据存储。微软公司在推出 Visual Studio 2008 时同时发布了 LINQ 技术，现在 LINQ 是.NET Framework 的一部分，它支持的数据源包括：SQL Server、Oracle、XML 以及内存中的数据集合。它允许使用其提供的扩展框架添加更多的数据源，例如 MySQL 等。

LINQ 主要由 3 部分组成：LINQ to ADO.NET、LINQ to Objects 和 LINQ to XML。其中，LINQ to ADO.NET 可以分为两部分：LINQ to SQL 和 LINQ to DataSet。LINQ 可以查询或操作任何存储形式的数据，其组成说明如下。

（1）LINQ to SQL 组件，可以查询基于关系数据库的数据，并对这些数据进行检索、插入、修改、删除、排序、聚合、分区等操作。

（2）LINQ to DataSet 组件，可以查询 DataSet 对象中的数据，并对这些数据进行检索、过滤和排序等操作。

（3）LINQ to Objects 组件，可以查询 Ienumerable 或 Ienumerable<T>集合，也就是可以查询任何可枚举的集合，如数据（Array 和 ArrayList）、泛型列表 List<T>、泛型字典 Dictionary<T>等，以及用户自定义的集合，而不需要使用 LINQ 提供程序或 API。

（4）LINQ to XML 组件，可以查询或操作 XML 结构的数据（如 XML 文档、XML 片段、XML 格式的字符串等），并提供了修改文档对象模型的内存文档和支持 LINQ 查询表达式等功能，以及处理 XML 文档的全新的编程接口。

LINQ 可以查询或操作任何存储形式的数，如对象（集合、数组、字符串等）、关系（关系数据库、ADO.NET 数据集等）以及 XML。LINQ 架构如图 8-1 所示。

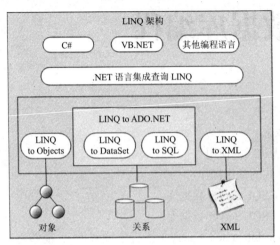

图 8-1　LINQ 架构

8.1.2　LINQ 查询

1．查询的概念

"查询"是指一组程序指令，这些指令描述要从一个或多个给定数据源检索的数据以及返回的数据应该使用的格式和组织形式。查询不同于它所产生的结果。

通常，源数据会在逻辑上组织为相同种类的数据元素序列。例如，SQL 数据库表包含一个由若干条记录组成的行序列，类似的 ADO.NET DataTable 包含一个 DataRow 对象序列，XML 文档有一个 XML 元素"序列"（不过这些元素按分层形式组织为树结构），而内存中的集合则包含一个由若干个集合元素组成的对象序列。

从应用程序的角度来看，原始源数据的具体类型和结构并不重要，应用程序始终将源数据视为一个可枚举（IEnumerable）或 可查询（IQueryable）的集合。例如，在 LINQ to DataSet 中，它是一个 IEnumerable<DataRow>；在 LINQ to SQL 中，它是一个能最终转换为 SQL 数据表的任何自定义对象集 IEnumerable 或 IQueryable。

2．查询的作用

在指定源数据序列之后，查询可以完成以下任意工作任务。

（1）检索数据源集合以产生一个新序列，但不修改单个元素。这种查询还支持对返回的序列进行排序或分组。

例如，设有一个 int 型的数组 scores。代码如下。

```
IEnumerable<int> highScoresQuery =
    from score in scores
    where score > 80
    orderby score descending
    select score;
```

表示从数组 scores 中查询高于 80 分的所有成绩，查询结果按成绩从高到低降序排列。

（2）检索源数据集合，返回单一的值，例如满足指定条件的元素的个数、第一个元素、某些元素的特定值之和或平均、具有最大值或最小值的元素等。

例如，下面的查询从 int 型数组 scores 中返回高于 80 分的个数。

```
int highScoreCount = (from score in scores where score > 80 select score). Count();
```

（3）实现数据类型转换

LINQ 不仅可用于检索数据，而且还是一个功能强大的数据转换工具，能实现以下转换。

① 创建源数据序列的子集。代码如下。

```
var query = from cust in Customer
    select new {Name = cust.Name, City = cust. Address };
```

表示只选择顾客对象的姓名和地址属性，从而构造新的数据序列类型。

② 创建经过计算之后的新数据序列。代码如下。

```
IEnumerable<string> query =
    from r in rList
    select String.Format("面积= {0}", (r * r) * 3.14);
```

表示先计算圆的面积，再输出一个格式化的字符串序列。

③ 实现内存中的数据结构、SQL 数据库、ADO.NET 数据集和 XML 流或文档之间转换数据。代码如下。

```
var studentsToXML = new XElement("学生列表",
    from student in students
    let x = String.Format("{0},{1},{2},{3}",
            student.Scores[0], student.Scores[1],
            student.Scores[2], student.Scores[3])
    select new XElement("学生",
                        new XElement("姓号", student.ID),
                        new XElement("姓名", student.Name),
                        new XElement("成绩", x) )
    );
```

表示将内存中的学生列表集合转换为 XML 文档。

3. 对源元素执行操作

输出序列可能不包含源序列的任何元素或元素属性。输出可能是通过将源元素用作输入参数计算出的值的序列。注意，在 LINQ to SQL 中，不允许在查询表达式中调用一般 C# 方法，因为 SQL Server 没有执行该方法，但可以将存储过程映射到方法，然后调用方法。

4. 查询表达式

查询表达式是根据 LINQ 语法书写的查询，它就像任何其他表达式一样可以直接用在 C#语句之中。查询表达式由一组用类似于 SQL 或 XQuery 的声明性语法编写的子句组成。每个子句又包含一个或多个 C#表达式，而这些表达式本身又可能是查询表达式或包含查询表达式。

查询表达式必须以 from 子句开头且必须以 select 或 group 子句结尾。在第一个 from 子句和最后一个 select 或 group 子句之间，查询表达式可以包含一个或多个下列可选子句：where、orderby、join、let 甚至附加的 from 子句。另外，还可以使用 into 关键字使 join 或 group 子句的结果能够充当同一查询表达式中附加查询子句的数据源。

使用 LINQ 查询表达式时，需要注意以下 8 点。

● 查询表达式可用于查询和转换来自任意支持 LINQ 的数据源中的数据。例如，单个查询可以从 SQL 数据库检索数据，并生成 XML 流作为输出。

● 查询表达式容易掌握，因为它们使用许多常见的 C#语言构造。

● 查询表达式中的变量都是强类型的，但许多情况下不需要显式提供类型，因为编译器可以推断类型。

● 在循环访问 foreach 语句中的查询变量之前，不会执行查询。

● 在编译时，根据 C#规范中设置的规则将查询表达式转换为"标准查询运算符"方法调用。任何可以使用查询语法表示的查询都可以使用方法语法表示，但是多数情况下查询语法更易读和简洁。

● 作为编写 LINQ 查询的一项规则，建议尽量使用查询语法，只在必须的情况下才使用方法语法。

● 一些查询操作，如 Count 或 Max 等，由于没有等效的查询表达式子句，因此必须表示为方法调用。

● 查询表达式可以编译为表达式目录树或委托，具体取决于查询所应用到的类型。其中，IEnumerable<T>查询编译为委托，IQueryable 和 IQueryable<T>查询编译为表达式目录树。

LINQ 查询表达式包含 8 个基本子句，分别为 from、select、group、where、orderby、join、let 和 into，其说明如表 8-1 所示。

表 8-1　　　　　　　　　　　　　LINQ 查询表达式子句及说明

子句	说明
from	指定数据源和范围变量
select	指定当执行查询时返回的序列中的元素将具有的类型和形式
group	按照指定的键值对查询结果进行分组
where	根据一个或多个由逻辑"与"和逻辑"或"运算符（&&或||）分隔的布尔表达式筛选源元素
orderby	基于元素类型的默认比较器按升序或降序对查询结果进行排序
join	基于两个指定匹配条件之间的相等比较来连接两个数据源
let	引入一个用于存储查询表达式中的子表达式结果的范围变量
into	提供一个标识符，它可以充当对 join、group 或 select 子句的结果的引用

5. 查询变量

在 LINQ 中，查询变量用来存储查询表达式，而不存储实际的查询结果。例如，上文中的 highScoresQuery 就是查询变量，简称"查询"。查询变量所存储的查询表达式只有在迭代时才会产生真正的查询结果。查询变量有两种定义方式：一种是用查询语法定义，另一种是用方法语法定义。

例如，假设 cities 是 City 型的对象集合。代码如下。

```
IEnumerable<City> query1=
    from city in cities
    where city.Population > 100000
    select city;

IEnumerable<City> query2 = cities.Where(c => c.Population > 100000);
```

其中，query1 和 query2 均为查询变量，它们的功能相同，用来返回集合中所有人口规模大于 100000 的城市。query1 使用标准查询语法表示，而 query2 使用方法语法表示。

为了方便阅读和理解，笔者建议尽量使用查询语法，只在必需的情况下才使用方法语法，例如 Count 或 Max，是没有等效的查询表达式子句的，因此必须表示为方法调用。

此外，C#在编译时能够自动推测查询变量的对应的序列类型，因此可使用匿名类型方式定义查询变量。

例如，以下代码。

```
var query1=                 //注意，省略类型时必须以 var 关键字打头
    from city in cities
    where city.Population > 100000
    select city;
```

效果与上面的代码相同。

6. 查询的过程

LINQ 查询过程通常分为 3 个部分：获取数据源、创建查询、执行查询。

例如，以下代码。

```
int[] scores = { 90, 71, 82, 93, 75, 82 };  //1. 定义数据源
IEnumerable<int> scoreQuery =                //2. 创建查询
    from score in scores
    where score > 80
    orderby score descending
    select score;
foreach (int x in scoreQuery)                //3. 执行查询，产生查询结果
{
    lblShow.Text += x + "分";
}
```

该代码完整地展示了 LINQ 查询的基本编程步骤。其中，scoreQuery 是一个查询变量，它并不存储实际的查询结果，真正的查询结果是在执行 foreach 语句时通过迭代变量 x 返回的。

【例 8-1】　创建一个控制台应用程序，首先定义一个字符串数组，然后使用 LINQ 查询表达式查找数组中长度小于 7 的所有项并输出。代码如下。

```
static void Main(string[] args)
{
    //定义一个字符串数组
    string[] strName = new string[] { "明日科技","C#编程词典","C#从入门到精通","C#程序设
计实用教程" };
    //定义 LINQ 查询表达式，从数组中查找长度小于 7 的所有项
    IEnumerable<string> selectQuery =
        from Name in strName
        where Name.Length<7
        select Name;
    //执行 LINQ 查询，并输出结果
    foreach (string str in selectQuery)
    {
        Console.WriteLine(str);
    }
    Console.ReadLine();
}
```

程序运行结果如图 8-2 所示。

图 8-2　LINQ 查询表达式的使用

8.1.3　隐型局部变量

在 C#中声明变量时，可以不明确指定其数据类型，而使用关键字 var 来声明。var 关键字用来创建隐型局部变量，它指示编译器根据初始化语句右侧的表达式推断变量的类型。推断类型可以是内置类型、匿名类型、用户定义类型、.NET Framework 类库中定义的类型或任何表达式。

例如，使用 var 关键字声明一个隐型局部变量，并赋值为 2015。代码如下。

```
var number = 2015;                                    //声明隐型局部变量
```

在很多情况下，var 是可选的，它只是提供了语法上的便利。但在使用匿名类型初始化变量时，需要使用它，这在 LINQ 查询表达式中很常见。由于只有编译器知道匿名类型的名称，因此必须在源代码中使用 var。如果已经使用 var 初始化了查询变量，则还必须使用 var 作为对查询变量进行循环访问的 foreach 语句中迭代变量的类型。

【例 8-2】　创建一个控制台应用程序，首先定义一个字符串数组，然后通过定义隐型查询表达式将字符串数组中的单词分别转换为大写和小写，最后循环访问隐型查询表达式，并输出相应的大小写单词。代码如下。

```
static void Main(string[] args)
{
    string[] strWords = { "MingRi", "XiaoKe", "MRBccd" };        //定义字符串数组
    //定义隐型查询表达式
    var ChangeWord =
        from word in strWords
        select new { Upper = word.ToUpper(), Lower = word.ToLower() };
    //循环访问隐型查询表达式
    foreach (var vWord in ChangeWord)
    {
        Console.WriteLine("大写: {0}, 小写: {1}", vWord.Upper, vWord.Lower);
    }
    Console.ReadLine();
}
```

程序运行结果如图 8-3 所示。

使用隐式类型的变量时，需要遵循以下规则。

（1）只有在同一语句中声明和初始化局部变量时，才能使用 var，不能将该变量初始化为 null。

（2）不能将 var 用于类范围的域。

（3）由 var 声明的变量不能用在初始化表达式中，比如 var v = v++，这样会产生编译时错误。

（4）不能在同一语句中初始化多个隐式类型的变量。

（5）如果一个名为 var 的类型位于范围中，则当尝试用 var 关键字初始化局部变量时，将产生编译时错误。

图 8-3　var 关键字的使用

LINQ 基本概念

8.1.4　Lambda 表达式的使用

Lambda 表达式是一个匿名函数，它可以包含表达式和语句，并且可用于创建委托或表达式目录树类型。所有 Lambda 表达式都使用 Lambda 运算符 "=>"（读为 goes to）。Lambda 运算符的左边是输入参数（如果有），右边包含表达式或语句块。例如，Lambda 表达式 x => x * x 读作 x goes to x times x。Lambda 表达式的基本形式如下。

```
(input parameters) => expression
```

其中，input parameters 表示输入参数，expression 表示表达式。

（1）Lambda 表达式用在基于方法的 LINQ 查询中，作为诸如 Where 和 Where(IQueryable, String, Object[])等标准查询运算符方法的参数。

（2）使用基于方法的语法在 Enumerable 类中调用 Where 方法时（像在 LINQ to Objects 和 LINQ to XML 中那样），参数是委托类型 Func<T, TResult>，使用 Lambda 表达式创建委托最为方便。

【例 8-3】　创建一个控制台应用程序，首先定义一个字符串数组，然后通过使用 Lambda 表达式查找数组中包含 "C#" 的字符串。代码如下。

```csharp
static void Main(string[] args)
{
    //声明一个数组并初始化
    string[] strLists = new string[] { "明日科技", "C#编程词典", "C#编程词典珍藏版" };
    //使用 Lambda 表达式查找数组中包含 "C#" 的字符串
    string[] strList = Array.FindAll(strLists, s => (s.IndexOf("C#") >= 0));
    //使用 foreach 语句遍历输出
    foreach (string str in strList)
    {
        Console.WriteLine(str);
    }
    Console.ReadLine();
}
```

程序运行结果如图 8-4 所示。

下列规则适用于 Lambda 表达式中的变量范围。

（1）捕获的变量将不会被作为垃圾回收，直至引用变量的委托超出范围为止。

图 8-4　Lambda 表达式的使用

（2）在外部方法中看不到 Lambda 表达式内引入的变量。

（3）Lambda 表达式无法从封闭方法中直接捕获 ref 或 out 参数。

（4）Lambda 表达式中的返回语句不会导致封闭方法返回。

（5）Lambda 表达式不能包含其目标位于所包含匿名函数主体外部或内部的 goto 语句、break 语句或 continue 语句。

8.2　LINQ 查询表达式

本节将对在 LINQ 查询表达式中常用的操作进行讲解。

8.2.1　获取数据源

在 LINQ 查询中，第一步是指定数据源。像在大多数编程语言中一样，在 C#中，必须先声明变量，才能使用它。在 LINQ 查询中，最先使用 from 子句的目的是引入数据源和范围变量。

例如，从库存商品基本信息表（tb_stock）中获取所有库存商品信息。代码如下。

```
var queryStock = from Info in tb_stock
         select Info;
```

范围变量类似于 foreach 循环中的迭代变量，但在查询表达式中，实际上不发生迭代。执行查询时，范围变量将用作对数据源中的每个后续元素的引用。因为编译器可以推断 cust 的类型，所以不必显式指定此类型。

8.2.2　筛选

最常用的查询操作是应用布尔表达式形式的筛选器，该筛选器使查询只返回那些表达式结果 true 的元素。使用 where 子句生成结果，实际上，筛选器指定从源序列中排除哪些元素。

例如，查询库存商品信息表中名称为"计算机"的详细信息。代码如下。

```
var query = from Info in tb_stock
        where Info.name == "计算机"
        select Info;
```

也可以使用熟悉的 C#逻辑与、或运算符来根据需要在 where 子句中应用任意数量的筛选表达式。例如，如果要只返回商品名称为"计算机"并且型号为"S300"的商品信息，可以将 where 进行如下修改。

```
where Info.name == "计算机" && Info.type == "S300"
```

而如要要返回商品名称为"计算机"或者"手机"的商品信息，可以将 where 进行如下修改。

```
where Info.name == "计算机" || Info.name == "手机"
```

8.2.3　排序

通常可以很方便地将返回的数据进行排序，orderby 子句将使返回的序列中的元素按照被排序的类型的默认比较器进行排序。

例如，在商品销售信息表（tb_sell_detailed）中查询信息时，按销售金额降序排序。代码如下。

```
var query = from sellInfo in tb_sell_detailed
        orderby sellInfo.qty descending
        select sellInfo;
```

qty 是商品销售信息表中的销售数量字段。

如果要对查询结果升序排序，则使用 orderby…ascending 子句。

8.2.4　分组

使用 group 子句可以按指定的键分组结果。例如，使用 LINQ 查询表达式按客户分组汇总销售金额。代码如下。

```
var query = from item in ds.Tables["V_SaleInfo"].AsEnumerable()
    group item by item.Field<string>("ClientCode") into g
    select new
    {
        客户代码 = g.Key,
        客户名称 = g.Max(itm => itm.Field<string>("ClientName")),
        销售总额 = g.Sum(itm => itm.Field<double>("Amount")).ToString("#,##0.00")
    };
```

在使用 group 子句结束查询时，结果采用列表的列表形式。列表中的每个元素是一个具有 Key 成员及根据该键分组的元素列表的对象。在循环访问生成组序列的查询时，必须使用嵌套的 foreach 循环，其中，外部循环用于循环访问每个组，内部循环用于循环访问每个组的成员。

8.2.5　联接

联接运算可以创建数据源中没有显式建模的序列之间的关联，例如，可以通过执行联接来查找位于同一地点的所有客户和经销商。在 LINQ 中，join 子句始终针对对象集合而非直接针对数据库表运行。

例如，通过联接查询对销售主表（tb_sell_main）与销售明细表（tb_sell_detailed）进行查询，获取商品销售详细信息。代码如下。

```
var innerJoinQuery =
    from main in tb_sell_main
    join detailed in tb_sell_detailed on main.billcode equals detailed.billcode
    select new {
        销售编号= main.billcode,
        购货单位= main.units,
        商品编号= detailed.tradecode,
        商品全称= detailed.fullname,
        单位= detailed.unit,
        数量= detailed.qty,
        单价= detailed.price,
        金额= detailed.tsum,
        录单日期= detailed.billdate};
```

LINQ Query 的基本组成　　　　　　　　LINQ Query 的几种基本操作

8.3　LINQ To SQL 的应用

8.3.1　LINQ to SQL 概述

LINQ to SQL 是.NET Framework 的一个组件，提供了用于将关系数据作为对象管理的运行时基础结构。

在 LINQ to SQL 中，关系数据库的数据模型映射到用开发人员所用的编程语言表示的对象模型。当应用程序运行时，LINQ to SQL 会将对象模型中的 LINQ 转换为 SQL，然后将它们发送到数据库进行执行。当数据库返回结果时，LINQ to SQL 会将它们转换回程序中的对象。

在 LINQ to SQL 中，程序员不需要编写数据库操作命令（如 SELECT、DELETE、UPDATE 等），只需将程序中的对象模型映射到关系数据库的数据模型，之后 LINQ 就会按照对象模型来执行数据的操作。

图 8-5 描述了 LINQ to SQL 的架构，右边是数据库管理系统（如 SQL Server）和数据库；左边是 LINQ to SQL，它由两部分组成：LINQ to SQL 对象模型和 LINT to SQL 运行时。

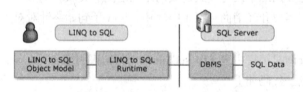

图 8-5　LINQ to SQL 与 SQL Server 的关系

其中，LINQ to SQL 的对象模型可以是对应数据表的实体类，也可以是关联或方法。实体类的成员对应数据表的列（字段），关联体现数据库之间的外键关系；方法对应保存在 DBMS 中的存储过程和函数。特别要强调的是，与 ADO.NET 不同的是，LINQ to SQL 的对象模型只负责封装数据表的相关信息，而不封装操作数据库的命令。

LINQ to SQL 提供了用于将关系数据作为对象管理的运行时基础结构。其 LINQ to SQL 的运行时根据 LINQ 查询所要执行的操作自动生成 SQL 语句并发送给数据库管理系统，同时也自动接收来自数据库管理系统返回给应用程序的数据信息并自动封装为对象模型。

在.Net Framework 之中，LINQ to SQL 的基础类主要封装在 System.Data.Linq 命名空间和 System.Data.Linq.Mapping 命名空间之中。其中，前者包含了支持与 LINQ to SQL 应用程序中的关系数据库进行交互的类；后者包含了用于生成表示关系数据库的结构和内容的 LINQ to SQL 对象模型的类。

在 System.Data.Linq 中，有一个称为 DataContext 的类，它是 LINQ to SQL 框架的主入口点，代表那些与数据库表连接映射的所有实体的源。它会跟踪对所有检索到的实体所做的更改，并且保留一个"标识缓存"，该缓存确保使用同一对象实例表示多次检索到的实体。

8.3.2　使用 LINQ 查询数据库

使用 LINQ 查询 SQL 数据库时，首先需要创建 LinqToSql 类文件。创建 LinqToSql 类文件的步骤如下。

（1）启动 Visual Studio 2013 开发环境，创建一个 Windows 窗体应用程序。

（2）在"解决方案资源管理器"窗口中选中当前项目，单击右键，在弹出的快捷菜单中选择"添加"|"添加新项"命令，弹出"添加新项"对话框，如图 8-6 所示。

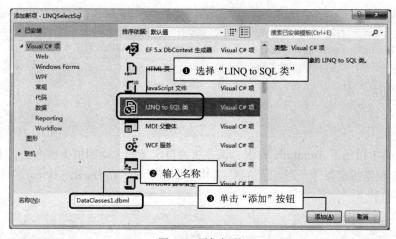

图 8-6　添加新项

（3）在图 8-6 所示的"添加新项"对话框中选择"LINQ to SQL 类"，并输入名称，单击"添加"按钮，添加一个 LinqToSql 类文件。

（4）在"服务器资源管理器"窗口中连接 SQL Server 数据库，然后将指定数据库中的表映射到.dbml 中（可以将表拖拽到设计视图中），如图 8-7 所示。

图 8-7　数据表映射到 dbml 文件

（5）.dbml 文件将自动创建一个名称为 DataContext 的数据上下文类，为数据库提供查询或操作数据库的方法，LINQ 数据源创建完毕。

创建完 LinqToSql 类文件之后，接下来就可以使用它了。下面通过一个例子讲解如何使用 LINQ 查询 SQL Server 数据库。

【例 8-4】 创建一个 Windows 应用程序，通过使用 LINQ 技术分别根据商品编号、商品名称和产地查询库存商品信息。在 Form1 窗体中添加一个 ComboBox 控件，用来选择查询条件；添加一个 TextBox 控件，用来输入查询关键字；添加一个 Button 控件，用来执行查询操作；添加一个 DataGridView 控件，用来显示数据库中的数据。

首先在当前项目中依照上面所讲的步骤创建一个 LinqToSql 类文件，然后在 Form1 窗体中定义一个 string 类型变量，用来记录数据库连接字符串，并声明 Linq 连接对象。代码如下。

```
//定义数据库连接字符串
string strCon = "Data Source=MRWXK-PC\\SQL2012;Database=db_EMS;Uid=sa;Pwd=;";
linqtosqlClassDataContext linq;          //声明 Linq 连接对象
Form1 窗体加载时，首先将数据库中的所有员工信息显示到 DataGridView 控件中。实现代码如下：
private void Form1_Load(object sender, EventArgs e)
{
    BindInfo();
}
```

上面的代码中用到了 BindInfo 方法，该方法为自定义的无返回值类型方法，主要用来使用 LinqToSql 技术根据指定条件查询商品信息，并将查询结果显示在 DataGridView 控件中。BindInfo 方法实现代码如下。

```
private void BindInfo()
{
    linq = new linqtosqlClassDataContext(strCon);          //创建 Linq 连接对象
    if (txtKeyWord.Text == "")
    {
        //获取所有商品信息
        var result = from info in linq.tb_stock
                     select new
                     {
                         商品编号 = info.tradecode,
                         商品全称 = info.fullname,
                         商品型号 = info.type,
                         商品规格 = info.standard,
                         单位 = info.unit,
                         产地 = info.produce,
                         库存数量 = info.qty,
                         进货时的最后一次进价 = info.price,
                         加权平均价 = info.averageprice
                     };
        dgvInfo.DataSource = result;          //对 DataGridView 控件进行数据绑定
    }
    else
    {
        switch (cboxCondition.Text)
        {
```

```
case "商品编号":
    //根据商品编号查询商品信息
    var resultid = from info in linq.tb_stock
                   where info.tradecode == txtKeyWord.Text
                   select new
                   {
                       商品编号 = info.tradecode,
                       商品全称 = info.fullname,
                       商品型号 = info.type,
                       商品规格 = info.standard,
                       单位 = info.unit,
                       产地 = info.produce,
                       库存数量 = info.qty,
                       进货时的最后一次进价 = info.price,
                       加权平均价 = info.averageprice
                   };
    dgvInfo.DataSource = resultid;
    break;
case "商品名称":
    //根据商品名称查询商品信息
    var resultname = from info in linq.tb_stock
                     where info.fullname.Contains(txtKeyWord.Text)
                     select new
                     {
                         商品编号 = info.tradecode,
                         商品全称 = info.fullname,
                         商品型号 = info.type,
                         商品规格 = info.standard,
                         单位 = info.unit,
                         产地 = info.produce,
                         库存数量 = info.qty,
                         进货时的最后一次进价 = info.price,
                         加权平均价 = info.averageprice
                     };
    dgvInfo.DataSource = resultname;
    break;
case "产地":
    //根据产地查询商品信息
    var resultsex = from info in linq.tb_stock
                    where info.produce == txtKeyWord.Text
                    select new
                    {
                        商品编号 = info.tradecode,
                        商品全称 = info.fullname,
                        商品型号 = info.type,
                        商品规格 = info.standard,
                        单位 = info.unit,
                        产地 = info.produce,
                        库存数量 = info.qty,
```

```
                          进货时的最后一次进价 = info.price,
                          加权平均价 = info.averageprice
                     };
               dgvInfo.DataSource = resultsex;
               break;
          }
      }
}
```

单击"查询"按钮，调用 BindInfo 方法查询商品信息，并将查询结果显示到 DataGridView 控件中。"查询"按钮的 Click 事件代码如下。

```
private void btnQuery_Click(object sender, EventArgs e)
{
    BindInfo();
}
```

程序运行结果如图 8-8 所示。

图 8-8　使用 LINQ 查询 SQL Server 数据库

8.3.3　使用 LINQ 更新数据库

使用 LINQ 更新 SQL Server 数据库时，主要有添加、修改和删除 3 种操作，本节将分别进行详细讲解。

1. 添加数据

使用 LINQ 向 SQL Server 数据库中添加数据时，需要用到 InsertOnSubmit 方法和 SubmitChanges 方法。其中，InsertOnSubmit 方法用来将处于 pending insert 状态的实体添加到 SQL 数据表中。其语法格式如下。

```
void InsertOnSubmit(Object entity)
```

其中，entity 表示要添加的实体。

SubmitChanges 方法用来记录要插入、更新或删除的对象，并执行相应命令以实现对数据库的更改。其语法格式如下。

```
public void SubmitChanges()
```

【例 8-5】　创建一个 Windows 应用程序，Form1 窗体设计为如图 8-8 所示界面，用来向库存商品信息表中添加数据。首先在当前项目中创建一个 LinqToSql 类文件，然后在 Form1 窗体中定义一个 string 类型的变量，用来记录数据库连接字符串，并声明 LINQ 连接对象。代码如下。

```
//定义数据库连接字符串
string strCon = "Data Source=MRWXK-PC\\SQL2012;Database=db_EMS;Uid=sa;Pwd=;";
linqtosqlClassDataContext linq;                          //声明 Linq 连接对象
```

在 Form1 窗体中单击"添加"按钮，首先创建 Linq 连接对象；然后创建 tb_stock 类对象（该类为对应的 tb_stock 数据表类），为 tb_stock 类对象中的各个属性赋值；最后调用 LINQ 连接对象中的 InsertOnSubmit 方法添加商品信息，并调用其 SubmitChanges 方法将添加商品操作提交服务器。"添加"按钮的 Click 事件代码如下。

```
private void btnAdd_Click(object sender, EventArgs e)
{
    linq = new linqtosqlClassDataContext(strCon);        //创建 Linq 连接对象
    tb_stock stock = new tb_stock();                     //创建 tb_stock 类对象
    //为 tb_stock 类中的商品实体赋值
    stock.tradecode = txtID.Text;
    stock.fullname = txtName.Text;
    stock.unit = cbox.Text;
    stock.type= txtType.Text;
    stock.standard = txtISBN.Text;
    stock.produce = txtAddress.Text;
    stock.qty = Convert.ToInt32(txtNum.Text);
    stock.price= Convert.ToDouble(txtPrice.Text);
    linq.tb_stock.InsertOnSubmit(stock);                 //添加商品信息
    linq.SubmitChanges();                                //提交操作
    MessageBox.Show("数据添加成功");
    BindInfo();
}
```

上面的代码中用到了 BindInfo 方法，该方法为自定义的无返回值类型方法，主要用来获取所有库存商品信息，并绑定到 DataGridView 控件上。BindInfo 方法实现代码如下。

```
private void BindInfo()
{
    linq = new linqtosqlClassDataContext(strCon);     //创建 Linq 连接对象
    //获取所有商品信息
    var result = from info in linq.tb_stock
                 select new
                 {
                     商品编号 = info.tradecode,
                     商品全称 = info.fullname,
                     商品型号 = info.type,
                     商品规格 = info.standard,
                     单位 = info.unit,
                     产地 = info.produce,
                     库存数量 = info.qty,
                     进货时的最后一次进价 = info.price,
                     加权平均价 = info.averageprice
                 };
    dgvInfo.DataSource = result;                       //对 DataGridView 控件进行数据绑定
}
```

程序运行结果如图 8-9 所示。

图 8-9　添加数据

2. 修改数据

使用 LINQ 修改 SQL Server 数据库中的数据时，需要用到 SubmitChanges 方法。该方法在"添加数据"中已经做过详细介绍，在此不再赘述。

【例 8-6】　创建一个 Windows 应用程序，Form1 窗体设计为如图 8-8 所示界面，主要用来对库存商品信息进行修改。首先在当前项目中创建一个 LinqToSql 类文件，然后在 Form1 窗体中定义一个 string 类型的变量，用来记录数据库连接字符串，并声明 Linq 连接对象。代码如下。

```
//定义数据库连接字符串
string strCon = "Data Source=MRWXK-PC\\SQL2012;Database=db_EMS;Uid=sa;Pwd=;";
linqtosqlClassDataContext linq;                    //声明 Linq 连接对象
```

当在 DataGridView 控件中选中某条记录时，根据选中记录的商品编号查找其详细信息，并显示在对应的文本框中。实现代码如下。

```
private void dgvInfo_CellClick(object sender, DataGridViewCellEventArgs e)
{
    linq = new linqtosqlClassDataContext(strCon);      //创建 Linq 连接对象
    //获取选中的商品编号
    txtID.Text = Convert.ToString(dgvInfo[0, e.RowIndex].Value).Trim();
    //根据选中的商品编号获取其详细信息，并重新成成一个表
    var result = from info in linq.tb_stock
            where info.tradecode == txtID.Text
            select new
            {
                ID = info.tradecode,
                Name = info.fullname,
                Unit = info.unit,
                Type = info.type,
                Standard = info.standard,
                Produce = info.produce,
                Qty = info.qty,
                Price = info.price
            };
```

```
//相应的文本框及下拉列表中显示选中商品的详细信息
foreach (var item in result)
{
    txtName.Text = item.Name;
    cbox.Text = item.Unit;
    txtType.Text = item.Type;
    txtISBN.Text = item.Standard;
    txtAddress.Text = item.Produce;
    txtNum.Text = item.Qty.ToString();
    txtPrice.Text = item.Price.ToString();
}
}
```

在 Form1 窗体中单击"修改"按钮，首先判断是否选择了要修改的记录，如果没有，弹出提示信息；否则创建 Linq 连接对象，并从该对象中的 tb_stock 表中查找是否有相关记录，如果有，为 tb_stock 表中的字段赋值，并调用 Linq 连接对象中的 SubmitChanges 方法修改指定编号的商品信息。"修改"按钮的 Click 事件代码如下。

```
private void btnEdit_Click(object sender, EventArgs e)
{
    if (txtID.Text == "")
    {
        MessageBox.Show("请选择要修改的记录");
        return;
    }
    linq = new linqtosqlClassDataContext(strCon);      //创建 Linq 连接对象
    //查找要修改的商品信息
    var result = from stock in linq.tb_stock
                 where stock.tradecode == txtID.Text
                 select stock;
    //对指定的商品信息进行修改
    foreach (tb_stock stock in result)
    {
        stock.tradecode = txtID.Text;
        stock.fullname = txtName.Text;
        stock.unit = cbox.Text;
        stock.type = txtType.Text;
        stock.standard = txtISBN.Text;
        stock.produce = txtAddress.Text;
        stock.qty = Convert.ToInt32(txtNum.Text);
        stock.price = Convert.ToDouble(txtPrice.Text);
        linq.SubmitChanges();
    }
    MessageBox.Show("商品信息修改成功");
    BindInfo();
}
```

上面的代码中用到了 BindInfo 方法，该方法为自定义的无返回值类型方法，主要用来获取所有库存商品信息，并绑定到 DataGridView 控件上。BindInfo 方法实现代码如下。

```
private void BindInfo()
{
    linq = new linqtosqlClassDataContext(strCon);      //创建 Linq 连接对象
    //获取所有商品信息
```

```
    var result = from info in linq.tb_stock
            select new
            {
                商品编号 = info.tradecode,
                商品全称 = info.fullname,
                商品型号 = info.type,
                商品规格 = info.standard,
                单位 = info.unit,
                产地 = info.produce,
                库存数量 = info.qty,
                进货时的最后一次进价 = info.price,
                加权平均价 = info.averageprice
            };
    dgvInfo.DataSource = result;                      //对 DataGridView 控件进行数据绑定
}
```

程序运行结果如图 8-10 所示。

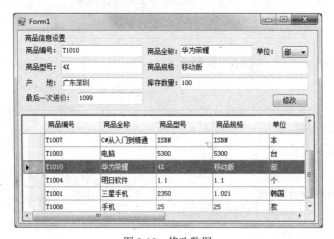

图 8-10　修改数据

3. 删除数据

使用 LINQ 删除 SQL Server 数据库中的数据时，需要用到 DeleteAllOnSubmit 方法和 SubmitChanges 方法。其中 SubmitChanges 方法在"添加数据"中已经做过详细介绍，这里主要讲解 DeleteAllOnSubmit 方法。

DeleteAllOnSubmit 方法用来将集合中的所有实体置于 pending delete 状态。其语法格式如下。

```
void DeleteAllOnSubmit(IEnumerable entities)
```

其中，entities 表示要移除所有项的集合。

【例 8-7】　创建一个 Windows 应用程序，主要用来删除指定的商品信息。在 Form1 窗体中添加一个 ContextMenuStrip 控件，用来作为"删除"快捷菜单；添加一个 DataGridView 控件，用来显示数据库中的数据，将 DataGridView 控件的 ContextMenuStrip 属性设置为 contextMenuStrip1。

首先在当前项目中依照上面所讲的步骤创建一个 LinqToSql 类文件；然后在 Form1 窗体中定义一个 string 类型的变量，用来记录数据库连接字符串，并声明 Linq 连接对象；再声明一个 string 类型的变量，用来记录选中的商品编号。代码如下。

```
//定义数据库连接字符串
string connStr = "Data Source=localhost;Database=db_EMS;Uid=sa;Pwd=;";
linqtosqlClassDataContext linq;                    //声明 Linq 连接对象
string strID = "";                                 //记录选中的商品编号
```

在 DataGridView 控件中选择行时，记录当前选中行的员工编号，并赋值给定义的全局变量。代码如下。

```
private void dgvInfo_CellClick(object sender, DataGridViewCellEventArgs e)
{
    //获取选中的商品编号
    strID = Convert.ToString(dgvInfo[0, e.RowIndex].Value).Trim();
}
```

在 DataGridView 控件上单击鼠标右键，在弹出的快捷菜单中选择"删除"命令，首先判断要删除的商品编号是否为空，如果为空，则弹出提示信息；否则，创建 Linq 连接对象，并从该对象中的 tb_stock 表中查找是否有相关记录，如果有，则调用 Linq 连接对象中的 DeleteAllOnSubmit 方法删除商品信息，并调用其 SubmitChanges 方法将删除商品操作提交服务器。"删除"命令的 Click 事件代码如下。

```
private void 删除ToolStripMenuItem_Click(object sender, EventArgs e)
{
    if (strID == "")
    {
        MessageBox.Show("请选择要删除的记录");
        return;
    }
    linq = new linqtosqlClassDataContext(strCon);    //创建 Linq 连接对象
    //查找要删除的商品信息
    var result = from stock in linq.tb_stock
                 where stock.tradecode == strID
                 select stock;
    linq.tb_stock.DeleteAllOnSubmit(result);         //删除商品信息
    linq.SubmitChanges();                            //创建 Linq 连接对象提交操作
    MessageBox.Show("商品信息删除成功");
    BindInfo();
}
```

上面的代码中用到了 BindInfo 方法，该方法为自定义的无返回值类型方法，主要用来获取所有库存商品信息，并绑定到 DataGridView 控件上。BindInfo 方法实现代码如下。

```
private void BindInfo()
{
    linq = new linqtosqlClassDataContext(connStr);    //创建 Linq 连接对象
    //获取所有商品信息
    var result = from info in linq.tb_stock
                 select new
                 {
                     商品编号 = info.tradecode,
                     商品全称 = info.fullname,
                     商品型号 = info.type,
```

```
                    商品规格 = info.standard,
                    单位 = info.unit,
                    产地 = info.produce,
                    库存数量 = info.qty,
                    进货时的最后一次进价 = info.price,
                    加权平均价 = info.averageprice
                };
        dgvInfo.DataSource = result;                  //对 DataGridView 控件进行数据绑定
}
```

程序运行结果如图 8-11 所示。

图 8-11　删除数据

小　　结

本章主要对 LINQ 查询表达式的常用操作及如何使用 LINQ 操作 SQL Server 数据库进行了介绍。LINQ 技术是 C#中的一种非常实用的技术，通过使用 LINQ 技术，可以在很大程度上方便程序开发人员对各种数据的访问。通过本章的学习，读者应熟练掌握 LINQ 技术的基础语法及 LINQ 查询表达式的常用操作，掌握如何使用 LINQ 对 SQL Server 数据库进行操作。

上机指导

使用 LINQ 技术，设计一个 Windows 程序，实现分页查看库存商品信息的功能。运行效果如图 8-12 所示。

开发步骤如下。

（1）创建一个 Windows 窗体应用程序，命名为 LinqPages。

（2）更改默认窗体 Form1 的 Name 属性为 Frm_Main。在窗体中添加一个 DataGridView 控件，显示数据库中的数据；添加两个 Button 控件，分别用来执行上一页和下一页操作。

（3）创建 LINQ to SQL 的 dbml 文件，并将 Address 表添加到 dbml 文件中。

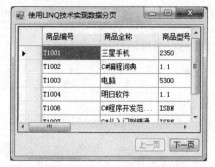

图 8-12　分页查看库存商品信息

（4）窗体的代码页中，首先创建 LINQ 对象，并定义两个 int 类型的变量，分别用来记录每页显示的记录数和当前页数。代码如下。

```
LinqClassDataContext linqDataContext = new LinqClassDataContext();//创建 LINQ 对象
int pageSize = 7;                                      //设置每页显示 7 条记录
int page = 0;                                          //记录当前页
```

（5）自定义一个 getCount 方法，用来根据数据库中的记录计算总页数。代码如下。

```
protected int getCount()
{
    int sum = linqDataContext.tb_stock.Count();        //设置总数据行数
    int s1 = sum / pageSize;                           //获取可以分的页面
    //当总行数对页数求余后是否大于 0，如果大于获取 1 否则获取 0
    int s2 = sum % pageSize > 0 ? 1 : 0;
    int count = s1 + s2;                               //计算出总页数
    return count;
}
```

（6）自定义一个 bindGrid 方法，用来根据当前页获取指定区间的记录，并显示在 DataGridView 控件中。代码如下。

```
protected void bindGrid()
{
    int pageIndex = Convert.ToInt32(page);             //获取当前页数
    //使用 LINQ 查询，并对查询的数据进行分页
    var result = (from info in linqDataContext.tb_stock
            select new
            {
                商品编号 = info.tradecode,
                商品全称 = info.fullname,
                商品型号 = info.type,
                商品规格 = info.standard,
                单位 = info.unit,
                产地 = info.produce,
                库存数量 = info.qty,
                进货时的最后一次进价 = info.price,
                加权平均价 = info.averageprice
            }).Skip(pageSize * pageIndex).Take(pageSize);
```

```
    dgvInfo.DataSource = result;            //设置 DataGridView 控件的数据源
    btnBack.Enabled=btnNext.Enabled = true;
    //判断是否为第一页，如果为第一页，禁用首页和上一页按钮
    if (page == 0)
    {
        btnBack.Enabled = false;
    }
    //判断是否为最后一页，如果为最后一页，禁用尾页和下一页按钮
    if (page == getCount() - 1)
    {
        btnNext.Enabled = false;
    }
}
```

（7）窗体加载时，设置当前页为第一页，并调用 bindGrid 方法显示指定的记录。代码如下。

```
private void Form1_Load(object sender, EventArgs e)
{
    page = 0;                        //设置当前页面
    bindGrid();                      //调用自定义 bindGrid 方法绑定 DataGridView 控件
}
```

（8）单击"上一页"按钮，使用当前页的索引减一作为将要显示的页，并调用 bindGrid 方法显示指定的记录。代码如下。

```
private void btnBack_Click(object sender, EventArgs e)
{
    page = page - 1;                 //设置当前页数为当前页数减一
    bindGrid();                      //调用自定义 bindGrid 方法绑定 DataGridView 控件
}
```

（8）单击"下一页"按钮，使用当前页的索引加一作为将要显示的页，并调用 bindGrid 方法显示指定的记录。代码如下。

```
private void btnNext_Click(object sender, EventArgs e)
{
    page = page + 1;                 //设置当前页数为当前页数加一
    bindGrid();                      //调用自定义 bindGrid 方法绑定 DataGridView 控件
}
```

习　　题

1. 比较 LINQ 与 ADO.NET 的区别。
2. 举例说明如何使用 LINQ 查询实现数据行筛选操作。
3. 举例说明如何使用 LINQ 查询实现数据表的联接操作。
4. 使用 LINQ 对 SQL Server 数据库进行添加、修改和删除操作时，主要用到哪些方法？

第9章
应用案例——进销存管理系统

本章要点：
- 软件基本开发流程
- 系统功能结构
- 系统数据库设计
- 数据操作层设计
- 业务逻辑层设计
- 系统主窗体的实现
- 商品库存管理的实现
- 商品进货管理的实现

前面的章节主要讲解 C#程序设计的各种技术，本章则给出一个完整的应用案例——进销存管理系统，将前面所讲内容联系、整合起来。该系统不仅提供基本的进销存管理功能，如进货管理、销售管理、库存管理和基础数据管理等，而且还提供系统维护和系统信息等辅助功能。通过本案例，读者可以熟悉软件项目的开发流程，进一步掌握 C#语言的综合应用。

9.1　需求分析

在市场经济中，销售是企业运行的重要环节。进销存管理系统可以利用信息化手段把先进的企业管理方法引入企业，及时通过信息技术把企业数据快速转化为企业信息，为相关管理者提供决策依据。目前，市场上的进销存管理系统多种多样，但企业在选择具体的系统时却无从下手。企业无法轻松选择或移植进销存管理系统的原因主要在于以下 3 个方面。

（1）很多进销存管理系统只是简单的库存管理系统，很难满足不同企业的实际需求。

（2）大部分管理系统的安装部署、管理相对比较复杂。

（3）很多管理系统为节约成本，选用小型数据库，不能满足大企业的海量数据存取需求。

9.2　系统设计

9.2.1　系统目标

本系统针对中小型企业进行进销存管理，属于中小型数据库管理系统。系统主要实现的目标如下。

- 记录信息快捷、方便；
- 查询信息迅速、准确；
- 账目清晰；
- 营业额分析（月营业额，季度营业额，年营业额）；
- 商品采购分析与统计、销售分析与统计；
- 库存预警；
- 界面友好、美观，交互性强；
- 易安装、易维护和易操作。

9.2.2 开发环境

本系统需要满足的开发环境如下。

- 开发平台：Microsoft Visual Studio 2013；
- 开发语言：C#；
- 数据库：Microsoft SQL Server 2009；
- 运行平台：Windows 7（SP1）/ Windows 8/Windows 10；
- 运行环境：Microsoft .NET Framework SDK v4.6。

9.2.3 功能结构

进销存管理系统囊括了企业进、销、存、查询、分析统计与管理的全过程，主要功能如图 9-1 所示。

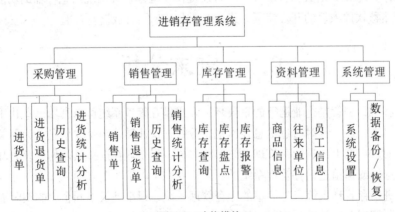

图 9-1 功能模块

（1）采购管理

采购管理用于管理企业的采购业务，主要负责录入企业的进货数据、录入企业进货退货数据、查询商品采购、退货的历史记录和统计分析进货数据。

（2）销售管理

销售管理用于管理企业的销售业务，主要负责录入企业的销售数据、记录顾客退货信息、查询商品销售退货的历史记录和统计分析销售数据（包含营业额分析）。

（3）库存管理

库存管理用于管理企业的库存信息，主要负责查询商品的库存、盘点库存（自动盘赢盘亏）和库存上下限报警。

（4）资料管理

资料管理用于管理企业的基础资料，主要负责记录商品信息、往来单位信息和企业员工信息。

（5）系统管理

系统管理用于管理系统基本设置，主要负责修改、设置系统基础数据，进行数据备份和数据恢复。

9.3　数据库设计

数据库是信息系统的核心，它能把系统中大量的数据按一定的模型组织起来，提供存储、维护、检索数据的功能，使系统可以方便、及时、准确地从数据库中获得所需的信息。那数据库设计对系统的设计与开发而言则是重要组成部分。进销存管理系统采用 SQL Server 2009 数据库，名称为 Inventory，包含 10 张数据表。下面分别从数据库类图和主要数据表的结构进行分析。

9.3.1　数据库整体结构

为了让读者对系统中的数据有更清晰的认识，这里将数据库中的表以及表的描述做出了说明，如表 9-1 所示。

表 9-1　　　　　　　　　　　　　　　　数据库表描述

表名	表描述
employee	员工信息表
units	往来单位表
product	库存商品信息表
purchase	进货表
purchaseDetail	进货明细表
returns	退货表
returnsDetail	退货明细表
sale	销售表
saleDetail	销售明细表
permission	权限表

9.3.2　数据库类图

通过对系统进行需求分析，得到系统需要实现的功能，在此基础上进行业务流程设计以及数据库设计，最后确定数据库中的实体对象以及它们之间的关系。整体类图如图 9-2 所示。

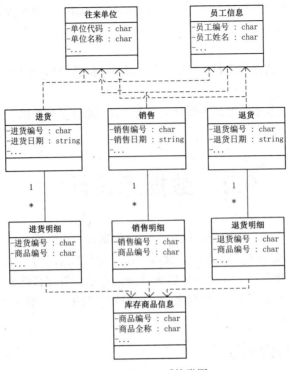

图 9-2　系统类图

9.3.3　数据表结构

根据设计好的数据库实体，在数据库中创建数据表，下面给出比较重要的数据表结构。

1. product（库存商品信息表）

库存商品信息表用于存储库存商品的基础信息，该表的结构如表 9-2 所示。

表 9-2　　　　　　　　　　　　　库存商品信息表

字段名称	数据类型	字段大小	说明
tradecode	varchar	5	商品编号
fullname	varchar	30	商品全称
type	varchar	10	商品型号
standard	varchar	10	商品规格
unit	varchar	10	单位
produce	varchar	20	产地
qty	float	8	库存数量
price	float	8	进货时的最后一次进价
saleprice	float	8	销售时的最后一次销价
checkcount	float	8	盘点数量
upperlimit	int	4	存货报警上限
lowerlimit	int	4	存货报警下限

2. purchase（进货表）

进货表用于存储商品进货的主要信息，该表的结构如表 9-3 所示。

表 9-3   进货表

字段名称	数据类型	字段大小	说明
billdate	datetime	8	进货日期
billcode	varchar	20	进货编号
units	varchar	30	供货单位
handle	varchar	10	经手人
summary	varchar	100	摘要
fullpayment	float	8	应付金额
payment	float	8	实付金额

3. purchaseDetail（进货明细表）

进货明细表用于存储进货商品的详细信息，该表的结构如表 9-4 所示。

表 9-4   进货明细表

字段名称	数据类型	字段大小	说明
billcode	varchar	20	进货编号
tradecode	varchar	20	商品编号
fullname	varchar	20	商品名称
unit	varchar	4	单位
qty	float	8	数量
price	float	8	进价
tsum	float	8	金额

4. sale（销售表）

销售表用于保存销售商品的主要信息，该表的结构如表 9-5 所示。

表 9-5   销售表

字段名称	数据类型	字段大小	说明
billdate	datetime	8	销售日期
billcode	varchar	20	销售编号
units	varchar	30	购货单位
handle	varchar	10	经手人
summary	varchar	100	摘要
fullgathering	float	8	应收金额
gathering	float	8	实收金额

5. saleDetail（销售明细表）

销售明细表用于存储销售商品的详细信息，该表的结构如表 9-6 所示。

表 9-6　　　　　　　　　　　　销售明细表

字段名称	数据类型	字段大小	说明
billcode	varchar	20	销售编号
tradecode	varchar	20	商品编号
fullname	varchar	20	商品全称
unit	varchar	4	单位
qty	float	8	数量
price	float	8	单价
tsum	float	8	金额

9.4　公共类设计

开发系统时，可以通过编写公共类来减少代码的重复编写次数，有利于代码的重用及维护。进销存管理系统中创建了两个公共类 DataBase.cs（数据库操作类）和 BaseInfo.cs（基础功能类），其中，数据库操作类主要用来访问 SQL 数据库，基础功能类主要用于处理基础业务逻辑。下面分别对以上两个公共类中的方法进行介绍。

9.4.1　DataBase 类

DataBase 类中自定义了打开数据库、关闭数据库、构造 SQL 参数、执行命令、创建桥接器和创建命令对象等多个方法，下面分别对它们进行介绍。

1．打开数据库

Open 方法，建立数据库连接并打开数据库。建立数据连接主要通过 SqlConnection 类实现，使用该类初始化数据库连接字符串，并通过 State 属性判断连接状态，如果数据库连接状态为关，则打开数据库连接。Open 方法的代码如下。

```
public void Open()
{
//判断连接对象是否为空
    if (null == con)
    {
        //连接对象为空则创建
        con = new SqlConnection("Data  Source=loaclhost;DataBase=Inventory;User
ID=sa;PWD= "");
    }
//判断数据库连接是否为关闭状态
    if (System.Data.ConnectionState.Closed == con.State)
    //打开数据库连接
        con.Open();
}
```

说明

读者在运行本系统时，需要将 Open 方法中的数据库连接字符串中的 Data Source 属性修改为本机的 SQL Server 2009 服务器名，并且将 User ID 属性和 PWD 属性分别修改为本机登录 SQL Server 2009 服务器的用户名和密码。

2. 关闭数据库

Close 方法，关闭数据库连接。Close 方法主要通过 SqlConnection 对象的 Close 方法实现。Close 方法代码如下。

```
public void Close()
{
    //判断连接对象是否不为空
    if (null != con)
        //关闭数据库连接
        con.Close();
}
```

3. 构造 SQL 参数

CreateWithParam 方法，构造向数据库中读写数据的参数。CreateWithParam 方法用于传入参数，CreateParam 方法用于转换参数。CreateWithParam 与 CreateParam 方法代码如下。

```
public SqlParameter CreateWithParam (string ParamName, SqlDbType DbType, int Size,
object Value)
{
    //创建 SQL 参数
    return CreateParam(ParamName, DbType, Size, ParameterDirection.Input, Value);
}
public SqlParameter CreateParam(string ParamName, SqlDbType DbType, Int32 Size,
ParameterDirection Direction, object Value)
{
    //声明 SQL 参数对象
    SqlParameter param;
    //判断参数字段是否大于 0
    if (Size > 0)
        //根据类型和大小创建 SQL 参数
        param = new SqlParameter(ParamName, DbType, Size);
    else
        //创建 SQL 参数对象
        param = new SqlParameter(ParamName, DbType);
    //设置 SQL 参数的类型
    param.Direction = Direction;
    //判断是否输出参数
    if (!(Direction == ParameterDirection.Output && Value == null))
        param.Value = Value;
    //返回 SQL 参数
    return param;
}
```

4. 执行无返回值命令

RunProc 方法，执行带参数的命令。该方法可重载，第一种重载形式主要使用 SQL 参数执行添加、修改和删除等操作；第二种重载形式用来直接执行 SQL 语句，如数据库备份与数据库恢复。RunProc 的代码如下。

```
//执行命令
public int RunProc(string procName, SqlParameter[] prams)
{
    //创建 SqlCommand 对象
```

```
        SqlCommand cmd = CreateCommand(procName, prams);
    //执行 SQL 命令
        cmd.ExecuteNonQuery();
        //关闭数据库连接
        this.Close();
        //得到执行是否成功的返回值
        return (int)cmd.Parameters["ReturnValue"].Value;
}
//直接执行 SQL 语句
public int RunProc(string procName)
{
        //打开数据库连接
        this.Open();
        //创建 SqlCommand 对象
SqlCommand cmd = new SqlCommand(procName, con);
//执行 SQL 命令
        cmd.ExecuteNonQuery();
//关闭数据库连接
        this.Close();
//返回 1，表示执行成功
        return 1;
}
```

5. 执行有返回值命令

RunProcReturn 方法，执行带参数的命令并返回数据集。该为可重载，第一种重载形式主要用于执行带 SQL 参数的查询命令；第二种重载形式用来直接执行查询 SQL 语句。RunProcReturn 的代码如下。

```
//执行 SQL 参数命令，并且返回 DataSet 数据集
public DataSet RunProcReturn(string procName, SqlParameter[] prams,string tbName)
{
        //创建桥接器对象
    SqlDataAdapter dap = CreateDataAdaper(procName, prams);
        //创建数据集对象
    DataSet ds = new DataSet();
        //填充数据集
    dap.Fill(ds, tbName);
        //关闭数据库连接
    this.Close();
        //返回数据集
    return ds;
}
//执行命令文本，并且返回 DataSet 数据集
public DataSet RunProcReturn(string procName, string tbName)
{
    SqlDataAdapter dap = CreateDataAdaper(procName, null);
    DataSet ds = new DataSet();
    dap.Fill(ds, tbName);
    this.Close();
    return ds;
}
```

6．创建桥接器对象

CreateDataAdaper 方法，将带 SQL 参数的命令文本添加到 SqlDataAdapter 中，并执行命令文本。CreateDataAdaper 方法的代码如下。

```
private SqlDataAdapter CreateDataAdaper(string procName, SqlParameter[] prams)
{
    //打开数据库连接
    this.Open();
    //创建桥接器对象
    SqlDataAdapter dap = new SqlDataAdapter(procName, con);
    //要执行的类型为命令文本
    dap.SelectCommand.CommandType = CommandType.Text;
    //判断 SQL 参数是否不为空
    if (prams != null)
    {
    //遍历传递的每个 SQL 参数
        foreach (SqlParameter parameter in prams)
            //将参数添加到命令对象中
            dap.SelectCommand.Parameters.Add(parameter);
    }
    //加入返回参数
    dap.SelectCommand.Parameters.Add(new SqlParameter("ReturnValue", SqlDbType.Int,
4,ParameterDirection.ReturnValue,  false,  0,  0,string.Empty,  DataRowVersion.Default,
null));
        //返回桥接器对象
    return dap;
}
```

7．创建命令对象

CreateCommand 方法，将带 SQL 参数的命令文本添加到 CreateCommand 中，并执行命令文本。CreateCommand 方法的代码如下。

```
private SqlCommand CreateCommand(string procName, SqlParameter[] prams)
{
    //打开数据库连接
    this.Open();
    //创建 SqlCommand 对象
    SqlCommand cmd = new SqlCommand(procName, con);
    //要执行的类型为命令文本
    cmd.CommandType = CommandType.Text;
    //依次把参数传入命令文本
//判断 SQL 参数是否不为空
    if (prams != null)
    {
    //遍历传递的每个 SQL 参数
        foreach (SqlParameter parameter in prams)
            //将参数添加到命令对象中
            cmd.Parameters.Add(parameter);
    }
    //加入返回参数
    cmd.Parameters.Add(new SqlParameter("ReturnValue", SqlDbType.Int, 4,
        ParameterDirection.ReturnValue,          false,          0,          0,string.Empty,
```

```
DataRowVersion.Default, null));
        //返回 SqlCommand 命令对象
    return cmd;
}
```

9.4.2　BaseInfo 类

BaseInfo 类是基础功能类，它主要用来处理业务逻辑功能。下面对该类中的实体类及相关方法进行详细讲解。

BaseInfo 类中包含了库存商品管理、往来单位管理、进货管理、退货管理、员工管理、权限管理等多个模块的业务代码实现，而它们的实现原理是大致相同的。这里由于篇幅限制，在讲解 BaseInfo 类的实现时，将以库存商品管理为例进行详细讲解。

1. ProductInfo 类

通过库存商品类 ProductInfo 实现商品数据的读取与设置。库存商品类 ProductInfo 的关键代码如下。

```
public class ProductInfo
{
    private string tradecode = "";
    private string fullname = "";
    private string tradetpye = "";
    private string standard = "";
    private string tradeunit = "";
    private string produce = "";
    private float qty = 0;
    private float price = 0;
    private float saleprice = 0;
    private float check = 0;
    private float upperlimit = 0;
    private float lowerlimit = 0;
    /// <summary>
    /// 商品编号
    /// </summary>
    public string TradeCode
    {
        get { return tradecode; }
        set { tradecode = value; }
    }
    /// <summary>
    /// 单位全称
    /// </summary>
    public string FullName
    {
        get { return fullname; }
        set { fullname = value; }
    }
    /// <summary>
    /// 商品型号
    /// </summary>
    public string TradeType
```

```
{
    get { return tradetpye; }
    set { tradetpye = value; }
}
/// <summary>
/// 商品规格
/// </summary>
public string Standard
{
    get { return standard; }
    set { standard = value; }
}
/// <summary>
/// 商品单位
/// </summary>
public string Unit
{
    get { return tradeunit; }
    set { tradeunit = value; }
}
/// <summary>
/// 商品产地
/// </summary>
public string Produce
{
    get { return produce; }
    set { produce = value; }
}
/// <summary>
/// 库存数量
/// </summary>
public float Qty
{
    get { return qty; }
    set { qty = value; }
}
/// <summary>
/// 进货时最后一次价格
/// </summary>
public float Price
{
    get { return price; }
    set { price = value; }
}
/// <summary>
/// 销售时的最后一次销价
/// </summary>
public float SalePrice
{
    get { return saleprice; }
    set { saleprice = value; }
}
/// <summary>
/// 盘点数量
```

```
    /// </summary>
    public float Check
    {
        get { return check; }
        set { check = value; }
    }
    /// <summary>
    /// 库存报警上限
    /// </summary>
    public float UpperLimit
    {
        get { return upperlimit; }
        set { upperlimit = value; }
    }
    /// <summary>
    /// 库存报警下限
    /// </summary>
    public float LowerLimit
    {
        get { return lowerlimit; }
        set { lowerlimit = value; }
    }
}
```

2. 添加信息

AddProduct 方法主要用于实现添加库存商品信息数据。实现关键过程为：创建 SqlParameter 参数数组，通过数据库操作类（DataBase）中 CreateWithParam 方法将参数值转换为 SqlParameter 类型，储存在数组中，最后调用数据库操作类（DataBase）中 RunProc 方法执行命令文本。AddProduct 方法的关键代码如下。

```
public int AddProduct(ProductInfo product)
{
    SqlParameter[] prams = {
        data.CreateWithParam("@tradecode",                SqlDbType.VarChar,           5,
product.TradeCode),
        data.CreateWithParam("@fullname", SqlDbType.VarChar, 30, product.FullName),
        data.CreateWithParam("@type", SqlDbType.VarChar, 10, product.TradeType),
        data.CreateWithParam("@standard", SqlDbType.VarChar, 10, product.Standard),
        data.CreateWithParam("@unit", SqlDbType.VarChar, 4, product.Unit),
        data.CreateWithParam("@produce", SqlDbType.VarChar, 20, product.Produce),
    };
    return (data.RunProc("INSERT INTO product (tradecode, fullname, type, standard,
unit, produce) VALUES (@tradecode,@fullname,@type,@standard,@unit,@produce)", prams));
}
```

3. 更新信息

UpdateProduct 方法主要实现修改库存商品基本信息。实现代码如下。

```
public int UpdateProduct(ProductInfo product)
{
    SqlParameter[] prams = {
        data.CreateWithParam("@tradecode", SqlDbType.VarChar, 5, product.TradeCode),
        data.CreateWithParam("@fullname", SqlDbType.VarChar, 30, product.FullName),
        data.CreateWithParam("@type", SqlDbType.VarChar, 10, product.TradeType),
        data.CreateWithParam("@standard", SqlDbType.VarChar, 10, product.Standard),
```

```
        data.CreateWithParam("@unit", SqlDbType.VarChar, 4, product.Unit),
        data.CreateWithParam("@produce", SqlDbType.VarChar, 20, product.Produce),
    };
    return (data.RunProc("update product set fullname=@fullname, type=@type,
standard=@standard,unit=@unit,produce=@produce where tradecode=@tradecode", prams));
    }
```

4. 删除信息

DeleteProduct 方法主要实现删除库存商品信息。实现代码如下。

```
public int DeleteProduct(ProductInfo product)
{
    SqlParameter[] prams = {
    data.CreateWithParam ("@tradecode", SqlDbType.VarChar, 5, product.TradeCode),
    };
    return (data.RunProc("delete from product where tradecode=@tradecode", prams));
}
```

5. 查询信息

在系统中主要用到的查询有：根据商品产地、商品名称查询库存商品信息以及查询所有库存商品信息。FindProductByProduce 方法根据"商品产地"得到库存商品信息；FindProductByFullName 方法根据"商品名称"得到库存商品信息；GetAllProduct 方法得到所有库存商品信息。以上 3 种方法的关键代码如下。

```
//根据商品产地得到库存商品信息
public DataSet FindProductByProduce(ProductInfo product, string tbName)
{
    SqlParameter[] prams = {
    data.CreateWithParam("@produce", SqlDbType.VarChar, 5, product.Produce+"%")
    };
    return (data.RunProcReturn("select * from product where produce like @produce",
prams, tbName));
    }
//根据商品名称得到库存商品信息
public DataSet FindProductByFullName(ProductInfo product, string tbName)
{
    SqlParameter[] prams = {
    data.CreateWithParam("@fullname", SqlDbType.VarChar, 30, product.FullName+"%")
    };
    return (data.RunProcReturn("select * from product where fullname like @fullname",
prams, tbName));
    }
//得到所有库存商品信息
public DataSet GetAllProduct(string tbName)
{
    return (data.RunProcReturn("select * from product ORDER BY tradecode", tbName));
    }
```

9.5　系统主要模块实现

本节将对进销存管理系统的 4 个主要功能模块的设计与实现过程进行讲解。

9.5.1　主窗体

主窗体是程序操作的起点，是人机交互中的重要环节。通过主窗体，用户可以使用系统相关的子模块，操作系统中所实现的各个功能。进销存管理系统中，当用户登录成功后，将进入主窗体。主窗体中提供了系统菜单栏，可以通过它调用系统中的所有子窗体。主窗体运行结果如图 9-3所示。

图 9-3　主窗体

1. 菜单栏

系统的菜单栏通过 MenuStrip 控件来实现，设计菜单栏的具体步骤如下。

（1）从工具箱中拖一个 MenuStrip 控件置于进销存管理系统的主窗体中，如图 9-4 所示。

图 9-4　拖 MenuStrip 控件

（2）为菜单栏中的各个菜单项设置菜单名称，如图 9-5 所示。在输入菜单名称时，系统会自动产生输入下一个菜单名称的提示。

图 9-5　设置菜单栏名称

（3）选中菜单项，单击其"属性"窗口中的 DropDownItems 属性后面的 按钮，弹出"项集合编辑器"对话框，如图 9-6 所示。在该对话框中可以为菜单项设置各个属性。

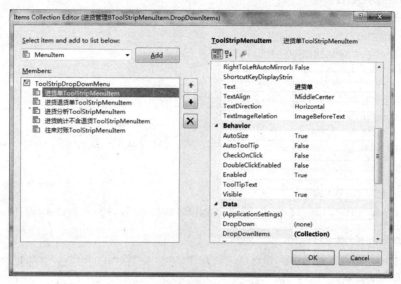

图 9-6 设置菜单栏中项目的属性

2. 实现过程

（1）新建一个 Windows 窗体，命名为 mainForm.cs，作为进销存管理系统的主窗体，该窗体中添加一个 MenuStrip 控件，用来作为主窗体的菜单栏。

（2）单击菜单栏中的各菜单项调用相应的子窗体。下面以单击"进货管理" | "进货单"菜单项为例进行说明。代码如下。

```
private void fileBuyProduct_Click(object sender, EventArgs e)
{
//调用进货单窗体
    new Inventory.BuyProduct.buyProductForm().Show();
}
```

说明

其他菜单项的 Click 事件与"进货管理" | "进货单"菜单项的 Click 事件实现原理一致，都是使用 new 关键字创建指定的窗体对象，然后使用 Show 方法显示指定的窗体。

9.5.2 库存商品管理模块

库存商品管理模块主要用来添加、编辑、删除和查询库存商品的信息，其运行结果如图 9-7 所示。

1. 自动生成编号

在进销存管理系统中，会为每种商品设置一个库存编号，本系统则实现了自动生成商品库存编号的功能，以减少人工编号操作，提高效率。实现思路为：首先从库存商品信息表（product）中获取所有商品信息，并按编号降序排列，从而获得已经存在的最大编号；然后根据将最大编号的数字码加一，从而生成一个最新的编号。关键代码如下。

```
//创建数据集对象
DataSet ds = null;
```

```
//设置库存商品编号为空
string P_Str_newTradeCode = "";
//初始化商品编号中的数字码
int P_Int_newTradeCode = 0;
//获取库存商品信息
ds = baseinfo.GetAllProduct("product");
//判断数据集中是否有值
if (ds.Tables[0].Rows.Count == 0)
{
    //设置默认商品编号
    txtID.Text = "T1001";
}
else
{
    //获取已经存在的最大编号
    P_Str_newTradeCode = Convert.ToString(ds.Tables[0].Rows[ds.Tables[0].Rows.Count -
1]["tradecode"]);
    //获取一个最新的数字码
    P_Int_newTradeCode = Convert.ToInt32(P_Str_newTradeCode.Substring(1, 4)) + 1;
    //获取最新商品编号
    P_Str_newTradeCode = "T" + P_Int_newTradeCode.ToString();
    //将商品编号显示在文本框中
    txtID.Text = P_Str_newTradeCode;
}
```

图 9-7　库存商品管理模块

2. 实现过程

（1）新建一个 Windows 窗体，命名为 productForm.cs，主要用来对库存商品信息进行添加、修改、删除和查询等操作。该窗体主要用到的控件如表 9-7 所示。

表 9-7　　　　　　　　　　　库存商品管理窗体主要用到的控件

控件类型		控件 ID	主要属性设置	用途
▥	ToolStrip	toolStrip1	在其 Items 属性中添加相应的工具栏项	作为窗体的工具栏
abl	TextBox	txtID	无	输入或显示商品编号
		txtFullName	无	输入或显示商品全称
		txtType	无	输入或显示商品型号

续表

控件类型	控件 ID	主要属性设置	用途
	txtStandard	无	输入或显示商品规格
	txtUnit	无	输入或显示商品单位
	txtProduce	无	输入或显示商品产地
DataGridView	dgvProductList	无	显示所有库存商品信息

（2）在 productForm.cs 代码文件中，声明全局业务层 BaseInfo 类对象、库存商品数据结构 BaseInfo 类对象和定义全局变量 G_Int_addOrUpdate 用来识别添加库存商品信息还是修改库存商品信息。代码如下。

```
//创建 BaseInfo 类的对象
BaseClass.BaseInfo baseinfo = new Inventory.BaseClass.BaseInfo();
//创建 cStockInfo 类的对象
BaseClass.ProductInfo productinfo = new Inventory.BaseClass.ProductInfo();
//定义添加/修改操作标识
int G_Int_addOrUpdate = 0;
```

（3）窗体的 Load 事件中主要实现检索库存商品所有信息，并使用 DataGridView 控件进行显示的功能。关键代码如下。

```
private void productForm_Load(object sender, EventArgs e)
{
    //设置商品编号文本框只读
    txtID.ReadOnly = true;
    //设置各按钮的可用状态
    this.cancelEnabled();
    //显示所有库存商品信息
    dgvProductList.DataSource =
baseinfo.GetAllProduct("product").Tables[0].DefaultView;
    //设置 DataGridView 控件的列标题
    this.SetdgvProductListHeadText();
}
```

（4）单击"添加"按钮，实现库存商品自动编号功能，编号格式为 T1001，同时将 G_Int_addOrUpdate 变量设置为 0，以标识"保存"按钮的操作为添加数据。"添加"按钮的 Click 事件代码如下。

```
private void tlBtnAdd_Click(object sender, EventArgs e)
{
    //设置各个控件的可用状态
    this.editEnabled();
    //清空文本框
    this.clearText();
    //等于 0 为添加数据
    G_Int_addOrUpdate = 0;
    //自动生成编号
    ......
```

```
    }
  }
```

（5）单击"编辑"按钮，将 G_Int_addOrUpdate 变量设置为 1，以标识"保存"按钮的操作为修改数据。关键代码如下。

```
private void tlBtnEdit_Click(object sender, EventArgs e)
{
    //设置各个按钮的可用状态
    this.editEnabled();
    //等于 1 为修改数据
    G_Int_addOrUpdate = 1;
}
```

（6）单击"保存"按钮，保存新增信息或更改库存商品信息，其功能的实现主要是通过全局变量 G_Int_addOrUpdate 控制。关键代码如下。

```
private void tlBtnSave_Click(object sender, EventArgs e)
{
    //判断是添加还是修改数据
    if (G_Int_addOrUpdate == 0)
    {
        try
        {
            //添加数据
            productinfo.TradeCode = txtID.Text;
            productinfo.FullName = txtFullName.Text;
            productinfo.TradeType = txtType.Text;
            productinfo.Standard = txtStandard.Text;
            productinfo.Unit = txtUnit.Text;
            productinfo.Produce = txtProduce.Text;
            int id = baseinfo.AddProduct(productinfo);           //执行添加操作
            MessageBox.Show("新增--库存商品数据--成功!","成功提示!", MessageBoxButtons.OK,
MessageBoxIcon.Information);
        }
        catch (Exception ex)
        {
            MessageBox.Show(ex.Message,"错误提示", MessageBoxButtons.OK,MessageBoxIcon.
Error);
        }
    }
    else
    {
        //修改数据
        productinfo.TradeCode = txtID.Text;
        productinfo.FullName = txtFullName.Text;
        productinfo.TradeType = txtType.Text;
        productinfo.Standard = txtStandard.Text;
        productinfo.Unit = txtUnit.Text;
        productinfo.Produce = txtProduce.Text;
        int id = baseinfo.UpdateProduct(productinfo);            //执行修改操作
        MessageBox.Show("修改--库存商品数据--成功! ", "成功提示! ", MessageBoxButtons.OK,
MessageBoxIcon.Information);
    }
```

```
//显示最新的库存商品信息
dgvProductList.DataSource                                          =
baseinfo.GetAllProduct("product").Tables[0].DefaultView;
    //设置 DataGridView 标题
this.SetdgvProductListHeadText();
    //设置各个按钮的可用状态
this.cancelEnabled();
}
```

（7）单击"删除"按钮，删除选中的库存商品信息。关键代码如下。

```
private void tlBtnDelete_Click(object sender, EventArgs e)
{
    //判断是否选择了商品编号
    if (txtID.Text.Trim() == string.Empty)
    {
        MessageBox.Show("删除--库存商品数据--失败！", "错误提示！", MessageBoxButtons.OK,
MessageBoxIcon.Error);
        return;
    }
    //记录商品编号
    productinfo.TradeCode = txtID.Text;
    //执行删除操作
    int id = baseinfo.DeleteProduct(productinfo);
    MessageBox.Show("删除--库存商品数据--成功！", "成功提示！", MessageBoxButtons.OK,
MessageBoxIcon.Information);
    //显示最新的库存商品信息
    dgvProductList.DataSource                                      =
baseinfo.GetAllProduct("product").Tables[0].DefaultView;
    //设置 DataGridView 标题
    this.SetdgvProductListHeadText();
    //清空文本框
    this.clearText();
}
```

（8）单击"查询"按钮，根据设置的查询条件查询库存商品数据信息，并使用 DataGridView 控件进行显示。关键代码如下。

```
private void tlBtnFind_Click(object sender, EventArgs e)
{
    //判断查询类别是否为空
    if (tlCmbProductType.Text == string.Empty)
    {
        MessageBox.Show("查询类别不能为空！", "错误提示！", MessageBoxButtons.OK,
MessageBoxIcon.Error);
        //使查询类别下拉列表获得鼠标焦点
        tlCmbProductType.Focus();
        return;
    }
    else
    {
        //判断查询关键字是否为空
        if (tlTxtFindProduct.Text.Trim() == string.Empty)
        {
```

```
                //显示所有库存商品信息
                dgvProductList.DataSource                    =          baseinfo.GetAllProduct
("product").Tables[0].DefaultView;
                //设置 DataGridView 控件的列标题
      this.SetdgvProductListHeadText();
            return;
        }
    }
    //创建 DataSet 对象
    DataSet ds = null;
    //按商品产地查询
    if (tlCmbProductType.Text == "商品产地")
    {
        //记录商品产地
        productinfo.Produce = tlTxtFindProduct.Text;
        //根据商品产地查询
        ds = baseinfo.FindProductByProduce(productinfo, "product");
        //显示查询到的信息
        dgvProductList.DataSource = ds.Tables[0].DefaultView;
    }
    //按商品名称查询
    else
    {
        //记录商品名称
        productinfo.FullName = tlTxtFindProduct.Text;
        //根据商品名称查询商品信息
        ds = baseinfo.FindProductByFullName(productinfo, "product");
        //显示查询到的信息
        dgvProductList.DataSource = ds.Tables[0].DefaultView; //显示查询到的信息
    }
    //设置 DataGridView 标题
    this.SetdgvProductListHeadText();
}
```

9.5.3　进货管理模块

进货管理模块主要是对进货单及进货退货单进行管理。这里仅以进货单管理为例来讲解进货管理模块的实现过程。进货单管理窗体主要用来批量添加进货信息，其运行结果如图 9-8 所示。

1．批量添加商品

系统中每一个进货单据都会对应多种商品，当要存储时就需要向进货单中批量添加进货信息，在实现时主要通过 for 循环，循环遍历进货单中已经选中的商品，向进货单中批量添加商品。关键代码如下。

```
for (int i = 0; i < dgvProductList.RowCount - 1; i++)
{
    billinfo.BillCode = txtBillCode.Text;
    billinfo.TradeCode = dgvProductList[0, i].Value.ToString();
    billinfo.FullName = dgvProductList[1, i].Value.ToString();
    billinfo.TradeUnit = dgvProductList[2, i].Value.ToString();
    billinfo.Qty = Convert.ToSingle(dgvProductList[3, i].Value.ToString());
    billinfo.Price = Convert.ToSingle(dgvProductList[4, i].Value.ToString());
```

```
billinfo.TSum = Convert.ToSingle(dgvProductList[5, i].Value.ToString());
//执行多行录入数据（添加到明细表中）
baseinfo.AddTablePurchaseDetail(billinfo, "purchaseDetail");
//更改库存数量
//创建数据集对象
DataSet ds = null;
productinfo.TradeCode = dgvProductList[0, i].Value.ToString();
ds = baseinfo.GetProductByTradeCode(productinfo, "product");
productinfo.Qty = Convert.ToSingle(ds.Tables[0].Rows[0]["qty"]);
//更新--商品库存数量
productinfo.Qty = productinfo.Qty + billinfo.Qty;
//执行更新操作
int d = baseinfo.UpdateProduct_Qty(productinfo);
}
```

图 9-8　进货管理模块

2. 实现过程

（1）新建一个 Windows 窗体，命名为 buyProductForm.cs，主要用于实现批量进货功能。该窗体主要用到的控件如表 9-8 所示。

表 9-8　　　　　　　　　　　　　进货管理窗体主要用到的控件

控件类型		控件 ID	主要属性设置	用途
▣	TextBox	txtBillCode	ReadOnly 属性设置为 True	显示单据编号
		txtBillDate	ReadOnly 属性设置为 True	显示录单日期
		txtSummary	无	输入摘要
		txtProductQty	ReadOnly 属性设置为 True	显示进货数量
		txtFullPayment	ReadOnly 属性设置为 True，Text 属性设置为 0	显示应付金额
		txtpayment	Text 属性设置为 0	输入实付金额
		txtBalance	Text 属性设置为 0	显示或输入差额
▣	ComboBox	cbbHandle	无	选择经手人
		cbbUnits	无	选择供货单位

续表

控件类型	控件 ID	主要属性设置	用途
ab Button	BtnSave	Text 属性设置为"保存"	保存进货信息
	btnExit	Text 属性设置为"退出"	退出当前窗体
DataGridView	dgvProductList	在其 Columns 属性中添加"商品编号""商品名称""商品单位""数量""单价"和"金额"等 6 列	选择并显示进货单中的所有商品信息

（2）在 buyProductForm.cs 代码文件中，声明全局业务层 BaseInfo 类对象、单据数据结构 BillInfo 类对象、往来账数据结构 CurrentAccount 类对象和库存商品信息数据结构 productinfo 类对象。代码如下。

```
//创建 BaseInfo 类的对象
BaseClass.BaseInfo baseinfo = new Inventory.BaseClass.BaseInfo();
//创建 BillInfo 类的对象
BaseClass.BillInfo billinfo = new Inventory.BaseClass.BillInfo();
//创建 CurrentAccount 类的对象
BaseClass.CurrentAccount currentAccount = new Inventory.BaseClass.CurrentAccount();
//创建 ProductInfo 类的对象
BaseClass.ProductInfo productinfo = new Inventory.BaseClass.ProductInfo();
```

（3）在 buyProductForm 窗体的 Load 事件中编写代码，主要用于实现自动生成进货商品单据编号的功能。代码如下。

```
private void buyProductForm_Load(object sender, EventArgs e)
{
    //获取录单日期
    txtBillDate.Text = DateTime.Now.ToString("yyyy-MM-dd");
    //创建数据集对象
    DataSet ds = null;
    //记录新的单据编号
    string P_Str_newBillCode = "";
    //记录单据编号中的数字码
    int P_Int_newBillCode = 0;
    //获取所有进货单信息
    ds = baseinfo.GetAllBill("purchase");
    //判断数据集中是否有值
    if (ds.Tables[0].Rows.Count == 0)
    {
        //生成新的单据编号
        txtBillCode.Text = DateTime.Now.ToString("yyyyMMdd") + "BH" + "00001";
    }
    else
    {
        //获取已经存在的最大编号
        P_Str_newBillCode =
Convert.ToString(ds.Tables[0].Rows[ds.Tables[0].Rows.Count - 1]["billcode"]);
        //获取一个最新的数字码
        P_Int_newBillCode = Convert.ToInt32(P_Str_newBillCode.Substring(10, 7)) + 1;
        //获取最新单据编号
```

```
        P_Str_newBillCode     =     DateTime.Now.ToString("yyyyMMdd")    +    "BH"    +
P_Int_newBillCode.ToString();
        //将单据编号显示在文本框
        txtBillCode.Text = P_Str_newBillCode;
    }
    //使经手人文本框获得焦点
    txtHandle.Focus();
}
```

（4）在窗体的 Load 事件中编写如下代码，将经手人和往来单位动态添加到 ComboBox 控件中。关键代码如下。

```
private void buyProductForm_Load(object sender, EventArgs e)
{
    //创建数据集对象
    DataSet ds = null;
    //获取往来单位信息
    ds = baseinfo.SetUnitsList("units");
    //遍历往来单位信息数据集
    for (int i = 0; i < ds.Tables[0].Rows.Count; i++)
    {
        //显示往来单位名称
        cbbUnits.Items.Add(ds.Tables[0].Rows[i]["fullname"].ToString());
    }
    //获取职员信息
    ds = baseinfo.SetHandleList("employee");
    //遍历职员信息数据
    for (int i = 0; i < ds.Tables[0].Rows.Count; i++)
    {
        //显示职员名称
        cbbHandle.Items.Add(ds.Tables[0].Rows[i]["fullname"].ToString());
    }
}
```

（5）双击 DataGridView 控件的单元格，弹出库存商品数据，用于选择进货商品。关键代码如下。

```
private void dgvProductList_CellDoubleClick(object sender, DataGridViewCellEventArgs e)
{
    //创建 frmSelectProduct 窗体对象
    SelectDataDialog.frmSelectProduct selectProduct = new Inventory.SelectDataDialog.
frmSelectProduct ();
    //将新创建的窗体对象设置为同一个窗体类的对象
    selectProduct.buyProduct = this;
    //记录选中的行索引
    selectProduct.M_int_CurrentRow = e.RowIndex;
    //用于识别是那一个窗体调用的 selectProduct 窗口
    selectProduct.M_str_object = "BuyProduct";
    //显示 frmSelectProduct 窗体
    selectProduct.ShowDialog();
}
```

（6）为了实现自动合计某一商品进货金额，在 DataGridView 控件的单元格中的 CellValueChanged

事件中添加如下代码。

```
    private void dgvProductList_CellValueChanged(object sender, DataGridViewCellEventArgs e)
    {
        //计算--统计商品金额
        if (e.ColumnIndex == 3)
        {
        try
        {
        //计算商品总金额
          float tsum = Convert.ToSingle(dgvProductList[3, e.RowIndex].Value.ToString()) *
Convert.ToSingle(dgvProductList[4, e.RowIndex].Value.ToString());
        //显示商品总金额
          dgvProductList[5, e.RowIndex].Value = tsum.ToString();
        }
        catch { }
        }
        if (e.ColumnIndex == 4)
        {
        try
        {
        //计算商品总金额
          float tsum = Convert.ToSingle(dgvProductList[3, e.RowIndex].Value.ToString())
* Convert.ToSingle(dgvProductList[4, e.RowIndex].Value.ToString());
        //显示商品总金额
          dgvProductList[5, e.RowIndex].Value = tsum.ToString();
        }
        catch { }
        }
    }
```

（7）为了统计进货单的进货数量和进货金额，在 DataGridView 控件的 CellStateChanged 事件下添加如下代码。

```
    private void dgvProductList_CellStateChanged(object sender, DataGridViewCellState
ChangedEventArgs e)
    {
        try
        {
            //记录进货数量
            float tqty = 0;
            //记录应付金额
            float tsum = 0;
            //遍历 DataGridView 控件中的所有行
            for (int i = 0; i <= dgvProductList.RowCount; i++)
            {
                //计算应付金额
                tsum = tsum + Convert.ToSingle(dgvProductList[5, i].Value.ToString());
                //计算进货数量
                tqty = tqty + Convert.ToSingle(dgvProductList[3, i].Value.ToString());
                //显示应付金额
                txtFullPayment.Text = tsum.ToString();
                //显示进货数量
                txtProductQty.Text = tqty.ToString();
```

```
        }
    }
    catch { }
}
```

（8）在实付金额文本框的 TextChanged 事件添加如下代码，用于实现计算应付金额和实付金额的差额。关键代码如下。

```
private void txtpayment_TextChanged(object sender, EventArgs e)
{
    try
    {
        //自动计算差额
        txtBalance.Text = Convert.ToString(Convert.ToSingle(txtFullPayment.Text) -
Convert.ToSingle(txtpayment.Text));
    }
    catch(Exception ex)
    {
        MessageBox.Show("录入非法字符！！！"+ex.Message,"错误提示",MessageBoxButtons.
OK,MessageBoxIcon.Error);
        //使实付金额文本框获得鼠标焦点
        txtpayment.Focus();
    }
}
```

（9）单击"保存"按钮，保存单据所有进货商品信息。关键代码如下。

```
private void btnSave_Click(object sender, EventArgs e)
{
    //往来单位和经手人不能为空
    if (cbbHandle.Text == string.Empty || cbbUnits.Text == string.Empty)
    {
        MessageBox.Show("请选择供货单位和经手人！", "错误提示",MessageBoxButtons.
OK,MessageBoxIcon.Error);
        return;
    }
    //列表中数据不能为空
    if   (Convert.ToString(dgvProductList[3,  0].Value)  ==  string.Empty  ||
Convert.ToString(dgvProductList[4,   0].Value)   ==   string.Empty   ||
Convert.ToString(dgvProductList[5, 0].Value) == string.Empty)
    {
        MessageBox.Show("请核实列表中数据：'数量''单价''金额'不能为空！", "错误提示",
MessageBoxButtons.OK, MessageBoxIcon.Error);
        return;
    }
    //应付金额不能为空
    if (txtFullPayment.Text.Trim() == "0")
    {
        MessageBox.Show("应付金额不能为'0'！", "错误提示", MessageBoxButtons.OK,
MessageBoxIcon.Error);
        return;
    }
    //向进货表录入商品单据信息
    billinfo.BillCode = txtBillCode.Text;
    billinfo.Handle = cbbHandle.Text;
```

```
    billinfo.Units = cbbUnits.Text;
    billinfo.Summary = txtSummary.Text;
    billinfo.FullPayment =Convert.ToSingle(txtFullPayment.Text);
    billinfo.Payment = Convert.ToSingle(txtpayment.Text);
    baseinfo.AddTablePurchase(billinfo, "purchase");//执行添加操作
//向进货明细表中录入商品单据信息
for (int i = 0; i < dgvProductList.RowCount - 1; i++)
{
    billinfo.BillCode = txtBillCode.Text;
    billinfo.TradeCode = dgvProductList[0, i].Value.ToString();
    billinfo.FullName = dgvProductList[1, i].Value.ToString();
    billinfo.TradeUnit = dgvProductList [2, i].Value.ToString();
    billinfo.Qty = Convert.ToSingle(dgvProductList [3, i].Value.ToString());
    billinfo.Price = Convert.ToSingle(dgvProductList [4, i].Value.ToString());
    billinfo.TSum = Convert.ToSingle(dgvProductList [5, i].Value.ToString());
    //执行多行录入数据
    baseinfo.AddTablePurchaseDetail (billinfo, "purchaseDetail");
    //更改库存数量
    DataSet ds = null;
    productinfo.TradeCode = dgvProductList [0, i].Value.ToString();
    ds = baseinfo.GetProductByTradeCode(productinfo, "product");
    productinfo.Qty = Convert.ToSingle(ds.Tables[0].Rows[0]["qty"]);
    productinfo.Qty = productinfo.Qty + billinfo.Qty;
    int d = baseinfo.UpdateProduct_Qty(productinfo);
}
//向往来对账明细表中添加明细数据
currentAccount.BillCode = txtBillCode.Text;
currentAccount.ReduceGathering =Convert.ToSingle(txtFullPayment.Text);
currentAccount.FactReduceGathering =Convert.ToSingle(txtpayment.Text);
currentAccount.Balance =Convert.ToSingle(txtBalance.Text);
currentAccount.Units = txtUnits.Text;
    //执行添加操作
int ca = baseinfo.AddCurrentAccount(currentAccount);
MessageBox.Show("进货单--过账成功! ","成功提示",MessageBoxButtons.OK,MessageBoxIcon.
Information);
//关闭当前窗体
    this.Close();
}
```

9.5.4 商品销售排行模块

商品销售排行模块主要用来根据指定的日期、往来单位及经手人等条件，按销售数量或销售金额对商品销售信息进行排序，该模块运行时，首先弹出"选择排行榜条件"对话框，如图 9-9 所示。

在图 9-9 所示对话框中选择完排行榜条件后，单击"确定"按钮，显示商品销售排行榜窗体，如图 9-10 所示。

1. 查询数据

实现商品销售排行模块时，涉及到查询指定时间段内信息的功能，这时需要使用 SQL 中的 BETWEEN…AND 关键字，下面对其进行详细讲解。

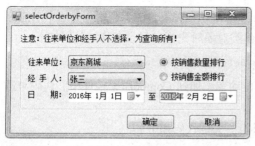
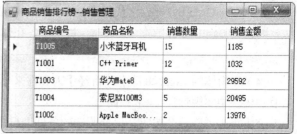

图 9-9　"选择排行榜条件"对话框　　　　　图 9-10　商品销售排行榜

BETWEEN…AND 关键字是 SQL 中提供的用来查询指定时间段数据的关键字，其使用效果如图 9-11 所示。

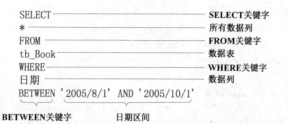

图 9-11　使用 BETWEEN…AND 关键字查询指定时间段数据

　　本系统中使用了 BETWEEN…AND 关键字查询指定时间段的数据记录，另外，开发人员还可以通过该关键字查询指定数值范围的数据记录，例如，查询工龄为 2～5 年的员工信息等。

2. 实现过程

（1）新建一个 Windows 窗体，命名为 selectOrderbyForm.cs，主要用来指定筛选商品销售排行榜的条件，该窗体主要用到的控件如表 9-9 所示。

表 9-9　　　　　　　　　　　　商品排行榜条件窗体主要用到的控件

控件类型	控件 ID	主要属性设置	用途
ComboBox	cbbUnits	DropDownStyle 属性设置为 DropDownList	选择往来单位
	cbbHandle	DropDownStyle 属性设置为 DropDownList	选择经手人
RadioButton	rdbSaleQty	Checked 属性设置为 True，Text 属性设置为"按销售数量排行"	按销售数量排行
	rdbSaleSum	Text 属性设置为"按销售金额排行"	按销售金额排行
DateTimePicker	dtpStar	无	选择开始日期
	dtpEnd	无	选择结束日期
Button	btnOk	Text 属性设置为"确定"	根据指定的条件查询信息
	btnCancel	Text 属性设置为"取消"	关闭当前窗体

（2）新建一个 Windows 窗体，命名为 sellStockDescForm.cs，在该窗体中添加一个 DataGridView 控件，用来显示商品销售排行。

（3）selectOrderbyForm.cs 代码文件中，创建全局 BaseInfo 类对象，用于调用业务层中功能方法，因为类 BaseInfo 存放在 BaseClass 目录中，在创建类对象时先指名目录名称。代码如下。

```
BaseClass.BaseInfo baseinfo = new Inventory.BaseClass.BaseInfo();
```

（4）在窗体的 Load 事件中，将经手人和往来单位动态添加到 ComboBox 控件中。代码与进货管理模块中实现过程（4）相同。

（5）单击"确定"按钮，根据所选的条件进行排行。关键代码如下。

```
private void btnOk_Click(object sender, EventArgs e)
{
    //创建商品销售排行榜窗体对象
    SaleProduct.sellProductDescForm sellProductDesc = new Inventory.SaleProduct.
sellProductDescForm();
    //创建数据集对象
    DataSet ds = null;
    //判断"按销售金额排行"单选按钮是否选中
    if (rdbSaleSum.Checked)
    {
        //按销售金额排行查询数据
        ds = baseinfo.GetTSumDesc(cbbHandle.Text, cbbUnits.Text, dtpStar.Value,
dtpEnd.Value, "saleDetail");
        //在商品销售排行榜窗体中显示查询到的数据
        sellProductDesc.dgvProductList.DataSource = ds.Tables[0].DefaultView;
    }
    else
    {
        //按销售数量排行查询数据
        ds = baseinfo.GetQtyDesc(cbbHandle.Text, cbbUnits.Text, dtpStar.Value,
dtpEnd.Value, " saleDetail ");
        //在商品销售排行榜窗体中显示查询到的数据
        sellProductDesc.dgvProductList.DataSource = ds.Tables[0].DefaultView;
    }
    //显示商品销售排行榜窗体
    sellProductDesc.Show();
    //关闭当前窗体
    this.Close();
}
```

9.6　运行项目

模块设计及代码编写完成之后，单击 Visual Studio 2013 开发环境工具栏中的 ▶ 图标，或者在菜单栏中选择"调试"|"启动调试"或"调试"|"开始执行（不调试）"命令，运行该项目，弹出进销存管理系统"登录"对话框，如图 9-12 所示。

在"登录"对话框中输入用户名和密码，单击"登录"按钮，进入进销存管理系统的主窗体，然后用户可以通过对主窗体中的菜单栏进行操作，调用其各个子模块。例如，在主窗体中单击菜单栏中的"进货管理"|"进货单"菜单，可以弹出"进货单—进货管理"窗体，如图 9-13 所示。在该窗体中，可以添加进货信息。

图 9-12　"登录"对话框

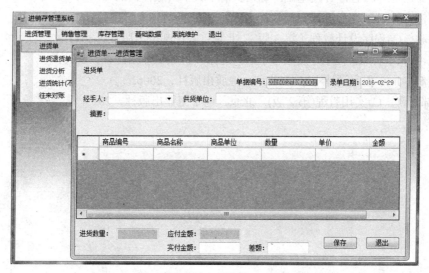

图 9-13　通过菜单显示"进货单—进货管理"窗体

9.7　小结

本章使用面向对象编程技术，结合三层架构开发了一个进销存管理系统。面向对象编程技术是现在主要的项目开发技术，而三层架构开发模式则代表着未来软件开发方向的主流模式，希望通过本章的学习，能够对读者掌握面向对象编程技术和熟悉三层架构开发模式有所帮助。

参考文献

[1] 明日科技. C#从入门到精通（第 3 版）. 北京：清华大学出版社，2012.

[2] 软件开发技术联盟. C#开发实战. 北京：清华大学出版社，2013.

[3] 冯庆东，杨丽. C#项目开发全程实录（第 3 版）. 北京：清华大学出版社，2013.

[4] 罗福强，等. Visual C#.NET 程序设计教程(第 2 版). 北京：人民邮电出版社，2012.

[5] 罗勇，等. C#程序开发基础. 北京：清华大学出版社，2013.

[6] 邓锐，等. C#程序设计案例教程［M］. 北京：清华大学出版社，2013.

[7] 马骏. C#程序设计教程（第 3 版）. 北京：人民邮电出版社，2013.

[8] 王小科，等. C#程序开发参考手册. 北京：机械工业出版社，2013.

[9] 鲁辉. Java 程序设计［M］. 北京：地质出版社，2006.

[10] 郑阿奇. C#实用教程(第 2 版). 北京：电子工业出版社，2013.